机械零件可回收性技术评价理论与应用

卢 曦 著

科学出版社

北京

内 容 简 介

机械零件可回收性技术评价主要是对回收零件的剩余强度和剩余寿命是否能够进入再制造环节进行评估,是再制造工程的核心技术。本书的主要内容包括:回收再制造,机械零件的回收与评价,基于表面质量的可回收性评价,零件的疲劳强度特性预测,内在质量评价的理论基础,内在质量退化的最佳表征参数,内在质量的评价方法和流程,缸体和活塞杆可回收性评价,等速万向传动轴回收评价。

本书可作为机械、力学、疲劳、绿色设计和再制造等专业研究生的参考书,也可供相关专业的高校教师、工程设计人员和科技工作者参考。

图书在版编目(CIP)数据

机械零件可回收性技术评价理论与应用/卢曦著. —北京:科学出版社,2017.6

ISBN 978-7-03-053489-7

Ⅰ.①机… Ⅱ.①卢… Ⅲ.①机械元件-再生资源-资源利用-技术评估 Ⅳ.①TH13

中国版本图书馆 CIP 数据核字(2017)第 126119 号

责任编辑:朱英彪 赵晓廷 / 责任校对:桂伟利
责任印制:徐晓晨 / 封面设计:蓝正设计

科 学 出 版 社 出版
北京东黄城根北街 16 号
邮政编码:100717
http://www.sciencep.com

北京建宏印刷有限公司 印刷
科学出版社发行 各地新华书店经销
*
2017 年 6 月第 一 版 开本:720×1000 1/16
2018 年 1 月第二次印刷 印张:16 1/2
字数:332 000
定价:98.00 元
(如有印装质量问题,我社负责调换)

序

  随着汽车产销量的高速增长,我国已发展成为全球第一大汽车市场。汽车保有量的飞速增长,使报废汽车的数量急剧增加,给社会和环境带来了一系列问题。再制造,是把废旧产品恢复到像原产品一样的技术性能和产品质量的生产工艺流程,也是实现汽车零件高附加值再利用的最佳方法。评价退役零件是否可以再制造的前提是其剩余强度是否足以支持再制造进而完成下一个服役周期,因此,在退役零件进入再制造流程之前对其进行剩余强度和剩余寿命评价是再制造工程的核心技术之一。

  退役零件的剩余强度和剩余寿命评价是一个多因素、多参量和多学科的复杂评估体系,它不仅涉及载荷、材料、服役环境和失效状态等多种条件下的非线性耦合,还涉及断裂力学、摩擦学、金属物理学、现代性能测试与传感器技术等多学科综合交叉的一系列科学问题。对零件剩余寿命预测与评估、材料缺陷特性和破断过程信息的全程测量、构件疲劳状态监测等共性问题的探讨,可对能源、动力、交通和制造等行业机械产品科学延寿技术的发展提供一定的指导。

  该书是卢曦教授在他的科研工作基础上撰写的一本专门论述退役机械产品可回收性技术评价的学术专著。首次明确提出退役机械零件可回收性技术评价的内涵,包括经济评价、环境评价和质量评价;将质量评价划分为表面质量和内在质量,不同零件采用不同的质量参数进行评价,便于建立准确可靠的回收再制造质量评价标准;提出基于磨损等特征的静态表面质量评价、动态表面质量评价方法和技术,把表面质量评价从静态过程推广到动态过程;提出的可回收机械零件的内在质量评价是基于零件机械疲劳的剩余强度和剩余寿命评价方法和技术,把可回收零件的剩余强度和剩余寿命有机地联系起来;将基于动态强度特征的疲劳强度理论创造性地用到机械零件可回收剩余强度和剩余寿命评价上,在疲劳累积损伤中充分考虑了不同载荷的强化和损伤过程,在疲劳强度理论中把疲劳强度作为动态变量来处理;在机械零件静强度和疲劳强度估算中,把工艺强化分为与热处理相关的组织强化和与形变相关的残余应力、加工硬化等强度,提出局部强度和强度场的概念,把抗疲劳设计和疲劳强度理论向下延伸到加工工艺和热处理工艺中;在机械零件疲劳退化过程中,对于机械特性变化的最佳表征参数必须考虑不同载荷的强化和损伤,钢铁类机械零件的最佳表征参数主要包括模态、频率和硬度等,表征机械特性变化时,需要进行多参数表征,单一参数会带来较大的误差;在回收机械零件剩余强度和剩余寿命的评价中,提出基于零件机械特性变化的剩余强度和剩余寿命的最佳表征参数概念,不同材料和工艺特性的机械零件其最佳表征参数不同,可回收机械零件的剩余强度和剩余寿命最终通过机械特性变化进行无损评价。

卢曦教授是专门从事疲劳强度和可靠性研究的优秀技术专家。他从 20 世纪 90 年代开始就一直从事基于强度特征的机械零件轻量化设计、疲劳强度理论研究和退役汽车零件可回收性技术评价理论的研究,并在此基础上提出了退役机械零件剩余强度和剩余寿命的技术评价理论体系。这本书的出版,是对退役机械零件可回收性技术评价理论发展的重要贡献!

陈　铭

2016 年 12 月于上海交通大学

前　　言

　　发展再制造产业对于节省我国有限的资源、缓解环境污染等方面的意义十分重大。报废机械产品零件的再使用包括直接使用、维修再使用和再制造三种形式。机械零件再使用前需从经济、环境和质量等方面进行全面的评估,其中质量评价主要是评估其剩余强度和剩余寿命是否足以进入下一服役周期。报废机械零件的回收利用过程涉及可回收性评价、再制造过程以及再制造产品检测、控制、快速试验等技术。发达国家的机械设计经历了经验设计、抗疲劳设计、可靠性设计和可回收性设计,在载荷谱和结构抗疲劳设计理论等方面积累了大量的数据和经验,这些研究成果是强度与可靠性设计、可回收性技术评价及快速试验技术和规范的基础,其相关评价理论和技术属于企业的高度机密。我国虽然在回收再制造方面进行了一些研究,但在报废机械零件可回收性剩余强度和剩余寿命评价的研究领域上缺乏核心技术。

　　本书的核心内容是作者近 30 年在疲劳强度与可靠性、基于强度特征的轻量化设计、抗疲劳设计和抗疲劳制造中的强度匹配等研究工作上的结晶。本书的撰写基于 2015 年结题的国家自然科学基金项目(51175346)"可回收汽车机械零件的剩余强度和剩余寿命评价研究"和 2016 年完成的徐州工程机械研究院项目"基于剩余强度分析的退役液压缸可再制造性评估技术研究"的研究,结合作者完成的一系列基于强度特征的疲劳累积损伤理论和轻量化设计技术项目成果,以及正在开展的上海汽车工业科技发展基金会项目(1623)"旋锻轴轻量化设计中的材料-工艺-产品强度匹配技术"。本书内容也是作者近 30 年在强度方面的研究成果、研究生论文及科研项目等方面的总结和应用,涉及的主要项目包括上海市科技攻关项目(14521100500)、上海市科委基础研究重点项目(12JC1407000)、上海市教育委员会科研创新项目(11YZ114)、上海市政府间国际科技合作项目(10520711500)及上海汽车工业科技发展基金会项目(1623)等。

　　本书共 9 章,第 1 章主要介绍回收再制造的紧迫性、必要性和重要性。第 2 章和第 3 章主要阐述机械零件可回收性评价,明确报废机械零件可回收性技术评价的内涵。第 4 章～第 7 章是基于强度特性的内在质量评价的核心内容,提出的可回收机械零件的内在质量评价是基于零件机械疲劳的剩余强度和剩余寿命的评价方法和技术;将基于动态强度特征的疲劳强度理论用于机械零件可回收剩余强度和剩余寿命评价;基于组织强化、形变强化和残余应力提出工艺强化后机械零件的局部静/疲劳强度、静/疲劳强度场的概念和估算模型;提出疲劳过程中剩余强度、剩余寿命变化和评价的最佳机械特性表征参数;提出不同损伤情况、无限寿命设计情况下可回收机械零件的剩余强度、剩余寿命的预测方法和技术流程。第 8 章和第 9 章以某轿车的等速万向传动轴和某工程机械的转向液压缸为例,应用所提出的可回收性剩余强度和剩余寿命评价方法对回收零件进行可回收技术评价和部分试验验证。

　　本书撰写过程中,硕士研究生侯文亮和王孟飞给予了很大的帮助,分别负责具体内容的整理和修订。上海交通大学机械工程学院的陈铭教授在百忙中审阅了本书基本内容并作序。在此一并表示衷心的感谢。

　　限于作者水平,书中难免存在疏漏和不妥之处,敬请读者批评批正。

作　者

2017 年 1 月

目　　录

序

前言

第1章　回收再制造 ………………………………………………………… 1

　1.1　概述 ………………………………………………………………… 1

　　1.1.1　回收再制造的内涵 …………………………………………… 1

　　1.1.2　回收再制造的作用 …………………………………………… 3

　　1.1.3　回收再制造的前提 …………………………………………… 5

　1.2　回收再制造技术 ……………………………………………………… 5

　　1.2.1　可回收性评价技术 …………………………………………… 5

　　1.2.2　再制造产品修复技术 ………………………………………… 6

　　1.2.3　再制造产品试验与评价技术 ………………………………… 7

　　1.2.4　再制造产品安全服役技术 …………………………………… 7

　　1.2.5　再制造与其他制造技术 ……………………………………… 8

　1.3　回收再制造的国内外现状 …………………………………………… 9

　　1.3.1　政策和项目方面 ……………………………………………… 9

　　1.3.2　技术方面 ……………………………………………………… 14

　　1.3.3　经济和社会效益方面 ………………………………………… 17

　参考文献 ……………………………………………………………………… 19

第2章　机械零件的回收与评价 …………………………………………… 24

　2.1　零件的失效、拆卸和清洗 …………………………………………… 24

　　2.1.1　零件失效的分类 ……………………………………………… 24

　　2.1.2　零件失效的原因 ……………………………………………… 26

　　2.1.3　回收零件的拆卸与清洗 ……………………………………… 26

　2.2　回收零件的质量检测和评价 ………………………………………… 29

　　2.2.1　质量检测和评价的概念 ……………………………………… 29

　　2.2.2　质量检测和评价的方法 ……………………………………… 30

　2.3　回收零件评价内涵 …………………………………………………… 34

　　2.3.1　质量评价 ……………………………………………………… 35

　　2.3.2　环境评价 ……………………………………………………… 37

　　2.3.3　经济评价 ……………………………………………………… 39

2.4 回收零件的评价流程 ················· 41

参考文献 ··························· 43

第3章 基于表面质量的可回收性评价 ········· 46

3.1 摩擦磨损退化规律 ··············· 46

3.1.1 摩擦 ····················· 47

3.1.2 磨损 ····················· 48

3.2 表面质量退化评价 ··············· 50

3.2.1 静态表面质量评价 ············· 50

3.2.2 动态表面质量评价 ············· 52

参考文献 ··························· 53

第4章 零件的疲劳强度特性预测 ··········· 55

4.1 概述 ······················· 55

4.2 零件疲劳强度的影响因素 ··········· 56

4.2.1 尺寸影响 ·················· 56

4.2.2 加工影响 ·················· 58

4.2.3 热处理影响 ················· 58

4.2.4 强化工艺 ·················· 59

4.2.5 残余应力 ·················· 60

4.3 实际零件的疲劳特性变化 ··········· 66

4.3.1 S-N 曲线 ·················· 66

4.3.2 裂纹萌生区域 ················ 72

4.3.3 基于残余应力的疲劳强度预测 ······· 73

4.4 工程应用 ···················· 80

4.4.1 零件的裂纹萌生区域设计 ········· 80

4.4.2 零件的热处理强化工艺要求的制定 ···· 85

参考文献 ··························· 89

第5章 内在质量评价的理论基础 ··········· 92

5.1 疲劳损伤现象 ················· 92

5.1.1 损伤的物理本质 ·············· 93

5.1.2 损伤力学表示 ················ 95

5.1.3 一维损伤计算 ················ 100

5.2 疲劳中的强化现象 ··············· 105

5.2.1 小载荷强化 ················· 105

5.2.2 小载荷强化机理 ·············· 115

5.2.3 过载强化 ·················· 126

5.3　基于动态强度演化的热力学过程 ················· 130
　5.3.1　强化的热力学过程 ················· 130
　5.3.2　疲劳损伤模型与分析 ················· 131
5.4　基于动态强度特征的疲劳累积损伤 ··············· 133
　5.4.1　现有疲劳累积损伤理论 ················· 133
　5.4.2　载荷强化模型 ················· 138
　5.4.3　动态强化演化过程 ················· 139
　5.4.4　基于强度特征的疲劳累积损伤 ··············· 143
5.5　基于载荷强化损伤的工程应用 ················· 149
参考文献 ················· 151

第6章　内在质量退化的最佳表征参数 ················· 157
6.1　概述 ················· 157
6.2　剩余强度和剩余寿命的变化特征 ················· 159
　6.2.1　剩余强度和剩余寿命 ················· 159
　6.2.2　恒幅载荷下的剩余强度变化 ··············· 160
　6.2.3　变幅载荷下的剩余强度变化 ··············· 162
　6.2.4　剩余强度的分布特征 ················· 162
　6.2.5　剩余强度和剩余寿命的关系 ··············· 164
6.3　机械零件疲劳过程机械特性变化规律 ·············· 165
　6.3.1　简介 ················· 165
　6.3.2　疲劳过程中的频率变化 ··············· 166
　6.3.3　疲劳过程中的硬度变化 ··············· 173
　6.3.4　疲劳过程中的刚度变化 ··············· 178
　6.3.5　内在质量退化的最佳表征参数 ············· 182
参考文献 ················· 184

第7章　内在质量的评价方法和流程 ················· 187
7.1　评价方法 ················· 187
7.2　评价流程 ················· 189
　7.2.1　根据载荷历程评价 ················· 191
　7.2.2　根据机械特性评价 ················· 194
　7.2.3　综合评价模型 ················· 197
　7.2.4　无限寿命设计下的回收评价流程 ············ 197
参考文献 ················· 200

第8章　缸体和活塞杆可回收性评价 ················· 201
8.1　概述 ················· 201

8.2 研究对象 ······ 206

8.3 强度富余估算 ······ 207

8.3.1 缸体极限应力计算 ······ 207

8.3.2 活塞杆极限应力计算 ······ 208

8.3.3 活塞杆失稳计算 ······ 209

8.3.4 缸体材料强度试验 ······ 210

8.3.5 活塞杆材料强度试验 ······ 214

8.3.6 强度富余量估算 ······ 218

8.3.7 仿真校对 ······ 218

8.4 回收评价过程 ······ 221

8.4.1 表面质量评价 ······ 222

8.4.2 内在质量评价 ······ 224

8.5 回收评价结论 ······ 227

参考文献 ······ 228

第9章 等速万向传动轴的回收评价 ······ 230

9.1 研究对象 ······ 230

9.2 强度富余估算 ······ 232

9.2.1 关键零件的应力分析 ······ 232

9.2.2 强度试验 ······ 233

9.2.3 强度富余量估算 ······ 234

9.3 回收评价过程 ······ 234

9.3.1 拆解、清洗 ······ 235

9.3.2 表面质量评价 ······ 235

9.3.3 内在质量评价 ······ 244

9.4 回收评价的试验验证 ······ 247

9.5 评价结果 ······ 250

9.5.1 AC 型等速万向节 ······ 250

9.5.2 VL 型等速万向节 ······ 251

9.5.3 中间轴 ······ 251

参考文献 ······ 251

第1章 回收再制造

1.1 概　　述

近一百年来,人类在创造巨大物质财富的同时,也付出了巨大的资源和环境破坏的代价。工业革命后,人类社会的科学技术迅猛发展,生产力得到空前提高,人口剧增。随着人类需求的不断扩大和社会工业系统的不断发展,自然资源日益紧张,自然环境更加恶化,严重威胁到人类的生存条件。可以看到,日益严峻的产品废弃物造成的环境污染和能源方面的压力,已经成为全球面临的一个重大问题。因此,循环使用的理念正得到大家的普遍关注,人们也在不断倡导与环境相和谐的经济发展模式,把经济活动看成一个"资源-产品-再生资源"的反馈式流程,其中回收再制造作为发展循环经济的手段迫切需要大面积实施[1]。

我国作为一个生产制造及消费大国,以占世界 9% 的耕地、6% 的水资源、4%的森林、1.8% 的石油、0.7% 的天然气、不足 9% 的铁矿石、不足 5% 的铜矿和不足2% 的铝土矿,养活着占世界 22% 的人口。由于长期沿用以追求增长速度、大量消耗资源为特征的粗放型发展模式,从贫穷落后逐渐走向繁荣富强的同时,自然资源的消耗在大幅度上升,致使非再生资源呈绝对减少趋势,可再生资源也展现出一种衰弱态势,为此,现有产品和资源的回收再利用显得更加急迫[2]。

1.1.1 回收再制造的内涵

传统意义上的回收主要是对有限的材料进行回收,虽然这种材料回收对社会发展、废物利用起到积极的作用,但是难以满足日益发展的社会需求和可持续发展的要求。广义的回收不仅考虑最基本的材料回收,还要考虑在产品级、部件级、零件级、材料级四个层次上的回收再利用,以及能量的回收和废弃物的填埋。对于零件级的回收主要考虑零件的重用性,材料级的回收主要考虑材料的可回收性,能量级和填埋级的回收则考虑减少对环境的污染。

回收过程中,回收级别按"产品-部件-零件-材料-能量-填埋"的顺序排列,经济性、环境的相容性越来越差。因此,衡量产品的回收性能以各层回收的比例(或重量、数量和价值)为主要指标,具体包括产品可重用部件的比例、产品中可重用零件的比例、产品中采用材料的种类、产品中可被回收材料的比例、产品中废弃物焚烧及填埋的比例[3,4]。

　　回收的目的是对废旧产品进行再利用、发展循环经济,机械零件的回收再生模式主要包括直接重用、再制造、再循环三种。其中,直接重用是将仍具备完好使用性能的零件直接在新的产品中加以利用,例如,发动机、变速箱的箱体等就可以直接重用;再制造是以废旧零件为毛坯,采用先进表面技术和其他加工技术对其损伤部位进行修复和强化,使其保持、恢复可用状态并加以重新利用;再循环是将废旧材料通过回收、重熔作为机械原材料,或稍加改变而作为材料参与其他产品的生命周期循环[5-7]。

　　回收再制造是以产品全生命周期设计和管理为指导、以优质高效节能节材环保为目标、以先进技术和产业化生产为手段,通过完全拆解废旧产品,进行清洗、检验、修复和必要的更新后重新装配和检测等一系列技术措施和工程活动的总称[8,9]。

　　回收再制造过程中主要考虑零件级的回收,以回收的零件作为毛坯,以零件重新利用为目的。决定零件重新利用的因素主要有零件的可靠性、剩余强度、剩余寿命、是否便于翻新和检测、是否便于功能扩展、拆卸过程是否会造成零件破坏等[10]。

　　图 1.1 为回收再制造的流程工艺图,其中拆卸、清洗和检查评价为回收环节。再制造是零件水平上的制造,使零件的附加值(以物质、能量和人力等形式包含在零件中)得以保留,并具有相当大的经济效益,因此,有利于环保和可持续发展;同时它又属于劳动密集型产业,有利于增加就业。当然,并非所有的零件都适合再制造,再制造有一定的适用范围,判断零件的再制造性,既要根据零件可再制造性的准则,又要全面评价零件在再制造过程中各个方面的综合效率和可行性[11,12]。

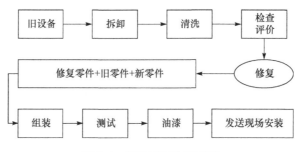

图 1.1　回收再制造流程图

　　再制造的出现完善了产品全生命周期的内涵,使得产品在全生命周期的末端,即报废阶段,不再成为固体垃圾。传统的产品寿命周期是"研制-使用-报废",其物流是一个开环系统。再制造工程的加入不仅使废旧产品起死回生,还可以很好地解决资源节约和环境污染问题。因此,再制造是对产品全生命周期的延伸和拓展,赋予废旧产品新的寿命,形成产品的多生命周期循环,这是面向循环经济的再制造的重要理论成果[13]。全生命周期是"研制-使用-再生"过程,其物流是一个闭环系统,如图 1.2 所示。

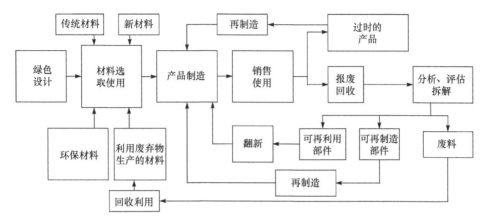

图 1.2　机械产品全生命周期

在产品达到报废年限时,其零件一部分可以直接利用;一部分通过再制造加工或技术改造可以继续使用;另一部分零件由于受当前技术条件的限制而无法再制造,或者进行再制造的经济性很差,则通过熔炼等再循环的方法变成原材料重新使用。在产品报废阶段,要尽可能使再利用、再制造的部分增多,废料部分减少[14]。

回收再制造涉及的内容非常广泛,贯穿产品的全生命周期,体现着深刻的基础性和科学性。在产品设计阶段,要考虑产品的再制造性设计;在产品的服役至报废阶段,要考虑产品的全生命周期信息跟踪;在产品的报废阶段,要考虑产品的非破坏性拆解、低排放式物理清洗,要进行零件的失效分析及剩余寿命演变规律的探索,完成零件失效部位具有高结合强度和良好摩擦学性能的表面涂层的设计、制备与加工,以及对表面涂层和零件尺寸公差部位的机械平整加工及质量控制等[15]。

1.1.2　回收再制造的作用

1. 再制造的能源潜力巨大

据美国阿贡国家实验室统计,新制造 1 辆汽车的能耗是再制造的 6 倍;新制造 1 台汽车发动机的能耗是再制造的 11 倍;新制造 1 台汽车发电机的能耗是再制造的 7 倍;新制造 1 个汽车发电机关键零件的能耗是再制造的 2 倍;再制造 1 个柯达照相机的能源需求不到新制造照相机的 2/3。这充分说明对废旧机械产品进行再制造可减少能源消耗,节约原生资源的开采,满足经济可持续发展的需要[9]。

2. 再制造的经济效益显著

以汽车工业为例,2016 年全球汽车保有量超过 5 亿辆,按发达国家汽车报废标准——保有量的 6％～7％计算,每年汽车报废量将超过 3000 万辆,如果每辆汽车回收再制造产生各种经济、资源、能源和环境等按照 1 万元当量经济效益计算,则全球每年报废汽车再制造可以产生多达 3000 亿元的当量经济效益,具有十分巨大的市场潜力。我国预计 2017 年报废汽车年处理总量近 800 万辆,相关企业总数为 765～800 家(其中零部件再制造企业达 150 家),年产值达到 400 亿元[9]。

3. 再制造的环保作用突出

废旧机械产品再制造可以减少原始矿藏的开采、提炼及新产品制造过程中造成的环境污染,能够极大地节约能源,减少温室气体排放。美国环境保护局估计,如果美国汽车回收业的成果能被充分利用,那么对大气的污染水平可比目前降低85％,水污染处理量可比目前减少 76％[9]。

4. 再制造能缓解就业压力

实施废旧产品的再制造,可兴起一批新兴产业,解决大量就业问题。美国的再制造业规划到 2005 年安排就业 100 万人,我国 2020 年如果达到美国 2005 年的水平,则创造就业岗位将超过 100 万个。研究表明,再制造、再循环产业每增加 100个就业岗位,采矿业和固体废弃物安全处理业仅减少 13 个就业岗位。两者相比可以看出,再制造、再循环产业创造的就业机会远大于其减少的就业机会[9]。

5. 再制造产品的地位

回收再制造启动了新的产品生命周期,是物质循环利用的有效途径。据国外再制造公司统计,再制造花在零件磨损表面补偿的金属仅为本体材料的 1％～2％,但回收的附加值可达到新件制造的 70％、节能 60％、节材 70％以上,再制造成本不超过新品的 50％。因此,再制造的高性价比成为其重要特征之一,实现经济效益(资源节约)和社会效益(环境保护)的完美统一[16]。

通过开展以再制造为主要形式的废旧产品资源化,可以为人们提供物美价廉的产品,提高人们的物质生活水平。由于再制造充分提取了蕴含在产品中的附加值,在产品销售时具有明显的价格优势。例如,再制造发动机具有完善的质量保证和售后服务,能够满足下一个生命周期,价格仅为新发动机的 50％左右,可供不同收入阶层和关心环保的人士选用[17,18]。

1.1.3　回收再制造的前提

1. 充足的再制造资源

机械产品再制造产业以回收的废旧机械产品为对象,回收的废旧机械产品是再制造的资源基础。目前,回收的废旧机械产品以"废旧物资"的形态堆积在我们周围,构成"都市矿山",而这些回收的废旧机械产品其实是再制造的富矿[19]。

例如,2015 年我国民用汽车保有量为 1.72 亿辆,即使按最低标准 5% 计算,年报废量也将达 860 万辆。随着汽车保有量的不断增加,每年汽车的报废量还会不断增加。目前,由于技术原因,我国大量的报废汽车零件只作为材料回收,造成巨大的浪费。这些报废产品弃之为害,用之为宝,如果能够充分地加以利用,那么将给再制造提供充足的资源[20]。

2. 足够的剩余强度和剩余寿命

对于报废机械产品的零件,具有足够的剩余强度和剩余寿命是其进入下一个生命周期即进行回收再制造的前提。环境评价、经济评价和质量评价都是建立在零件具有足够的剩余强度和剩余寿命基础之上的。考虑到再制造产品主要使用在售后,再制造产品的强度和寿命并不一定需要达到或超过原始新产品的强度和寿命,以免造成再制造成本的增加[21]。

在我国,由于机械零件的设计水平不足,材料的基础数据不够完善,经验和类比设计还占主导地位,同时考虑到制造工艺稳定性较差等因素,设计时的安全系数选取较高,造成强度富余,大部分零件是无限寿命设计。另外,产品设计中还会受到其他方面的约束限制而不可能达到等寿命、等强度(在设计机器零件时要使每个部分强度相等,这样机器零件的各部分会达到同等使用寿命,不会因一个部件先报废而使其他完好的部分浪费),因此,主机产品报废时,许多零件的剩余强度和剩余寿命可能仍然满足再制造要求,可以循环使用。

1.2　回收再制造技术

1.2.1　可回收性评价技术

可回收性评价技术的实施处于报废产品开始拆卸到形成再制造毛坯之间,对报废机械零件进行回收评价的核心是判断回收零件是否具有足够的剩余强度和剩余寿命,即是否适合进行回收再制造。通过可回收性评价可以尽早发现具有缺陷的零件,筛选、剔除无法满足或不适合再制造要求的零件,为再制造产品的质量和可靠性提供保证。与直接通过检测再制造产品来剔除不合格零件的方法相比,零件的可回收性评价将大幅降低再制造的成本。

零件的可回收性评价主要分为拆卸阶段评价、清洗阶段评价、性能和质量阶段评价,其中,最困难和最核心的技术是性能和质量阶段评价中的剩余强度和剩余寿命预测理论及技术,回收零件在不同的评价阶段其评价内容、方法和技术规范各不相同。

在拆卸阶段,主要评价技术包括:零件的拆卸时间评价技术——根据零件拆卸过程中所用的时间来具体评分;拆卸可达性评价技术——包括视觉可达、实体可达、足够的拆卸空间;拆卸标准化程度评价技术——以标准件的数量进行评价;拆卸复杂程度评价技术——以拆卸零件的材料种类及所用工具的数量来评价;拆卸费用评价技术——包括人力费用和投资费用;拆卸过程中产生的噪声、废气等评价技术——可以按照国家的环境污染标准进行评价[22,23]。

在清洗阶段,主要评价技术包括:可清洗性评价技术——根据清洗的技术要求进行评价;清洗效果评价技术——根据清洗的清洁度进行评价;清洗时间评价技术——根据清洗过程中所用的时间进行评价;清洗过程中产生的污染物、噪声等评价技术——按照国家环境污染标准进行评价。

回收零件的性能和质量评价阶段是回收再制造最关键的环节之一,主要包括表面和内在质量、性能及缺陷等检测评价。表面质量的检测内容主要包括裂纹、划痕、尺寸、粗糙度、剩余强度及剩余寿命等。内在质量评价主要是指回收零件的剩余强度和剩余寿命的评价,可通过测量零件的机械特性的变化规律,间接地评价回收零件的剩余强度和剩余寿命,实现内在质量的无损评价。根据机械特性检测的便捷性和准确性,可以选择典型的硬度、频率和刚度等参量来表征回收零件的剩余强度和剩余寿命[24]。目前,回收零件的性能和质量评价阶段中常用的检测技术主要包括几何测试测量检测技术、涡流检测技术、磁记忆检测技术、超声检测技术、声发射检测技术、磁粉检测技术、显微成像检测技术和力学性能检测技术等。力学性能检测技术主要包括硬度试验检测技术、模态试验检测技术、疲劳试验检测技术、刚度试验检测技术、拉伸或扭转强度试验检测技术等[25]。

可回收性评价是报废机械零件进行回收再制造过程最重要的环节,直接关系到再制造产品的质量和可靠性,尤其是通过内在质量评价可以早期筛选出剩余强度和剩余寿命不合格的回收零件,节省再制造修复成本。

1.2.2　再制造产品修复技术

零件经过一定使用周期后或多或少会出现一定程度的缺陷。再制造修复技术的实施处于零件可回收性评价阶段之后,主要是针对回收零件的缺陷进行修复和修补,使其性能能够满足下一个生命周期的循环。再制造修复技术主要由再制造表面工程技术构成。

表面工程以表面科学为理论基础,以表面和界面行为为研究对象,把互相依存、相互分工的零件基体与零件表面构成一个系统,同时又综合失效分析、表面技术、涂覆层材料、预处理和后加工、表面检测技术、表面质量控制、使用寿命评估、表面施工管理、技术经济分析、三废处理和重大工程实践等多项内容。

通过先进的再制造表面工程技术进行再制造,再制造产品的性能可以做到优于本体材料的性能。再制造表面工程技术的研究、推广和应用将为先进制造技术和再制造工程的发展提供必要的工艺支持。采用再制造表面工程技术可大量恢复报废设备及其零件的性能,延长使用寿命,降低全生命周期费用,节约原材料,减少环境污染[26]。

表面工程是机械制造中赋予零件表面耐磨损、耐腐蚀和耐疲劳等特殊性能的重要技术途径。近零排放的表面工程新技术替代传统表面工程技术,可满足绿色制造要求,减小对环境的负面效应;以较少能源和材料获得比基体更高性能的表面工程技术,可在恢复零件尺寸的同时提升其性能,目前已广泛应用于回收机械产品的再制造。近年来,面向绿色制造与再制造的表面工程技术得到较快的发展,如绿色镀膜技术、工程化超润滑复合碳膜技术、纳米减摩自修复添加剂技术、纳米电刷镀技术、热喷涂新技术和激光表面强化技术等[27-30]。

1.2.3　再制造产品试验与评价技术

回收零件修复完成以后形成再制造产品,再制造产品在进入下一个服役期之前,和原始新产品一样必须通过相关的试验检测手段确定其性能安全和可靠性。对于再制造产品的试验与评价内容同样包括表面的尺寸、形位公差、粗糙度。如果零件表面有镀层,则需要对镀层进行检测。关于力学性能特性的检测指标主要包括硬度、频率、刚度、强度等。

初始产品不同,再制造产品已经过一个服役周期,其内部质量可能受到不同程度的损伤。对于再制造产品的性能要求并非一定要达到或超过原始新产品的性能要求,只需满足再制造产品的生命周期即可,因此再制造产品的评价标准、规范及各项性能质变的要求与新产品会有所不同。在具体检测评价过程中,不同的再制造产品需根据产品的具体特征制定不同的评价标准。

1.2.4　再制造产品安全服役技术

再制造产品的安全服役检测处于再制造产品新的服役周期。再制造产品的服役环境与原始新产品完全相同,由于它们的产品性能、质量要求、评价标准及保修期限等有所不同,需对其新的服役期间质量退化过程进行检测评价以确保安全可靠性。检测内容与原始新产品相同,其检测技术主要包括载荷谱采集技术、载荷谱的极值载荷确定技术、损伤比确定技术、无效载荷删除技术、载荷-时间序列的生成技术等。以载荷谱为基础,研究再制造产品的模拟试验技术(通过再现的形式来模拟现实发生情况的方法)、虚拟试验技术(利用计算机虚拟现实技术设计原型并进行试验的方法)、台架试验技术、强化试验技术(通过扩大和强化试验对象的作用,以提高试验效率的方法)等。

1.2.5　再制造与其他制造技术

1. 再制造与传统制造

再制造属于制造学科,是先进制造、绿色制造的有机组成部分。再制造与传统制造有许多共同点,例如,采用规模化和专业化的生产方式,采用清洁工艺,尽量减少能耗和污染。但是两者也有以下明显的不同之处。

传统制造是生产新产品的过程,其对象是各种原材料及由原材料制成的毛坯;而再制造的毛坯是各种退役的废旧产品。传统制造的过程是通过机械加工的方法对毛坯进行合理加工,最终生产出符合市场要求的产品;而再制造的过程是对报废或者过时产品进行再制造修复,要求恢复甚至提高原产品的质量或性能,不仅需要用到传统的技术方法,还需要结合非常多的先进技术,如表面工程技术、拆卸技术、清洗技术和检测技术等[31]。

再制造相比于传统制造还可以节约大量的资源和能源,传统制造从原矿石到金属材料,需要消耗大量的能源,而再制造是直接利用废旧零件,可以节省非常多的加工环节,减少能耗。

2. 再制造与绿色制造

绿色制造是指在产品生命周期的各个阶段,包括设计、制造、使用和回收等,都考虑了减少环境污染和提高资源利用效率的先进制造模式。绿色制造的实现方法主要包括在设计阶段选择绿色材料、在生产阶段使用绿色工艺和绿色能源、在销售阶段采用绿色包装等。绿色制造注重于产品的整个生命周期,而再制造侧重于生命周期中使用结束以后的阶段。也可以说,绿色制造是为了再制造,而再制造是绿色制造的组成部分[32]。

1.3　回收再制造的国内外现状

1.3.1　政策和项目方面

1. 政策方面

在工业发达国家,废旧产品造成的危害暴露较早,因而相应的对策也被很早提出。回收再制造在欧美等发达国家已有几十年的发展历史,无论在废品回收责任制、再制造产品质量保证,还是在再制造产品销售和售后服务等方面,都已形成较完整的产业体系。

德国是世界上公认的发展循环经济起步最早、水平最高的国家之一,早在1972 年就制定和颁布了《废弃物处理法》。而 1996 年出台的《循环经济和废弃物管理法》是德国循环经济法律体系的核心,强调生产者要对产品的整个生命周期负责,通过源头预防使废物产生最小化,污染者负担治理义务和费用,同时要求对已产生的废物进行循环资源化的处理。在这一法律框架下,针对具体行业,德国又制定了促进该行业发展循环经济的法规,如《包装废弃物处理法》、《报废车辆法》、《电池条例》和《废电器设备规定》等。目前,废弃物处理业已成为德国经济中的一个重要产业,每年营业额超过 400 亿欧元,家庭废弃物利用率是十年前的两倍[33]。

英国制定了一系列法律来促进经济社会循环式发展,主要有《环境保护法》、《废弃物管理法》和《污染预防法》等。此外,还制定了包括减少、循环和回收在内的废弃物管理国家战略,并在全国普遍建立废弃物分类回收设施。目前,英国环境、食品及农村事务部(Department for Environment,Food and Raral Affair,DEFRA)已经着手一个发展可持续服装的项目,包括服装全生命周期的各个环节,如绿色设计、清洁生产、碳标签认证及回收再利用等,力求从生产、销售到废弃的每个过程都达到污染最小化、资源利用最大化。

日本是循环经济法律法规最健全的国家,可分为三个层面:第一层面为基础层,即《促进建立循环社会基本法》;第二层面是综合性法律,包括《固体废弃物管理和公共清洁法》和《促进资源有效利用法》;第三层面是具体行业的法律法规,有《促进容器与包装分类回收法》、《家用电器回收法》和《食品回收法》等。为了建立循环型社会,日本规定了国家、地方政府、企业和公众要合理承担各自的责任及费用。政府要提供政策支持,企业要贯彻减少废弃物及负担费用的原则,公众则要抑制产品变成废弃物,尽量循环使用,并配合废弃物的回收工作。

韩国于 2007 年颁布《电子电器设备和车辆资源回收利用法案》,并于 2008 年1 月 1 日实施,其中有关报废汽车回收利用部分简称 ELV。该法案要求在 2009 年

12 月 31 日,车辆回收率达到 85％;从 2010 年 1 月 1 日开始,车辆回收率达到 95％。法规实施五年来,废旧汽车的回收率大约提高 10％[34,35]。

美国虽然至今还没有一部全国性的循环经济立法,但其半数以上的州都制定了不同形式的再生循环法规,并且固体废弃物的循环处理率已超过 30％。其中 1976 年的《资源保护和回收法》和 1990 年的《污染预防法》对美国循环经济的发展起到了推动作用。美国对废弃物的回收主要有四种形式:路边回收桶、收集中心、回购中心和有偿回收。美国还将每年的 11 月 15 日定为"回收利用日",各类环保组织也经常举办活动,鼓励居民积极参与社区的再生物质利用项目,购物时使用可循环利用的包装品,购买可以维修和重新使用的物品等[36,37]。

除此之外,还有一些国家也颁布了相应的法律政策,如法国的《关于新纺织服装产品、鞋及家用亚麻布产生的废物再循环与处理法令草案(GT/TBT/N/FRA166 号通报)》和澳大利亚的《澳大利亚政府间环境协定》等[38,39]。

回收再制造在我国起步较晚,现在国家已经出台大量相关政策,支持鼓励回收再制造产业。我国再制造的发展经历了三个主要阶段。第一阶段是再制造产业萌生阶段,自 20 世纪 90 年代初开始,相继出现一些再制造企业,如中国重汽集团济南复强动力有限公司(中英合资)、上海大众汽车有限公司的动力再制造分厂(中德合资)、柏科(常熟)电机有限公司(港商独资)和广州市花都全球自动变速箱有限公司(侨资)等,分别在重型卡车发动机、轿车发动机、车用电机和车用变速箱等领域开展再制造,产品均按国际标准加工,质量符合再制造的要求。第二阶段是学术研究、科学论证阶段,全国高校和研究机构投入大量的人力和物力研究报废零件再制造的可回收性评价技术、修复技术、修复工艺和再制造产品的评价技术等。第三阶段是政府颁布法律全面推进的阶段。相关政策汇总如表 1.1 所示。

表 1.1　再制造产业相关政策汇总

时间	政策名称	颁发部门	相关内容
2005.7	国务院关于加快发展循环经济的若干意见	中华人民共和国国务院(简称国务院)	支持废旧机电产品再制造
2007.1	关于组织申报汽车零部件再制造试点企业的通知	中华人民共和国国家发展和改革委员会(简称国家发改委)	在全国选择部分有代表性、具备再制造基础的汽车整车生产企业,或其自行设立的汽车零部件再制造企业,对通过售后服务网络回收的旧汽车零部件进行再制造,开展再制造试点的汽车零部件产品范围暂定为发动机、变速箱、发电机、启动电机和转向器

时间	政策名称	颁发部门	相关内容
2007.3	关于组织开展汽车零部件再制造试点工作的通知	国家发改委	确定 14 家汽车整车和零部件再制造试点企业,同时颁布《汽车零部件再制造试点管理办法》
2009.1	中华人民共和国循环经济促进法	国家发改委	国家支持企业开展机动车零部件、工程机械、机床等产品的再制造和轮毂翻新;销售的再制造产品和翻新产品的质量必须符合国家规定的标准,并在显著位置标识为再制造产品或者翻新产品;注重再制造与改造相结合;建议将汽车下乡工程与再制造生产相结合,促进形成新的产业链
2010.2	关于启用并加强汽车零部件再制造产品标志管理与保护的通知	国家发改委国家工商行政管理总局	正式启用汽车零部件再制造标志
2010.5	关于推进再制造产业发展的意见	国家发改委等 11 部委	要求以推进汽车发动机、变速箱和发电机等零部件再制造为重点,将试点范围扩大到传动轴、压缩机、机油泵和水泵等部件;组织开展工程机械、工业机电设备、机床、矿采机械、铁路机车装备、船舶及办公信息设备等的再制造,提高再制造水平,加快推广应用
2010.6	再制造产品认定管理暂行办法	中华人民共和国工业和信息化部（简称工信部）	明确再制造定义,确定一套严格的再制造产品认定制度
2010.9	再制造产品认定实施指南	工信部	明确再制造产品认定管理工作中各相关单位的职责,明确各认定环节的具体要求
2011.3	中华人民共和国国民经济和社会发展第十二个五年规划纲要	国务院	完善再制造旧件回收体系,推进再制造产业发展;开发利用源头减量、循环利用、再制造、零排放和产业链接技术,推广循环经济典型模式
2011.9	关于深化再制造试点工作的通知	国家发改委	确保汽车零部件再制造试点取得实效;适当扩大再制造试点范围;加大支持力度;切实加强监督管理

时间	政策名称	颁发部门	相关内容
2012.6	"十二五"节能环保产业发展规划	国务院	重点推进汽车零部件、工程机械等机电产品再制造,研发旧件无损检测与寿命评估技术、高效环保清洗设备,推广纳米颗粒符合电刷镀、高速电弧喷涂以及等离子熔覆等关键技术
2012.7	循环经济发展专项资金管理暂行办法	国务院	重点支持可再制造技术进步、旧件回收体系建设、再制造产品推广
2013.1	循环经济发展战略及近期行动计划	国务院	重点推进机动车零部件、机床、工程机械、矿山机械、农用机械、冶金轧辊、复印机、计算机服务器及墨盒、硒鼓等的再制造,探索航空发动机、汽轮机再制造,继续推进废旧轮胎翻新
2013.11	内燃机再制造推进计划	工信部	到"十二五"末,内燃行业形成 35 万台内燃机整机再制造生产能力,3 万台以上规模的整机再制造企业达到 6～8 家,3 万台以下规模的整机再制造企业达到 6 家以上,再制造产业规模达到 300 亿元,配套服务产业规模达到 100 亿元
2014.12	关于进一步做好机电产品再制造试点示范工作的通知	工信部	加强对机电产品再制造行业的管理,鼓励本地区再制造生产企业及其产品进行网上集中公开,督促相关单位严格执行国家相关产业政策、法规制度及技术标准等;指导企业落实再制造产品标志要求
2015.5	中国制造 2025	国务院	大力发展再制造产业,实施高端再制造、智能再制造,促进再制造产业可持续发展

2. 项目方面

近年来,中国的再制造业发展迅速,已经成为一大重要产业。国内各大高校及企业对于再制造的研究越来越多,关于再制造的专利申请数量及公开数量逐年增加。国家对于回收再制造的支持力度很大,在政策上给予大力支持,同时在 973 计划、863 计划、国家自然科学基金及国家科技支撑计划等指南中都有回收再制造项目,积极鼓励各企业及高校进行回收再制造方面的研究[40-43]。再制造领域方面典型的项目和项目指南如下。

1999 年,将"再制造工程技术及理论研究"列为国家自然科学基金机械学科发展前沿与优先发展领域。

2002 年,中国人民解放军装甲兵工程学院、上海交通大学和中国科学院化学物理研究所承担了国家自然科学基金重点项目"再制造基础理论与关键技术"。

2006 年,由上海交通大学陈铭承担"十一五"科技支撑计划项目(2006BAF02A18)"报废汽车绿色拆解处理与利用关键技术及示范应用"。

2011 年,由上海理工大学卢曦承担国家自然科学基金项目(51175346)"可回收汽车机械零件的剩余强度和剩余寿命评价研究"。

2011 年,由上海交通大学陈铭承担国家科技支撑计划项目(2011BAF11B05)"汽车绿色拆解与再利用关键技术与装备"。

2011 年,973 计划项目"机械装备再制造的基础科学问题"由大连理工大学、中国人民解放军装甲兵工程学院、清华大学、山东大学、哈尔滨工程大学、合肥工业大学、重庆大学、沈阳鼓风机集团股份有限公司和中国重汽集团济南复强动力有限公司共同承担。针对严重制约我国机械装备再制造产业化进程的深层次理论与技术基础难题,确定本项目。以再制造为对象进行可再制造性评价、再制造毛坯"形、性"调控、再制造产品服役安全等关键共性技术是研究的主要目的。

2011 年,由上海交通大学陈铭承担国家自然科学基金项目(51175342)"报废汽车破碎残余物(ASR)热裂解/气化机理及其资源化应用基础研究"。

2013 年,由上海交通大学陈铭承担 863 计划项目(2013AA040202)"退役乘用车高效拆解破碎分选技术及装备示范"。

2015 年完成的"工程机械绿色再制造"课题是三一集团有限公司承担的国家"十二五"科技支撑计划项目。三一集团有限公司联合湖南科技大学、华中科技大学、陕西科技大学、长沙理工大学和武汉科技大学,共同研究了混凝土泵车再制造成套技术。

2016 年完成的 863 计划项目"退役乘用车回收拆解与资源化技术"由武汉理工大学、湖北力帝机床股份有限公司和武汉东风鸿泰汽车资源循环利用有限公司共同承担。围绕退役汽车拆前环保预处理技术、汽车整车解体与深度拆解技术、退役汽车回收拆解与资源化信息管理技术、退役汽车车身材料高效高质量破碎技术、车身破碎料精确分选技术、退役汽车塑料深度再利用技术、退役汽车零件无损检测与寿命分析技术开展研究。

再制造相关的项目还包括"再制造基础理论与关键技术"、"机电产品可持续设计与复合再制造的基础研究"和"多寿命特征驱动的废旧零部件再制造工艺资源配置"等国家自然科学基金项目、"汽车零部件再制造关键技术与应用"和"汽车发动机和轮胎再制造过程质量控制与评价技术研究"等国家科技支撑计划项目、"重载车辆关键零部件的加速寿命试验技术研究"等 863 计划项目、"中小型机床再制造生产技术开发及产业化应用示范"等"十二五"国家科技支撑计划项目。

1.3.2　技术方面

1. 再制造评价的研究

对于再制造性评估的研究,Hammond 等[44]和 Bras 等[45]从生态、法律和经济因素等方面考虑,提出产品可再制造性设计准则和影响产品再制造性的关键指标,为后续产品再制造性评价奠定了基础。

Amezquita 等提出一套产品再制造性评价方法,用来验证产品设计者在设计产品时制定的再制造度,并以汽车车门为例进行了验证[46]。

Guide[47]、Hundal[48]和 Gehin 等[49]对新品设计过程开展再制造性评价,根据评价结果动态调整设计方案,使产品在报废时仍具有较好的再制造性。

Murayama 等在可靠性理论的基础上定义产品的可再制造度,并建立基于服役时间的产品可再制造度评价模型。该模型不仅可用来评价零件的回收再制造性,还可以应用于零部件的再制造及再利用的管理中[50]。

Tan 等[51]和 Xanthopoulos 等[52]基于不同数学方法建立产品的可再制造度评价数学模型,如动态规划算法、线性规划法和混合整数线性规划法等。

Ghazalli 和 Murata 以层次分析法和实例推理法为基础,开发产品再制造性分析系统[53]。Lund 等通过统计不同类型再制造产品的特性,总结出产品具有再制造性的七大标准[54]:①产品具有耐用性;②产品功能性失效;③产品零部件互换性好;④产品蕴含的剩余价值高;⑤失效产品的回收成本比它的剩余价值要低;⑥产品制造技术可行;⑦消费者接受再制造产品。

我国学者也从不同角度对产品再制造性进行了研究。从技术可行性、经济效益性和环境绿色性三个方面建立产品再制造性评价指标体系,经过综合评价来确定零件再制造的可行性[55-59]。

张国庆等从技术性和经济性方面对再制造工艺过程进行分析,计算产品的可再制造性指数,并将其运用到汽车发动机曲轴的再制造性评价中。试验结果表明,曲轴疲劳寿命最少可以维持三个生命周期,这与理论计算的结果相吻合,表明再制造疲劳寿命模型和寿命预测的正确性[60-62]。

刘晓叙等根据再制造技术的基本定义,提出对报废产品可再制造性进行判断时应遵循的六条基本准则;提出在进行再制造时还应该考虑将报废产品的零件经再制造加工后用于其他类似产品的观点,拓宽了再制造的范围[63]。

曾寿金等在绿色度评价方法的基础上,从技术、经济、资源、能源、环境和服役性等方面对影响机电产品再制造度的因素进行分析,建立废旧机电产品绿色再制造的微观评价模型、宏观评价模型和综合评价模型[64]。

于善启从设计再制造性和使用再制造性两个层级对液压支柱的再制造性进行研究,发现再制造是废旧产品资源再循环的最佳形式,是实现循环经济发展模式的重要技术途径;并构建液压支柱再制造性分析模型与评价结构模型,提出液压支柱再制造性的评价内容与评价方法,分析提高液压支柱再制造性的技术途径[65]。

Zhou 等以装载机为研究对象,建立装载机及其零件的可重用度模型,并开发相应的评价和管理系统[66]。

韩夏冰从金属腐蚀程度的角度开展工程机械产品再制造性评价方法的研究,利用图像处理技术定性和定量评价金属腐蚀程度,并对 Q235 钢模拟大气腐蚀早期行为进行准确的判断和预测[67]。

许召龙从产品全生命周期出发,综合产品的设计阶段、制造阶段和再制造阶段开展产品的再制造性评估,并以发动机为例来分析评估其具有良好的可再制造性[68]。

2. 再制造的设计研究

Lund 在研究再制造时开始关注再制造的特殊产品,提出易于拆解和升级的产品设计。但是,此设计并不是针对再制造的再制造设计[69]。

基于 Lund 的再制造设计的概念和 Nasr 等给出的再制造设计的概念,指在新产品设计阶段对产品的再制造性进行考虑,提出再制造性的指标和要求,使得产品在寿命末端具有良好的再制造性[70]。

Charter 等认为上述概念过于笼统,给出了主动再制造设计的具体细节:易于核心零部件的回收设计、生态设计,易于拆解设计,易于循环使用设计,易于产品升级设计及易于产品检测设计等[71]。

Mangun 等介绍了综合考虑产品零件再制造和回收利用的产品系列设计方法,提出在产品设计阶段要综合考虑产品装配、维修及回收再制造的可行性[72]。

Shu 等介绍了在产品设计阶段要考虑后期其报废时再制造性的设计框架,提出在全生命周期背景下设计时要考虑装配、连接、维修和报废回收[73]。

上海交通大学与德国柏林工业大学合作研究了面向回收的制造技术。机械科学研究总院完成了绿色设计技术发展趋势预测及对策研究,提出绿色设计的技术发展体系及近期重点发展技术的建议[74]。

在零部件再制造的设计研究方面,Ishii 等对美国在 1998 年前面向环境和回收设计的研究和实践进行了总的回顾[75]。

David 等研究了产品全生命周期内面向再制造评估的产品设计图表,运用研究实例表明产品设计图表的使用情况,并论证其对于产品修改的灵敏性[76]。

清华大学与美国德州理工大学先进制造实验室就绿色设计技术展开合作,针对计算机、空调等典型机电产品,进行基于产品全生命周期的绿色设计和制造技术的系统研究[77]。

Masui 等提出内嵌式产品拆卸工艺的概念,其主要思想是:在制造的过程中,产品内部嵌入易于分离的特征,在拆卸的过程中启动它;这个特征对于产品实现其功能是多余的,但并不妨碍产品实现其功能[78]。

3. 对于剩余强度和剩余寿命的预测

目前,回收再制造零件的剩余寿命预测主要以无损检测和经验预测为主,依靠经验进行的可回收性判断无法定量地给出机械零件的剩余寿命和剩余强度,以及再制造产品的可靠性要求。再制造零件的回收过程中,预测回收零件的剩余强度和剩余寿命是再制造行业十分重要的一环。目前,对于零件剩余强度和剩余寿命的研究主要集中在疲劳强度领域,它属于力学学科中的疲劳与可靠性及机械工程学科中的机械强度学,尚无其他文献公开报道回收零件的剩余强度和剩余寿命评估技术。国内在可用于回收零件的剩余强度和剩余寿命评价的文献主要如下。

1996 年,叶笃毅等应用显微硬度计对高周疲劳不同循环次数下退火 45♯钢光滑试样的铁素体和珠光体进行表面显微硬度研究,结果表明:对应不同的疲劳阶段,显微硬度分散性有所不同,这对于寻求服役机械零件的疲劳无损评定具有重要意义[79]。

2007 年,北京工业大学的沈通等利用有限元模拟和动态响应试验研究单点点焊接头在疲劳损伤中固有频率的变化特性,总结出最适宜对疲劳损伤进行研究的模态阶数,为固有频率用于表征疲劳损伤奠定了基础[80]。这些研究成果对基于表面硬度与固有频率预测回收零件的剩余寿命具有重要意义。此外,国内很多学者对汽车零件的剩余寿命的预测提出了许多检测方法,如金属磁记忆、超声波检测、涡流检测等,对于机械零件的无损检测具有重要意义。

2010 年,装备再制造技术国防科技重点实验室的董丽虹等利用金属磁记忆技术预测再制造零件的寿命,概述金属记忆信号、微观物理检测机制的研究结果,探讨利用金属磁记忆技术表征疲劳裂纹萌生及扩展寿命的途径和方法。该研究是金属磁记忆应用于再制造零件剩余寿命预测的初步探究[81]。

2011 年,石常亮以金属磁记忆检测方法和超声检测方法为研究对象,建立综合采用金属磁记忆信号和超声波信号表征疲劳寿命的预测模型,为无损检测在再制造质量评估中的应用奠定基础[82]。

上海交通大学的陈铭等针对退役曲轴的剩余疲劳寿命及疲劳强度进行研究。2007 年,他们提出一种基于涡流和磁记忆的退役曲轴检测方法,可对曲轴进行方便快速的检测,为评价曲轴的剩余疲劳寿命提供依据。2011 年,他们基于安全系数法又对 48MnV 曲轴的剩余疲劳强度进行分析,并判断该曲轴经过一个生命周期并进行再制造后,剩余的疲劳强度完全可以再维持下一个生命周期[83,84]。

2013 年,合肥工业大学的黄海鸿等基于金属磁记忆法对废旧驱动桥壳进行无损检测和变形检测研究,得到桥壳变形量与磁记忆信号特征值的关系。研究结果表明:磁记忆检测可以为再制造损伤评估提供依据。该研究成果为汽车零件的回收检测提供了新的无损检测方法[85]。

2016 年,中国人民解放军装甲兵工程学院的郭伟等探索超声红外热像检测技术对涂层下基体疲劳裂纹识别和评估的可行性。在 Q235 不锈钢试样中预置拉伸疲劳裂纹,并在试样表面制备 3Cr13 合金涂层。用低频脉冲进行激励,研究激励过程中涂层表面温度场的瞬态响应过程,以及裂纹区和非裂纹区的温度变化趋势。结果表明:超声红外热像法可实现对再制造毛坯涂层下基体疲劳裂纹的定性识别和定量检测[86]。

卢曦及其团队在长期从事疲劳强度研究的基础上,提出基于强度特征的回收零件剩余强度和剩余寿命评价方法和技术,并基于回收轿车的等速万向传动轴,研究基于机械特征的回收零件剩余强度和剩余寿命无损检测技术等[87-90]。

1.3.3　经济和社会效益方面

2005 年,全球再制造业产值已超过 1000 亿美元,美国的再制造产业规模最大,达到 750 亿美元,其中汽车和工程机械再制造占 2/3 以上,约 500 亿美元。美国军队同样高度重视再制造,也是再制造的最大受益者。美国军费世界第一,但仍然认为再制造具有重大作用,尤其是在财政预算有限、新装备配备不到位、制造新装备费用高昂的情况下,再制造可维持武器装备的战备完好率。隶属于美国国家科学研究委员会的"2010 年后国防制造工业委员会"制定了 2010 年国防工业制造技术的框架,将武器系统的再制造列为国防工业的重要研究领域。近年,日本加强了对工程机械的再制造,再制造的工程机械中,58%由日本国内用户使用,34%出口到国外,8%拆解后作为配件出售。

2012 年,北美市场再制造产品渠道以独立市场为主,再制造发动机、发电机和变速箱是该地区市场售额最大的三类产品,这也是全球其他几个区域在再制造过程中主要进行的产品。其中,对于发动机,绝大部分的销售是以独立市场为主的,原装配件供应商(original equipment supplier,OES)渠道只占 17%。但事实上,独立市场在发动机再制造方面的占有量是很小的,反而是变速箱在独立市场和OES渠道中各占据一半。对于发电机,OES渠道占比较少,而整个独立市场占有量非常大。

据相关数据显示,2015年欧洲的再制造市场金额已经达到300亿欧元,2030年产品销售额预计能够达到700亿欧元。2013年欧洲的年再制造的产量达到68万台,2015年则达到220万台,如图1.3所示。这个过程中再制造年产量飙升幅度大概为70%,这与欧洲2013~2015年一些政策的变化有关,例如,欧盟逐渐将再制造列入循环经济范围,促使很多再制造产业萌生,汽车再制造销售额占总再制造产品总额的20%。

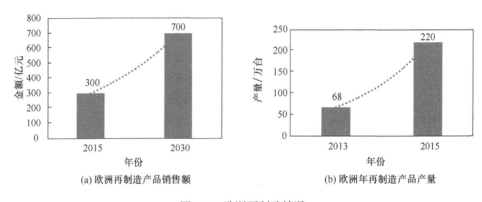

(a) 欧洲再制造产品销售额　　　　　(b) 欧洲年再制造产品产量

图1.3　欧洲再制造情况

中国再制造市场起步较晚,据统计数据显示,2015年中国的再制造产品已经超过9.3万件。根据2014年的统计,在中国再制造市场的企业分类中,最多的是汽车零件,其比例达到27%,第三方服务占比为25%,建筑机械占比为18%,机电产品是目前中国再制造企业比较集中的一个分类,它的总额约占到整个行业的84%。其他如旧件回收、矿业机械等的比例相对较小,目前机床行业再制造在逐渐兴起,但是该行业中,机床主要是以大修和翻新为主。对于汽车行业,再制造确实是迅速增长的一个版块。

2010年,我国再制造产能仅为发动机11万台,变速箱6万台,发电机、起动机100万台,总产值不到25亿元,再制造试点企业也只有十几家。而到2017年,我国报废汽车年处理总量将达到800万辆,企业总数为765~800家(其中零部件再制造企业将达150家),年产值将达到400亿元,具有十分巨大的市场潜力。我国的汽车再制造业已经拥有市场和政策等有利条件,急需在技术方面有所突破[91]。

参 考 文 献

[1] 潘艳. 我国自然资源的基本状况及面临的严峻问题[J]. 决策探索月刊,2009,(4):61-62.

[2] 徐滨士. 绿色再制造工程及其在我的应用前景[R]//中国工程院. "工程科技与发展战略"咨询报告集,2002.

[3] 李南. 面向报废汽车回收再利用的评价研究[D]. 西安:长安大学,2014.

[4] 陈志伟,徐鸿翔. 产品可回收性评价的研究[J]. 中国制造业信息化,2003,32(11):109-111.

[5] 马晓梅. 循环经济理论与报废汽车回收再利用发展探究[D]. 南京:南京林业大学,2012.

[6] 熊颖清,夏绪辉,王蕾,等. 面向多生命周期的再制造服务活动决策方法研究[J]. 机械设计与制造,2017,(2):108-111.

[7] 徐滨士. 再制造与循环经济[M]. 北京:科学出版社,2007.

[8] Anityasari M,Kaebernick H. A concept of reliability evaluation for reuse and remanufacturing[J]. International Journal of Sustainable Manufacturing,2008,1(1/2):3-17.

[9] 徐滨士. 装备再制造工程的理论与技术[M]. 北京:国防工业出版社,2007.

[10] 郑泽锋. 产品设计中的绿色节能设计研究初探[J]. 中国包装工业,2014,(22):13.

[11] Andrew M K,Stuart C B,Chris A M. Reducing waste:Repair,recondition,remanufacture or recycle[J]. Sustainable development,2006,14(4):257-267.

[12] 朱胜,姚巨坤. 再制造技术与工艺[M]. 北京:机械工业出版社,2010.

[13] Steinhilper R. 再制造-再循环的最佳形式[M]. 朱胜,姚巨坤,邓流溪,译. 北京:国防工业出版社,2006.

[14] 叶本刚,于志刚. 汽车再制造现状及其关键工艺[J]. 农机使用与维修,2007,(4):100-101.

[15] Hatayama H,Daigo I,Tahara K. Tracking effective measures for closed-loop recycling of automobile steel in China[J]. Resources Conservation & Recycling,2014,87(6):65-71.

[16] Hazen B T,Mollenkopf D A,Wang Y C. Remanufacturing for the circular economy:An examination of consumer switching behavior[J]. Business Strategy and the Environment,2017,26(4):451-464.

[17] Ignatenko O,Van S A,Reuter M A. Recycling system flexibility:The fundamental solution to achieve high energy and material recovery quotas[J]. Journal of Cleaner Production,2008,16(4):432-449.

[18] Li J B,Wang Q F,Yan H. Optimal remanufacturing and pricing strategies under name-your-own-price auctions and stochastic demand[J]. Asia-Pacific Journal of Operational Research,2016,33(1):1-22.

[19] 董锁成,范振军. 中国电子废弃物循环利用产业化问题及其对策[J]. 资源科学,2005,27(1):39-45.

[20] 薛楠. 曲轴再制造毛坯剩余寿命无损评估技术基础研究[D]. 北京:北京理工大学,2015.

[21] 陈志伟,徐鸿翔. 面向拆卸设计的可拆卸性评价指标研究[J]. 制造业自动化,2003,25(7):22-25.

[22] 于随然,陶璆,陈泓,等. 基于拆卸时间的产品拆卸性评价及改进设计[J]. 上海交通大学学

报,2007,41(9):1475-1478.

[23] Anoop D,Anil M. Evaluation of disassemblablity to enable design for disassembly in mass production[J]. International Journal of Industrial Ergonomics,2003,32(4):265-281.

[24] 潘晓勇,陈强,王乾廷. 可拆卸性评价[J]. 黑龙江科技大学学报,2002,12(4):9-12.

[25] 徐滨士. 表面工程与维修[M]. 北京:机械工业出版社,1996.

[26] 徐滨士. 热喷涂技术的现状和发展[J]. 中国表面工程,1991,4(1):1-27.

[27] 谭俊,陈建敏,刘敏,等. 面向绿色制造与再制造的表面工程[J]. 机械工程学报,2011,47(20):95-103.

[28] 徐滨士,朱绍华. 表面工程的理论与技术[M]. 北京:国防工业出版社,2010.

[29] 徐滨士,谭俊,陈建敏. 表面工程领域科学技术发展[J]. 中国表面工程,2011,24(2):1-12.

[30] 张铜柱. 汽车产品再制造模式及其可靠性分析[D]. 长春:吉林大学,2011.

[31] 王富昌. 绿色可循环发展路线是必经之路[J]. 中国制造业信息化,2012,(4):23-24.

[32] 田广东,贾洪飞,储洪伟,等. 汽车回收利用理论与实践[M]. 北京:科学出版社,2016.

[33] Nakajima N,Vanderburg W H. A failing grade for the German end-of-life vehicles take-back system[J]. Bulletin of Science Technology & Society,2005,25(2):170-186.

[34] 柴静. 韩国报废汽车回收利用法规及实施进展[J]. 汽车工业研究,2013,(11):27-29.

[35] Park J W,Yi H C,Park M W. A monitoring system architecture and calculation of practical recycling rate for end-of-life vehicle recycling in Korea[J]. International Journal of Precision Engineering and Manufacturing-Green Technology,2014,1(1):49-57.

[36] 王峰. 蓬勃发展的美国再生材料产业[J]. 中国科技成果,2005,6(14):58.

[37] 徐瑞娥. 国外发展循环经济的主要做法[J]. 经济研究参考,2007,(66):41-45.

[38] 宇鑫. 关于鞋靴生产的废弃物[J]. 中国皮革,2008,37(8):63.

[39] 蔡斐. 澳大利亚国家环境保护委员会制度初探[J]. 绿色科技,2014,(6):207-209.

[40] 周仲荣. 国家自然科学基金委机械工程科学前沿及优先领域研讨会简况[J]. 学术动态报道,1999,(4):23.

[41] 梁秀兵. "再制造基础理论与关键技术"课题获国家自然科学基金重点项目资助[J]. 中国表面工程,2002,(4):49.

[42] 秦训鹏,胡志力,郭巍. 国家863计划"退役乘用车回收拆解与资源化技术"项目组召开阶段性成果总结与研讨会[J]. 表面工程与再制造,2015,15(2):55.

[43] 陈铭,马扎根,沈健,等. 生产者延伸责任制下的中国汽车回收利用体系研究[J]. 数字制造科学,2009,(1):46.

[44] Hammond R,Amezquita T,Bras B A. Issues in the automotive parts remanufacturing industry:A discussion of results from surveys performed among remanufacturers[J]. Engineering design and automation,1998,4(1):27-46.

[45] Bras B A,Hammond R. Towards design for remanufacturing-metrics for assessing remanufacturability[C]. Proceedings of the International Workshop on Reuse,Eindhoven,1996.

[46] Amezquita T,Hammond R,Salazar M,et al. Characterizing the remanufacturability of engineering systems[C]. Proceedings of the ASME Advances in Design Automation Confer-

ence,Boston,1995.

[47] Guide V D R. Production planning and control for remanufacturing: Industry practice and research needs[J]. Journal of Operations Management,2000,18(4):467-483.

[48] Hundal M. Design for recycling and remanufactyring[C]. Proceedings of the International Design Cofference-Design,Dubrovnik,2000.

[49] Gehin A,Zwolinski P,Brissaud D. A tool to implement sustainable end-of-life strategies in the product development phase[J]. Journal of Cleaner Production,2008,16(5):566-576.

[50] Murayama T,Yamamoto S,Oba F. Mathematical model of reusability[C]. Proceedings of the International Symposium on Electronics and the Environment,Washington DC,2004.

[51] Tan A,Kumar A. A decision making model to maximise the value of reverse logistics in the computer industry[J]. International Journal of Logistics Systems and Management,2008,4(3): 297-312.

[52] Xanthopoulos A,Iakovou E. On the optimal design of the disassembly and recovery processes[J]. Waste Management,2009,29(5):1702-1711.

[53] Ghazalli Z,Murata A. Development of an AHP-CBR evaluation system for remanufacturing: End-of-life selection strategy[J]. International Journal of Sustainable Engineering,2011,4(1): 2-15.

[54] Lund R T,Hauser W M. Remanufacturing——an American perspective[C]. Proceedings of the International Conference on Responsive Manufacturing-Green Manufacturing,Ningbo,2010.

[55] 申立艳. 机电产品的可再制造性评价研究[D]. 济南:山东大学,2008.

[56] 毛果平,朱有为,吴超. 废旧机电产品再制造性评估模型研究[J]. 现代制造工程,2009,(6): 114-118.

[57] 张宗翔. 基于绿色制造的产品可再制造性评价方法研究[D]. 绵阳:西南科技大学,2010.

[58] 刘赟,徐滨士,史佩京,等. 废旧产品再制造性评估指标[J]. 中国表面工程,2011,24(5): 94-99.

[59] 付腾. 工程机械零部件的再制造性评定和 HVOF 技术的应用[D]. 天津:天津大学,2012.

[60] 张国庆,荆学东,浦耿强,等. 产品可再制造性评价方法与模型[J]. 上海交通大学学报, 2005,39(9):1431-1436.

[61] 张国庆,荆学东,浦耿强. 汽车发动机可再制造性评价[J]. 中国机械工程,2005,16(8): 739-742.

[62] 张国庆. 零件剩余疲劳寿命预测方法与产品可再制造性评估研究[D]. 上海:上海交通大学,2007.

[63] 刘晓叙,张海秀. 产品可再制造性判断准则研究[J]. 四川理工学院学报,2007,20(6): 76-78.

[64] 曾寿金,江吉彬,许明三. 机电产品再制造特性评价模型研究[J]. 福建工程学院学报,2009, 7(3):271-274.

[65] 于善启. 液压支柱再制造性研究[J]. 煤矿机械,2012,33(3):49-51.

[66] Zhou J,Huang P,Zhu Y,et al. A quality evaluation model of reuse parts and its management

system development for end-of-life wheel loaders[J]. Journal of Cleaner Production,2012,35(17):239-249.

[67] 韩夏冰. 工程机械产品可再制造性与金属腐蚀程度评价研究[D]. 天津:天津大学,2012.

[68] 许召龙. 基于绿色制造的产品可再制造性评价决策系统[D]. 绵阳:西南科技大学,2012.

[69] Lund R T. Remanufacturing:The experience of the United States and implications for developing countries[R]. Washington DC:World Bank,1985.

[70] Nasr N,Thurston M. Remanufacturing:A key enabler to sustainable product systems[R]. New York:Rochester Institute of Technology,2006.

[71] Charter M,Gray C. Remanufacturing and product design[J]. International Journal of Product Development,2008,6(34):375-392.

[72] Mangun D,Thurston D J. Incorporating component reuse,remanufacture,and recycle into product portfolio design[J]. IEEE Transactions on Engineering Management,2002,49(4):479-490.

[73] Shu L H,Woodie,Flowers W C. Application of a design-for-remanufacture framework to the selection of product life-cycle fastening and joining methods[J]. Robotics and Computer-Integrated Manufacturing,1996,15(3):179-190.

[74] 曾建春. 基于产品生命周期的轿车发动机综合评价体系的研究[D]. 上海:上海交通大学,2001.

[75] Ishii K,Eubanks C F,Marco P D. Design for product retirement and material life-cycle[J]. Materials and Design,1994,15(4):225-233.

[76] David G M, Michael B, William D K. Design charts for remanufacturing assessment[J]. Journal of Manufacturing Systems,1999,18(5):358-366.

[77] 李敏贤.1998 年我国先进制造技术发展动态[J]. 机电产品开发与创新,1999,12(5):7-20.

[78] Masui K,Mizuhara K,Ishii K,et al. Development of products embedded disassembly process based on end-of-life strategies[C]. Proceedings of the International Conference on Environmentally Conscious Design and Inverse Manufacturing,Washington DC,1999.

[79] 叶笃毅,王德俊,平安. 中碳钢高周疲劳损伤过程中表面显微硬度变化特征的实验研究[J]. 机械强度,1996,18(2):63-65.

[80] 沈通,尚德广,张芙蓉,等. 基于动态响应特性的点焊疲劳损伤与寿命预测研究[J]. 汽车工程,2008,30(1):72-76.

[81] 董丽虹,徐滨士,董世运,等. 金属磁记忆技术用于再制造毛坯寿命评估初探[J]. 中国表面工程,2010,23(2):106-111.

[82] 石常亮. 面向再制造铁磁性构件损伤程度的磁记忆/超声综合无损评估[D]. 哈尔滨:哈尔滨工业大学,2011.

[83] 王翔,陈铭. 基于涡流和磁记忆法的退役曲轴检测[J]. 机械设计与研究,2007,23(2):95-97.

[84] Wang X,Chen M,Pu G Q,et al. Residual fatigue strength of 48MnV crankshaft based on safety factor[J]. Journal of Central South University,2005,12(2):145-147.

［85］黄海鸿,刘儒军,张曦,等.面向驱动桥壳再制造的磁记忆无损检测［J］.中国机械工程, 2013,24(11):1505-1509.

［86］郭伟,董丽虹,徐滨士.再制造毛坯涂层下基体疲劳裂纹超声红外热像检测［J］.装甲兵工程 学院学报,2016,30(2):89-93.

［87］卢曦,郑松林.一种剩余强度和剩余寿命的快速、无损预测方法:中国,200810033604.0［P］. 2010.

［88］马凤翔.普桑轿车等速万向节传动轴可回收性技术评价试验研究［D］.上海:上海理工大 学,2015.

［89］左力,卢曦.桑塔纳轿车等速万向传动中间轴典型机械特性研究［J］.机械强度,2015,37(4): 613-617.

［90］牛勇彦,卢曦.剩余刚度在强化和损伤过程中的变化特性研究［J］.机械强度,2013,35(5): 704-708.

［91］罗健夫.我国汽车零部件再制造产业起步［J］.中国科技投资,2013,(Z6):89-91.

第 2 章　机械零件的回收与评价

第 1 章概述了回收再制造和回收再制造工程,包括回收再制造的内涵、发展现状、重要作用、紧迫性及回收再制造行业的前景。回收再制造最重要的一环就是零件的可回收性评价,零件的回收评价包括质量评价、经济评价和环境评价。在质量评价过程中首先要确定零件的失效形式,其次是根据其失效形式进行回收零件质量的系统评价。

2.1　零件的失效、拆卸和清洗

不同的零件具有不同的失效形式、不同的失效机理及不同的质量退化检测方法。失效分析的目的就是判断机械产品失效的性质,分析失效原因,研究失效事故的处理方法,提出预防措施等[1,2]。

2.1.1　零件失效的分类

在工程上,按照机械零件的失效模式进行分类,零件失效主要可分为磨损、疲劳、腐蚀、变形和老化五类,具体如表 2.1 所示[3,4]。

表 2.1　机械零件失效的分类

失效类型	失效模式	举例
磨损	磨料磨损、黏着磨损、表面疲劳磨损、腐蚀磨损、微动磨损	气缸(拉缸)、曲轴(抱轴)
疲劳	低周疲劳、高周疲劳、腐蚀疲劳、热疲劳	曲轴断裂、齿轮轮齿折断
腐蚀	化学腐蚀、电化学腐蚀、穴蚀	气缸外壁孔蚀
变形	过量弹性变形、过量塑性变形	零件的弯曲、扭曲、变形
老化	龟裂、变硬	轮胎、塑料器件

1. 磨损

机械运动在其运动过程中都是一个物体与另一个物体相接触或与其周围的液体、气体介质相接触,与此同时产生阻碍运动的效应,这就是摩擦。由于摩擦,系统的运动面和动力面性质受到影响和干扰,一部分能量以热量形式发散和以噪声形式消失。同时,摩擦效应还伴随着表面材料的逐渐消耗,这就是磨损。

磨损是摩擦效应的一种表现和结果,是构件因其表面相对运动而在承载表面上不断出现材料损失的过程。据统计,有 75% 的汽车零件因磨损而报废,因此磨损是引起零件失效的主要原因之一[3]。

磨损与零件所受的应力状态、工作和润滑条件、加工表面形貌、材料的组织结构和性能及环境介质的化学作用等一系列因素有关。按表面破坏机理和特征,磨损可分为磨料磨损、黏着磨损、表面疲劳磨损、腐蚀磨损和微动磨损等。磨料磨损、黏着磨损是磨损的基本类型,腐蚀磨损、微动磨损则只在某些特定条件下才会发生[3-5]。

2. 疲劳

在循环载荷作用下,经一定循环周次后发生的断裂称为疲劳断裂,这是机械产品最常见的失效形式之一。各种机器中,因疲劳而失效的零件占失效零件总数的 60%~70%。疲劳失效按照不同的分类方法可以分为:机械疲劳和温度疲劳;应力疲劳和应变疲劳;拉-压疲劳、扭转疲劳和弯曲疲劳等。其中,应力疲劳的应力水平远低于屈服强度,零件整体处于宏观弹性应力范围,这类疲劳断裂前没有任何预兆,突然断裂,工程中会造成严重的后果,因此,零件设计时应该避免疲劳断裂[6-10]。

3. 腐蚀

金属材料受周围环境介质的化学或电化学作用而引起的零件失效称为金属的腐蚀失效。在温度和环境介质的作用下,金属会和介质元素的原子发生化学或电化学反应从而生成金属氧化物、金属盐类及其他复杂化合物等,许多金属被腐蚀掉。有关统计数字表明,世界上生产的钢铁有 20%~40% 因腐蚀失效而报废,腐蚀失效会引起停工停产、产品质量下降和环境污染,有时甚至造成火灾、爆炸等重大事故[11-13]。

4. 变形

机械零件在使用过程中,由于受到温度、外载或内部应力的作用,零件的尺寸和形状发生变化而不能正常工作,这种现象称为机械零件的变形失效。过量变形是零件失效的一个重要原因,例如,曲轴、离合器摩擦片、变速箱中间轴与主轴等常常因过量变形而失效。零件发生变形后会出现伸长、缩短、弯曲、扭曲、颈缩、膨胀、翘曲、弯扭及其他复合变形等现象。典型的金属零件变形可分为弹性变形、塑性变形、翘曲变形和蠕变变形等[14,15]。

5. 老化

在高分子材料的使用过程中,由于受到热、氧、水、光、微生物和化学介质等环境因素的综合作用,高分子材料的化学组成和结构会发生一系列变化,物理性能也会相应变化,如发硬、发黏、变脆、变色和失去强度等,这些变化和现象称为老化,高分子材料老化的本质是其物理结构或化学结构的改变。橡胶、塑料制品和电子元件等零件,随着时间的增长,原有的性能会逐渐衰退,这类元件、制品(如橡胶轮胎、塑料器件等)不论工作与否,老化现象都会发生[16-18]。

2.1.2　零件失效的原因

引起零件失效的原因很多,主要有工作条件(包括零件的受力状况和工作环境)、设计制造(包括设计不合理、选材不当、制造工艺不当等)以及使用与维修三个方面[19,20]。

零件的受力状况包括载荷的类型、载荷的性质及零件的应力状态。零件承受的载荷若超过其允许承受的能力,则导致零件失效。在实际工作中,机械零件往往不是只受一种载荷的作用,而是同时承受几种类型载荷的复合作用,这些载荷往往是动态变化的。机械零件在不同的环境介质(如气体、液体、酸、碱、盐介质、固体磨料和润滑剂等)和不同的工作温度作用下,可能出现腐蚀磨损、磨料磨损及热应力引起的热变形、热膨胀、热疲劳等失效,还可能造成材料的脆化、高分子材料老化等失效形式。

设计不合理和设计考虑不周到也是零件失效的重要原因之一。例如,轴台阶处的直角过渡、过小的圆角半径、尖锐的棱边等都会造成应力集中。这些应力集中处有可能成为零件破坏的起源。花键、键槽、油孔和销钉孔等处,设计时如果没有充分考虑这些形状对界面的削弱和应力集中问题,或者位置安排不妥当,都将造成零件的早期破坏。材料选择不当及制造工艺过程中操作不当而产生裂纹、高残余内应力、表面质量不良、达不到力学性能的要求等,都可能成为零件失效的原因。紧配合零件的装配精度不够,导致相配合的零件出现滑移和变形,产生微动磨损,从而也加速零件的失效过程。

使用与维修过程中的失效主要包括使用过程中操作不当,对零件造成不必要的冲击过载,以及在恶劣环境下使用等,这些都会导致零件失效。在维修过程中,维修不当或者维修不及时等都会加速零件的失效。

2.1.3　回收零件的拆卸与清洗

1. 拆卸分类

机械零件进行回收再制造的第一步就是要对零件进行拆卸、清洗等,为后续回收评价做好准备。拆卸规划方案的好坏直接影响产品拆卸、回收和再利用的成本和效率。按照零件是否发生破坏,可以将拆卸分为破坏性拆卸和非破坏性拆卸。

按照是否将产品所有零件分解,可以分为完全拆卸和选择性拆卸。

通常情况下拆卸都是指非破坏性拆卸,这时整个拆卸过程中零件一般都可修复,所有操作都是可逆的。破坏性拆卸在某些特殊情况下是必须采用的,如焊接结构的拆解、已发生严重变形的机构拆解,但对于回收的零件进行拆卸,一般都会采用非破坏性拆卸。完全拆卸就是把复杂产品所有零件完全解除约束分解,可以看成产品装配过程的逆过程。与完全拆卸不同,选择性拆卸的目的性较强,只要在整个产品零件集合内把目标零件拆除下来即可,能够有效避免多余的工作量[21]。

2. 可拆卸性评价

报废机械零件可拆卸性评价主要由其结构因素所决定,包括以下几个方面[22,23]。

(1) 零件数目:机械产品的零件数目众多,有时多达上万个,而不同产品的零件数目也不尽相同。众所周知,一般情况下零件数越少就越易于拆卸,但并不是绝对地就认为零件数目多的产品比零件数目少的产品难拆。

(2) 连接方式:机械产品的连接方式可以分为以下七类,如图 2.1 所示。

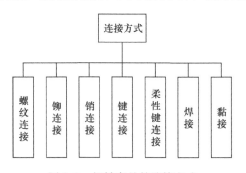

图 2.1　机械产品的连接方式

(3) 拆卸可达性:包括视觉可达、实体可达和足够的拆卸空间。如果用可达性好的零件比例 λ_k 来表示报废机械产品的可达性,则

$$\lambda_k = \frac{N_k}{N} \qquad (2.1)$$

式中,λ_k 为可达性好的零件比例;N_k 为可达性好的零件数目;N 为零件总数目。

(4) 紧固件比例:拆卸的任务主要是移走机械产品的零件,紧固件过多将影响拆卸效率,因此应该尽量减少紧固件的个数。紧固件比例可以用式(2.2)计算:

$$\lambda_j = \frac{N_j}{N} \qquad (2.2)$$

式中,λ_j 为紧固件比例;N_j 为紧固件总数;N 为零件总数目。

(5) 模块化程度:如果产品以不同的模块进行分开,那么每一个模块的重复利用率势必会提高很多,且产品容易进行维修,同时还能够提高回收效率。评价模块化程度的公式如下:

$$\lambda_m = \frac{N_m}{N} \qquad (2.3)$$

式中,λ_m 为模块化程度率;N_m 为模块化零件数目;N 为零件总数目。

(6) 标准化程度:产品的标准化有助于其拆卸、维修和再利用。标准化程度越高,其在本行业内的流通率就越高,这样对应的拆卸和维修的方式、技术、工具也能够广泛应用。标准化程度的计算公式如下:

$$\lambda_b = \frac{N_b + N_t + N_j}{N} \qquad (2.4)$$

式中,λ_b 为标准化程度率;N_b 为标准件个数;N_t 为通用件个数;N_j 为借用件个数;N 为零件总数目。

(7) 拆卸效率:反映拆卸的快慢程度。拆卸效率越低表示机械产品的复杂程度越高,可回收性越差;反之,复杂程度越低,可回收性越好。拆卸效率是衡量机械产品可回收性的一个重要指标,计算公式如下:

$$\lambda_t = \frac{T_L}{T_S} \qquad (2.5)$$

式中,λ_t 为拆卸效率;T_L 为理想拆卸时间,s;T_S 为实际拆卸时间,s。

3. 清洗分类

清洗是清除工件表面液体和固体的污染物,使工件表面达到一定的洁净程度。清洗过程是清洗介质、污染物、工件表面三者之间的相互作用,是一个复杂的物理、化学作用过程[24]。清洗不仅与污染物的性质、种类、形态及黏附的程度有关,也与清洗介质的理化性质、清洗性能、工件材质和表面状态有关,还与清洗的条件如温度、压力及附加的超声振动、机械外力等因素有关[25]。

在产品再制造的生产过程中,只有清洗是比较确切的,回收再制造中近20%的时间用于清洗,且大半数再制造公司在清洗过程中有额外困难。清洗过程中需要根据零件的种类和材料去选择相应的清洗方法,主要可分为以下几种[26,27]。

(1) 喷流清洗:从清洗槽的侧面将清洗液在液相中喷出,靠清洗液的搅拌力(物理作用)促进清洗。

(2) 超声波清洗:在清洗槽内安装超声波振动装置,产生超声波能量(数千个大气压的冲击波)将被洗物全部清洗。

　　(3) 减压清洗:在清洗槽内产生负压,由于减压,清洗剂容易较好地浸透到被洗物的缝隙间,若和超声波同时作用,效果会大大加强。

　　(4) 喷气清洗:在清洗槽内安装喷气管(多个吸管),用气体将清洗液喷到被洗物表面上。压力应在 2×10^5 Pa 以上。

　　(5) 刷洗:在清洗槽安装刷子,工件有专门的支承或夹具,在清洗剂浸渍或喷润的同时,主要靠刷子与工件的机械摩擦力进行清洗,作为初级清洗效果明显。

　　(6) 喷淋清洗:在清洗槽内安装喷淋管,在气相中将清洗液喷射到被清洗物表面上进行清洗。压力不足 2×10^4 Pa。

　　(7) 喷雾清洗:在清洗槽内安装喷雾管,在气相中将清洗剂喷附到被清洗物表面上。压力为 $(2 \times 10^4 \sim 2 \times 10^5)$ Pa。

　　(8) 摇动清洗:在清洗槽内安装摇动机械,装入被清洗物,使之在清洗槽内上下或左右运动,多与超声波及喷淋组合使用。

4. 清洗评价

　　金属零件经过清洗后,其表面应该达到下述要求:

　　金属表面清洁,没有油污、水垢和氧化物等;对于焊接零件要求无焊渣;金属表面形成致密、均匀和完整的钝化膜,无点蚀;金属表面无明显的“过洗”现象;清洗过程中不能造成零件精密部位的损伤[28-30]。

　　对于零件的可清洗性可以用式(2.6)进行判断,则

$$Z = \frac{清洗零件数_L \times 1(最小清洗类别分)}{\sum 清洗零件类别分_{L(j)}} \qquad (2.6)$$

式中,Z 为清理性因素,用于评估产品再制造过程中零件的清洗性;下标 $j(j=1,2,\cdots)$ 为各个理论最少零件顺序编号。当采用吹、擦和刷洗等不同清洗方式时,其清洗类别也不同。

2.2　回收零件的质量检测和评价

　　再制造的废旧零件运到再制造工厂后,要经过拆解、清洗、检测、加工、装配和包装等步骤才能形成可以销售的再制造产品[31]。回收零件在完成拆卸、清洗操作之后,还要对回收零件进行性能检测评价,以确定零件的可回收性。

2.2.1　质量检测和评价的概念

　　正确地进行再制造零件的质量检测和评价是再制造质量控制的主要环节,它不但能决定回收零件的弃与用,还可确定失效零件的制造加工方式,影响再制造成本和再制造产品的质量稳定性,是再制造过程中一个至关重要的环节。

回收零件的质量检测和评价是指在再制造过程中,利用各种检测技术和方法,确定回收零件的表面质量和内在质量状况等,以决定其弃与用或再制造加工的过程。回收零件通常都是经长期使用过的零件,使用状况无法控制,这些情况给回收零件的最终质量控制带来巨大的难度。对于零件的损伤,不管是内在质量还是表面质量,都要经过仔细的检测和评价,根据检测和评价结果进行再制造性综合评价[32]。

2.2.2　质量检测和评价的方法

1. 外观评价检测

1) 感官检测法

感官检测法是不借助量具和仪器,只凭检测人员的经验和感觉来鉴别零件技术状况的方法。这类方法精度不高,只适于分辨缺陷明显(如断裂等)或精度要求低的毛坯,要求检测人员具有丰富的实践检测经验和技术,具体方法有目测、听测和触测。目测是用眼睛或借助放大镜来对零件进行观察和宏观检测,如倒角、裂纹、断裂、疲劳剥落、磨损、刮伤、腐蚀、变形和老化等;听测是借助敲击零件时的声响判断其状态,零件无缺陷时声响清脆,内部有缩孔时声音相对低沉,内部有裂纹时声音嘶哑,听声音可以进行初步的检测评价;触测是用手与被检测的零件接触,可判断零件表面温度高低、表面粗糙程度、明显裂纹等,使配合件作相对运动,可判断配合间隙的大小。

2) 测量工具检测法

测量工具检测法是借助于测量工具和仪器,较为精确地对零件的表面尺寸精度和性能等技术状况进行检测评价的方法。这类方法相对简单,操作方便,费用较低,一般均可达到检测精度要求,在再制造零件检测中应用广泛。主要检测内容如下。

用各种测量工具(如卡钳、钢直尺、游标卡尺、百分尺、千分尺、塞规、量块和齿轮规等)和仪器,检验零件的几何尺寸、形状和相互位置精度等。例如,用专用仪器、设备对毛坯的应力、强度、硬度和冲击韧性等力学性能进行检测;用平衡试验机对高速运转的零件进行静、动平衡检测;用弹簧检测仪进行弹簧弹力和刚度等检测。

对于承受内部介质压力并需防泄漏的零件,需在专用设备上进行密封性能评价检测。在必要时还可以借助金相显微镜来检测毛坯的金属组织、晶粒形状及尺寸、显微缺陷和化学成分等。根据快速再制造和复杂曲面再制造的要求,快速三维扫描测量系统在再制造检测中得到了初步应用,能够进行曲面模型的快速重构,并用于再制造加工建模[33]。

2. 内在质量检测和评价

本书将机械零件的内在质量分为内部组织结构的裂纹、缺陷等材料特性和零件的强度、硬度、刚度、频率等机械特性。对于再制造零件的内在质量检测主要是使用无损检测的方法，即利用电、磁、光、声和热等物理量，通过再制造零件物理量的无损检测来预测回收零件的内部缺陷等。目前，已被广泛使用的这类方法有超声波检测技术、射线检测技术、磁记忆效应检测技术和涡流检测技术等。这类方法不会对零件本体造成破坏、分离和损伤，是先进高效的再制造检测方法，也是提高再制造零件质量检测精度和科学性的控制手段。本书提出通过力学性能、剩余强度与剩余寿命之间的联系对零件的内在质量进行评价，主要通过检测零件的频率、硬度和刚度等机械特性的变化来确定零件的内在质量变化。再制造行业中典型的内在质量检测评价方法如下。

1) 超声波检测技术

超声波是一种以波动形式在介质中传播的机械振动。超声波检测技术是利用材料本身或内部缺陷对超声波传播的影响，来判断结构内部及表面缺陷的大小、形状和分布情况。超声波具有良好的指向性，对各种材料的穿透力较强，检测灵敏度高，检测结果可现场获得，使用灵活，设备轻巧，成本低廉。

超声波检测技术是无损检测中应用最为广泛的方法之一，可用于超声探伤和超声测厚。超声探伤最常用的方法有共振法、穿透法、脉冲反射法、直接接触法和液浸法等，适用于各种尺寸的锻件、轧制件、焊缝和某些铸件的缺陷检测，可用于检测回收零件的内部及表面缺陷等。超声测厚技术可以无损检测材料的厚度、硬度、淬硬层深度、晶粒度、液位、流量、残余应力和胶接强度等，可用于压力容器、管道壁厚等的测量[34]。

2) 涡流检测技术

涡流检测技术是涡流效应的一项重要应用。当载有交变电流的检测线圈靠近导电试件时，由于线圈磁场的作用，试样会产生感应电流，即涡流。涡流的大小、相位及流动方向与试样的材料性能有关，同时，涡流的作用又使检测线圈的阻抗发生变化。因此，通过测定检测线圈阻抗的变化（或线圈上感应电压的变化），可以获知被检测材料有无缺陷。涡流检测技术特别适用于薄、细导电材料，而对粗、厚材料，只适用于表面和近表面的检测。检测中不需要耦合剂，可以进行非接触检测，也可用于异形材和小零件的检测。

涡流无损检测技术设备简单、操作方便、速度快、成本低、易于实现自动化。根据检测因素的不同，涡流无损检测技术可检测的项目可分为探伤、材质试验和尺寸检查三类，只适用于导电材料，可应用于金属材料和少数非金属材料（如石墨、碳纤维复合材料等）的无损检测，主要测量材料的电导率、磁导率、晶粒度、热处理状况、材料的硬度和尺寸等,可以检测材料和构件中的缺陷,如裂纹、折叠、气孔和夹杂等,还可以测量金属材料的非金属涂层、铁磁性材料上的非铁磁性材料涂层(或镀层)的厚度等。在无法直接测量毛坯厚度的情况下,可用它来测量金属箔、板材和管材的厚度,以及管材和棒材的直径等[35,36]。

3) 射线检测技术

当射线透过被检测物体时,物体内部的缺陷部位与无缺陷部位对射线的吸收能力不同,射线在通过有缺陷部位后的强度高于通过无缺陷部位的射线强度,因而可以通过检测透过工件后射线强度的差异来判断工件中是否有缺陷。目前,国内外应用最广泛、灵敏度比较高的射线检测方法是射线照相法,它采用感光胶片来检测射线强度。在射线感光胶片上黑影较大的地方,即对应被测试件上有缺陷的部位,因为这里接收较多的射线,从而形成黑度较大的缺陷影像。射线检测诊断使用的射线主要是 X 射线、γ 射线,有实时成像技术、背散射成像技术、电子计算机断层扫描(computed tomography,CT)技术等。该检测技术适用材料范围广泛,对试样形状及其表面粗糙度无特殊要求,能直观地显示缺陷影像,便于对缺陷进行定性、定量与定位分析,对被检测物体无破坏和污染。

射线检测技术对毛坯厚度有限制,难于发现垂直射线方向的薄层缺陷,检测费用较高,且射线对人体有害,需进行特殊防护。射线检测技术较易发现气孔、夹渣、未焊透等体积类缺陷,而对裂纹、细微不熔合等片状缺陷,在透照方向不合适时不易发现。射线照相主要用于检验铸造缺陷和焊接缺陷,由于这些缺陷几何形状的特点、体积的大小、分布的规律及内在性质的差异,它们在射线照相中具有不同的可检出性[37]。

4) 渗透检测技术

渗透检测技术是利用液体的润湿作用和毛吸现象,在被检零件表面上浸涂某些渗透液,由于渗透液的润湿作用,渗透液会渗入零件表面开口缺陷处,用水和清洗剂将零件表面剩余渗透液去除,再在零件表面施加显像剂,经毛细管作用,将孔隙中的渗透液吸出来并加以显示,从而判断出零件表面的缺陷。

渗透检测技术是最早使用的无损检验方法之一,除了表面多孔性材料,该方法还可以应用于各种金属、非金属材料以及磁性、非磁性材料的表面开口缺陷损伤检测。液体渗透检测按显示缺陷方法的不同,可分为荧光法和着色法;按渗透液的清洗方法不同,可分为水洗型、后乳化型和溶剂清洗型;按显像剂的状态不同,可分为干粉法和湿粉法。渗透检测技术的特点是原理简单、操作容易、方法灵活、适应性强等,可以检查各种材料,且不受工件几何形状、尺寸大小的影响。对小零件可以采用浸液法,对大设备可采用刷涂或喷涂法,一次检测便可探查任何方向的表面开口的缺陷。渗透检测技术的不足是只能检测开口式表面缺陷,不能发现表面未开口的皮下缺陷、内部缺陷,检验缺陷的重复性较差,工序较多,探伤灵敏度受人为因素的影响[38]。

5）磁记忆效应检测技术

毛坯零件由于疲劳和蠕变而产生的裂纹会在缺陷处出现应力集中现象,又由于铁磁性金属部件存在磁机械效应,其表面上的磁场分布与部件应力载荷存在一定的对应关系,因此可通过检测部件表面的磁场分布状况间接地对部件缺陷和应力集中位置进行诊断。磁记忆效应检测技术无需专门的磁化装置即可对铁磁性材料进行可靠检测,检测部位的金属表面不必进行清理和其他预处理,较超声波检测技术灵敏度高且重复性好,并且具有对铁磁性毛坯缺陷作早期诊断的功能,有的微小缺陷应力集中点可被磁记忆效应检测技术检出。磁记忆效应检测技术还可用来检测铁磁性零件中可能存在应力集中及发生危险性缺陷的部位。此外,某些机器设备上的内应力分布,如飞机轮毂上螺栓扭力的均衡性,也可采用磁记忆效应检测技术予以评估。磁记忆效应检测技术对金属损伤的早期诊断、故障的排除及预防具有较高的敏感性和可靠性[39]。

6）磁粉检测技术

磁粉检测技术是利用导磁金属在磁场中(或将其通以电流以产生磁场)被磁化,并通过显示介质来检测缺陷特性的检测方法。磁粉检测技术具有设备简单、操作方便、速度快、观察缺陷直观和检测灵敏度较高等优点,在工业生产中应用极为普遍。根据显示磁场情况的方法不同,磁粉检测技术分为线圈法、磁粉测定法和磁带记录法。磁粉检测技术只适用于检测铁磁性材料(如铁、钴、镍等)及其合金,可以检测发现铁磁性材料表面和近表面的各种缺陷,如裂纹、气孔、夹杂和折叠等[39]。

7）基于新技术的检测技术

再制造工程的迅速发展,促进了再制造毛坯先进检测技术的发展,除了上述提到的先进检测技术,还有激光全息照相检测、声阻法探伤、红外无损检测、声发射检测和工业内窥镜检测等,这些先进检测技术将为提高再制造的效率和质量提供有效保证[39]。

8）基于机械特性变化的评价技术

现有内在质量评价技术的研究重点是缺陷的检测,通过检测出的缺陷估算回收零件的剩余寿命,没有提出并建立使用过程中强度退化与缺陷之间的内在关系等,剩余寿命预测没有严格的理论基础。

疲劳理论指出,机械零件的强度与寿命具有一定的关系——强度-寿命曲线(S-N 曲线),剩余寿命由剩余强度决定。本书提出基于强度特征的回收零件剩余强度和剩余寿命预测理论和技术,把剩余强度与剩余寿命有机地结合起来,而剩余强度的退化用其他机械特性的变化来表征,通过检测机械特性变化进行剩余强度和剩余寿命的无损评价。无论强度还是剩余强度都是零件的一种机械特性,准确的零件强度获取具有破坏性,因此,剩余强度的检测需要根据其他机械特性来表征,基于机械特性变化的非破坏性剩余强度检测思想也基于此,根据机械特性的宏观变化来判断零件的损伤,预测零件的剩余强度,进而预测零件的剩余寿命[40]。

金属材料的典型机械特性物理参数主要有屈服强度、抗拉强度、伸长率、断面收缩率、冲击韧性和疲劳强度等破坏性参数,以及频率、硬度、刚度、质量密度、电阻和弹性模量等非破坏性参数。在评价过程中需选择非破坏性参数,但是测量零件的宏观机械特性时往往受到各方面的影响,会造成宏观特性参数测量的误差。因此,通过零件的机械特性参数变化表征零件的剩余强度来预估零件的剩余寿命时,必须采用多个机械特性变化参数来综合评判零件的损伤。本书根据疲劳过程中钢铁类零件机械特性的灵敏度及检测的复杂程度选择频率、硬度和刚度为主要评价参数[40-43]。

2.3　回收零件评价内涵

报废机械零件的可回收评价工作不只是针对某一方面进行的,而是要综合判断其是否具有可回收性的价值。在回收零件的评价中,本书明确报废机械零件可回收性评价的内涵,把报废机械零件的可回收评价分为经济评价、环境评价和质量评价。在质量评价中,根据机械零件的失效形式,将质量评价划分为表面质量评价和内在质量评价,内在质量评价是可回收评价的最核心和最关键的技术。规范的可回收性评价内涵是回收零件可回收性评价体系和评价标准的基础内容。回收零件的评价是相互耦合的综合评价指标体系,评价指标体系框架如图 2.2 所示。

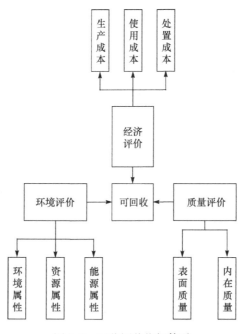

图 2.2　回收评价指标体系

在回收零件的评价体系中,质量评价亦称为技术评价,目的是确定回收零件的质量是否满足再制造,是再制造的最重要环节,如果回收零件不满足质量评价则直接进入材料回收阶段。经济评价综合考虑再制造产品生产成本、使用成本及不回收零件的处置成本,判断其是否可以获得收益。环境评价包括环境属性、资源属性及能源属性,通过回收再制造过程中对环境影响的大小来判断其是否可以回收。

如果零件能够顺利通过质量评价、经济评价和环境评价,则可以直接回收利用或者进行再制造,如果有一项不满足,则零件要进入材料回收或者焚烧填埋阶段。

2.3.1　质量评价

零件使用过程中的质量退化包括表面质量性能退化和内在质量性能退化,回收机械零件的质量评价本质是评价回收零件的质量退化过程,评价回收零件的剩余质量是否满足零件级的再制造和再利用。回收零件的质量评价包括表面质量评价和内在质量评价。表面质量评价主要是评价机械零件在使用过程中由于摩擦、磨损和腐蚀等造成的表面质量特性参数(如尺寸、形位公差、粗糙度、硬度、残余应力等)的退化,如销轴、轴承、导轨、曲轴、传动轴连接部位的磨损、腐蚀、尺寸变化;内在质量评价主要是评价机械零件在使用过程中内在质量参数特性(如力学性能和抗疲劳性能等)的退化,如车桥、油缸基体、装载机动臂和传动轴的机械疲劳过程。

目前机械零件的可回收性评价主要以无损检测和经验回收评价为主,依靠工程师的个人经验进行的可回收性判断,无法定量地给出机械零件的剩余强度和剩余寿命,后续也很难确定再制造产品的可靠性。本书提出基于机械特性变化进行回收零件剩余强度的无损评价,再根据零件或材料的强度-寿命曲线(S-N 曲线)和疲劳累积损伤理论预测回收零件的剩余强度和剩余寿命。回收零件的剩余强度和剩余寿命的预测和评价建立在疲劳强度理论基础上,能够保证再制造产品的质量可靠性,使其性能满足下一个生命周期循环的要求。

1. 表面质量评价

表面质量指零件表面的尺寸、形位公差、粗糙度、硬度、残余应力、光滑度、划伤程度和裂纹等。在产品使用过程以表面粗糙度、磨损量、腐蚀量、失光、变形量、破损度、硬度、划伤和裂纹等来评估表面质量的退化。表面质量评价技术就是通过各个评估参数的退化来预测零件的剩余寿命,但是根据这些表面质量参数的变化很难进行内在质量评价。在表面质量评价中由于表面硬度比较特殊,其与零件的剩余强度和剩余寿命有一定的相关规律,这里将其归结为通过表面质量进行内在质量评价的参量。

表面质量的各种评估参数的变化过程有线性和非线性两种,如果不考虑参量变化的速率,只考虑变化量,则为静态表面质量。将参数的变化量及其变化速率的动态过程结合起来考虑来确定表面质量的动态退化过程,则为动态表面质量。

1) 静态表面质量评价

假设表面质量是均匀退化的,根据表面质量指标的允许退化程度及平均退化速度即可估算零件剩余寿命,它是一种线性的评价方法。

不同的机械零件,根据其不同的工作环境及其工作载荷,对表面质量的评价指标一般也不同,例如,汽车传动轴的花键处以磨损量进行评价,某些磨具以其变形量来进行评价,暴露在空气、深埋地下的管道或海洋中的零件则用腐蚀量评价。对于表面光滑度要求较高的产品,可以用表面失光的程度进行评价。图2.3所示为典型的磨损退化。

图2.3　轴的磨损

2) 动态表面质量评价

实际上,零件表面质量的退化过程呈现线性退化的较少,大部分是非线性退化过程。对于表面质量非线性退化的零件,运用静态表面质量不能准确反映磨损的变化情况,因此这里提出以动态退化模型来表征表面质量的退化,并根据表面质量指标的允许退化程度及表面质量退化的动态过程,估算剩余寿命。

以汽车变速箱为例,其磨损分为三个阶段,即磨合磨损阶段、正常磨损阶段和急剧磨损阶段,如图2.4所示。磨合磨损阶段,磨损率随时间增加而逐渐降低,它出现在摩擦副开始运行时;正常磨损阶段,摩擦表面磨合以后达到稳定状态,磨损率保持不变,这是摩擦副正常工作时期;急剧磨损阶段,磨损率随着时间迅速增加,磨损剧烈增加,机械效率急降,使工作条件急剧恶化,而导致零件完全失效[44]。

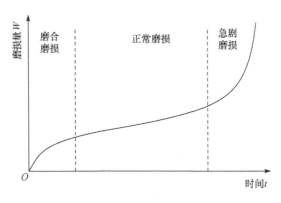

图 2.4　变速箱磨损过程

对于使用过程中无摩擦磨损和腐蚀的机械疲劳零件,以及一些对表面质量没有要求的零件,表面质量评价方法无法进行剩余寿命评价。对这类机械零件,可以继续通过内在质量对其进行可回收性评价。

2. 内在质量评价

内在质量评价主要是强度或剩余强度的评价。零件使用过程中强度的降低,实质是损伤过程。回收零件的损伤一般分为疲劳损伤、弹性损伤、弹塑性损伤、蠕变损伤、剥落损伤和腐蚀损伤等,不同类型的损伤,其本构方程和动力学演化规律不同,根据零件使用过程的损伤情况,可以求得零件的剩余强度。对于回收零件,确定其剩余强度对零件的回收有至关重要的作用[44,45]。

本书涉及的零件内在质量评价实质是零件的机械疲劳特性退化评价,这里通过评价回收零件的机械特性变化来评价回收零件的剩余强度,再通过得到的剩余强度和疲劳累积损伤理论进行回收零件的剩余寿命评价,因此,用剩余强度进行剩余寿命评价具有严格的理论基础。

2.3.2　环境评价

对回收零件进行环境评价,目的是能够更好地研究报废机械零件产品对环境的影响程度。环境的影响考虑范围涉及生态环境、自然环境、人体健康和其他方面的影响,根据零件回收对这些因素的影响程度,作出对环境影响的评价[46]。

环境评价要确定零件的回收阶段对环境所产生的影响情况(包括废水、废气、固体废弃物及其他环境释放物等),并且以数据的形式量化成清单模式[47]。

环境评价一般分为两个步骤:分类和表征。分类是将清单条目与环境损害的种类建立一一对应、有关联的过程,一般将环境损害分为三类:消耗型、污染型和破坏型,这三类又可细分为许多具体的环境损害,如温室效应(CO_2)、酸雨(SO_2)和噪声污染等子类。一种清单条目可以与一种或多种具体的环境损害有关,为了便于计算,一个清单条目一般只与一个环境损害有关[48]。

不同物质对环境的损害程度是不同的,表征就是对这种损害程度进行分析和量化的过程。不同物质损害有不同的表征,种类繁多,可根据研究情况适当地采用,这些表征参数一般采用国家标准来执行。

当建立起零件产品回收对环境污染的数据库后,可把各种物质对环境的不同污染情况进行分类,列出清单。不同物质对环境的污染程度是不一样的,因此要做到精确、详细的环境评价,就需要大量的数据来对理论评价进行指导。获得大量的数据十分困难,一般主要采用零件回收时所带来的温室效应(CO_2)、酸雨(SO_2)和噪声污染三个表征参数[49,50]。报废零件回收阶段环境评价流程图如图 2.5 所示。

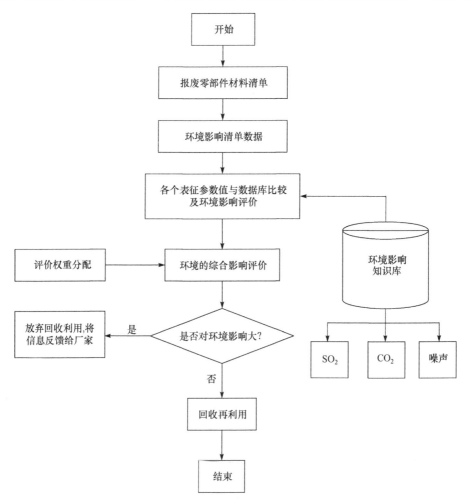

图 2.5　报废零件回收阶段环境评价流程图

对综合评价结果进行判断,若对环境影响不大,则可以确定该产品具有可回收性;否则,不进行回收再制造。

2.3.3　经济评价

产品的再制造使我们在创造经济价值的同时能够获得环境效益,再制造也是一种体现企业运营可持续性和工业生态学的技术,这两种理论恰恰是环境管理学的核心内容。从这个角度来说,在理论上研究是否进行再制造及在什么情况下进行再制造比较经济合理是很有意义的,尤其是再制造产品的经济合理性对于产品制造商和政策制定者都是一个至关重要的问题,欧盟已经着手将环境可持续性发展问题纳入所有相关的法规中。由此可见,了解再制造产品的经济合理性是很有价值的。

零件回收时,应该在获得最大利润的同时,尽量减少废弃物的排放。如果其中某一点的回收成本高于新产品成本,则不值得拆卸和回收,此时零件体现出来的是负价值阶段。因此,在报废零件回收过程中必须遵循一定的原则[51],经济评价的设计流程如图 2.6 所示。

机械零件回收评判标准如下。

(1) 若零件回收值加上该零件不回收而进行其他处理所需的费用大于拆卸费用,则回收该零件。

(2) 若零件的回收价值小于拆卸费用,而两者之差又小于该零件的处理费用,则回收该零件。

(3) 若零件的回收价值小于拆卸费用,而两者之差又大于该零件的处理费用,则不回收该零件,除非是为了获得剩余部分中其他更有价值的零件材料所必须进行的拆卸。

(4) 对所有无法回收利用的零件材料都需要进行填埋或其他处理。

在产品的回收过程中,与回收有关的费用、利润等是动态变化的。产品拆卸回收后的总利润 B_{total} 由拆卸成本 C_d、收益 B_r、焚烧填埋费用 C_r 三部分组成,回收利润等于回收收益减去拆卸成本和焚烧填埋费用,即

$$B_{total} = B_r - (C_d + C_r) \qquad (2.7)$$

在拆卸过程没有进行时,收益为零,随着拆卸的进行,回收收益增加,其他处理费用则相应减少,拆卸成本也不断增加,如图 2.7 所示。在一定范围内,回收总利润随着拆卸步骤的增加而增加,超过图示极值点后,总利润开始下降。当总利润值下降至零以下时,拆卸将被中断[52]。

图 2.7 所示仅是各种费用及收益的理想变化趋势,针对某一具体产品,由于拆卸步骤的离散性,图中各条曲线一般都不是连续的,再加上拆卸难度的差异,曲线经常会出现突变。因为每一回收层次的收益及费用均在发生变化,所以影响回收

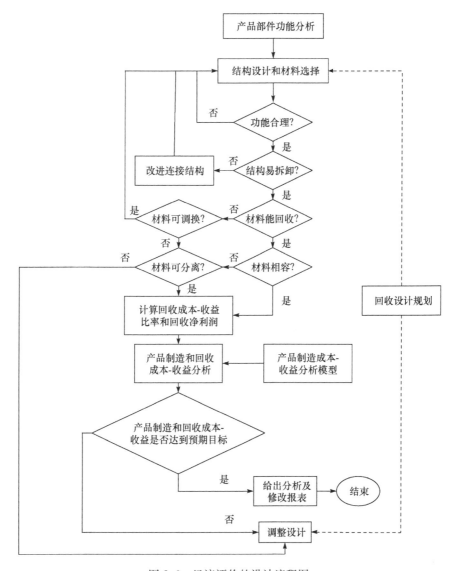

图 2.6　经济评价的设计流程图

总利润的关键因素是产品在各个回收层次的所占比例。

产品回收的经济性可用式(2.8)来表示：

$$V_{\text{total}} = C_{\text{vsum}} - C_{\text{dsum}} - C_{\text{psum}} = \sum_{i=1}^{t} C_{vi} - \sum_{i=1}^{t-p} (S_{\text{w}} \times T) - \sum_{i=1}^{n-t} C_{\text{p}i} \quad (2.8)$$

式中，V_{total}为总效益；C_{vsum}为总回收价值；C_{dsum}为总拆卸费用；C_{psum}为总处理费用；n为产品零件总数；t为已回收的零件数；p为需处理的零件数；S_{w}为单位时间的拆卸费用；T为零件拆卸时间。

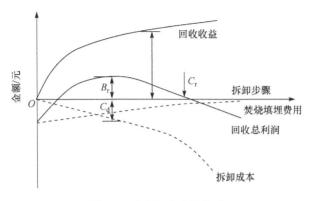

图 2.7　产品回收利润构成

在进行可回收性评价时,根据各回收层次的价值统计,可回收部分的回收收益根据回收利用后的制造环节的制造成本的减少值扣除零件回收前的折旧费用。各回收层次比例用进入该层次回收的所有零件回收利润与重新制造这部分零件成本 C_m 的比值表示:

$$x_i = \frac{B_{total}}{C_m} \tag{2.9}$$

回收的零件及材料的价值应为从高到低排序,当回收效益为零或负值时,则停止拆卸。然而,在实际过程中,拆卸序列不可能完全按照这种规则。例如,有些零件虽然具有高的回收价值,但不能直接回收,或必须拆卸一部分低回收价值甚至无价值的零件才能继续回收。

产品的可回收性受到使用阶段的操作条件、工作场地、维护水平和环境温度等诸多因素的影响。因此,在产品回收阶段,需要对影响产品拆卸与回收价值的因素进行分析,根据废旧产品回收效益与回收费用的比较,确定产品回收的可行性;根据废旧产品的拆卸费用与处理费用之比,判断是否能得到更有价值的零件材料而继续拆卸;必须了解市场上废旧产品的处理费用。所有这些因素与产品拆卸顺序相结合,可确定产品回收过程中的优化拆卸顺序,即以最小费用获得最大的效益。

2.4　回收零件的评价流程

综上所述,报废机械零件的回收要经过一系列的流程,首先是拆卸清洗,然后进入质量评价、环境评价及经济评价。其中最重要的条件是零件是否能够通过质量评价,即其是否还有剩余寿命和剩余强度,且能否维持下一个生命周期。废旧零件回收评价总流程如图 2.8 所示。

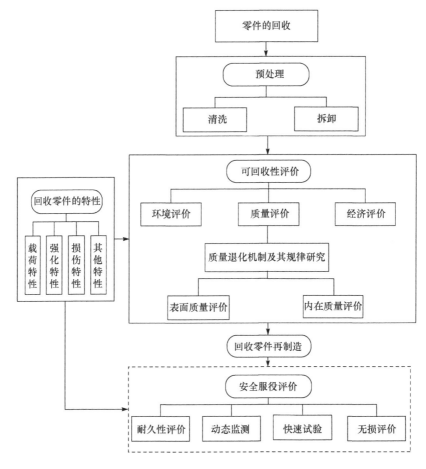

图 2.8　回收评价流程图

在回收评价的流程中,把零件的回收共分为四大块,分别是预处理、可回收性评价、回收零件的特性和安全服役评价。本书主要涉及预处理和可回收性评价两大块,回收的第一步就是进行预处理,其中主要包括清洗、拆卸等,为之后进行表面质量评价提供方便,以使表面质量评价更为准确。第二步需要根据回收零件的特性(如载荷特性、强化特性、损伤特性及其他特性)来选择最佳可回收性评价参数,可回收性评价主要包括经济评价、环境评价和质量评价。通过对质量退化机制及其规律的研究,又可以将质量评价分为表面质量评价和内在质量评价,其中表面质量评价和内在质量评价在回收过程中是相辅相成、缺一不可的,只有结合表面质量评价和内在质量评价才能得出评价结论。

当再制造产品进入新的服役周期时,要对其进行安全服役评价,包括耐久性评价、动态监测、快速试验及无损评价四部分,也就是判断回收再制造的零件性能是否满足服役要求。

参 考 文 献

[1] 何怀玉. 失效分析[M]. 北京:国防工业出版社,2017.

[2] 廖景娱. 金属构件失效分析[M]. 北京:化学工业出版社,2011.

[3] 刘瑞堂. 机械零件失效分析[M]. 哈尔滨:哈尔滨工业大学出版社,2003.

[4] 丁惠麟,金荣芳. 机械零件缺陷失效分析与实例[M]. 北京:化学工业出版社,2013.

[5] 索斯洛夫斯基. 摩擦疲劳学:磨损-疲劳损伤及其预测[M]. 高万振,译. 北京:中国矿业大学出版社,2013.

[6] Carroll J,Daly S. Fracture,Fatigue,Failure,and Damage Evolution,Volume 5[M]. Cham: Springer International Publishing,2015.

[7] Bathias C,Pineau A. Fatigue of Materials and Structures:Application to Design[M]. New York:John Wiley & Sons,2011.

[8] Dowling N E. 工程材料力学行为:变形、断裂与疲劳的工程方法[M]. 江树勇,张艳秋,译. 北京:机械工业出版社,2016.

[9] 赵少汴. 抗疲劳设计手册[M]. 北京:机械工业出版社,2015.

[10] Schijve J. 结构与材料的疲劳[M]. 吴学仁,译. 北京:航空工业出版社,2014.

[11] 陈君,李全安,张清,等. 金属腐蚀磨损的研究进展[J]. 腐蚀科学与防护技术,2014,26(5): 474-478.

[12] 王兆华,张鹏,林修州. 防腐蚀工程[M]. 北京:化学工业出版社,2016.

[13] 闫康平,王贵欣,罗春晖. 过程装备腐蚀与防护[M]. 3 版. 北京:化学工业出版社,2016.

[14] 尹祥础. 固体力学[M]. 北京:地震出版社,2011.

[15] 穆霞英. 蠕变力学[M]. 西安:西安交通大学出版社,1990.

[16] 许维钧,白新德. 核电材料老化与延寿[M]. 北京:化学工业出版社,2015.

[17] 李晓刚,高瑾,张三平. 高分子材料自然环境老化规律与机理[M]. 北京:科学出版社,2011.

[18] Wypych G. 材料自然老化手册[M]. 马艳秋,译. 北京:中国石化出版社,2004.

[19] 段莉萍. 机械装备缺陷、失效及事故的分析与预防[M]. 北京:机械工业出版社,2015.

[20] Waterhouse R B. 微动磨损与微动疲劳[M]. 周仲荣,译. 成都:西南交通大学出版社,1999.

[21] 贝绍轶. 报废汽车绿色拆解与零部件再制造[M]. 北京:化学工业出版社,2016.

[22] 李南. 面向报废汽车回收再利用的评价研究[D]. 西安:长安大学,2014.

[23] 苏和平,付戈妍,霍春明. 面向易于拆卸和回收性能的设计准则[J]. 机械设计,2002,19(4): 4-5.

[24] 马凤祥. 普桑轿车等速万向节传动轴可回收性技术评价试验研究[D]. 上海:上海理工大学,2015.

[25] Li M Z,Liu W W,Qing X C,et al. Feasibility study of a new approach to removal of paint coatings in remanufacturing[J]. Journal of Materials Processing Technology,2016,234(8): 102-112.

[26] Wang L,Chen M. End-of-Life vehicle dismantling and recycling enterprises:Developing di-

rections in China[J]. Journal of the Minerals, Metals and Materials Society, 2013, 65(8): 1015-1020.

[27] Scheffler K, Schué A. Clean Parts-More Reliable and Longer Lifetime[EB/OL]. http://www. eica-microsystems. com/science-lab/quality-assurance/clean-parts-more-reliable-and-longer-lifetime/[2016-12-1].

[28] 崔培枝,杨俊娥,朱胜.产品再制造过程中的清洗技术研究[J].中国表面工程,2006,19(A1): 123-125.

[29] 姚巨坤,崔培枝.再制造清洗技术研究[J].工程机械与维修,2007,(2):180-181.

[30] 刘诗巍,陈铭.汽车产品再制造的清洗技术:原理与方法[J].机械设计与研究,2009,25(5): 71-74.

[31] 张国庆,荆学东,浦耿强,等.产品可再制造性评价方法与模型[J].上海交通大学学报, 2005,39(9):1431-1436.

[32] 卢彦群.工程机械检测与维修[M].北京:北京大学出版社,2012.

[33] 姚巨坤,朱胜,时小军.再制造毛坯质量检测方法与技术[J].新技术新工艺,2007,(7): 72-74.

[34] 任国强,崔冬芳,胡智博,等.超声波检测焊缝缺陷深度的不确定度评定[J].理化检验:物理 分册,2014,50(10):744-747.

[35] 周德强,张斌强,田贵云,等.脉冲涡流检测中裂纹的深度定量及分类识别[J].仪器仪表学 报,2009,30(6):1190-1194.

[36] 边境,张立东,刘贵民.再制造工程中的无损检测技术[J].四川兵工学报,2004,25(5): 13-15.

[37] 丁立红,雷卫宁,钱海峰.面向再制造工程的无损检测方法与应用研究进展[J].江苏理工学 院学报,2014,20(2):53-57.

[38] 邢海燕,徐成,赵金洋,等.装备再制造工程中毛坯筛选的最新无损检测技术[J].炼油与化 工,2010,21(2):7-9.

[39] 陈照峰.无损检测[M].西安:西北工业大学出版社,2015.

[40] 卢曦,郑松林.一种剩余强度和剩余寿命的无损预测方法:中国,200810033604.0[P].2010.

[41] 马凤祥,卢曦.轿车等速传动轴关键零件在使用过程中的磨损研究[J].机械强度,2015,37(6): 1046-1051.

[42] 左力,卢曦.桑塔纳轿车等速万向传动中间轴典型机械特性研究[J].机械强度,2015,37(4): 613-617.

[43] 牛勇彦,卢曦.剩余刚度在强化和损伤过程中的变化特性研究[J].机械强度,2013,35(5): 704-708.

[44] Hutchings I M. Tribology: Friction and Wear of Engineering Materials[M]. London: Butterworth-Heinemann, 2001.

[45] Taplin D M R. Advances in Research on the Strength and Fracture of Materials[M]. Oxford: Pergamon Press, 1978.

［46］ Baxter J, Gram-Hanssen I. Environmental message framing: Enhancing consumer recycling of mobile phones[J]. Resources Conservation & Recycling, 2016, 109(1): 96-101.

［47］ Halabi E E, Third M, Doolan M. Machine-based dismantling of end of life vehicles: A life cycle perspective[J]. Procedia Cirp, 2015, 29(1): 651-655.

［48］ Jimenez F, Pompidou S. Environmental-energy analysis and the importance of design and re-manufacturing recycled materials[J]. International Journal on Interactive Design and Manu-facturing, 2016, 10(3): 241-249.

［49］ Papachristos G. Transition inertia due to competition in supply chains with remanufacturing and recycling: A systems dynamics model[J]. Environmental Innovation & Societal Transi-tions, 2014, 12(9): 47-65.

［50］ King A M, Burgess S C, Ijomah W, et al. Reducing waste: Repair, recondition, remanufacture or recycle[J]. Sustainable Development, 2006, 14(4): 257-267.

［51］ 马丽娜, 霍晓艳, 李建华. 再制造产品的经济合理性评价[J]. 科技管理研究, 2014, 34(21): 228-232.

［52］ 王录雁, 鲁冬林, 康伟, 等. 机械零件再制造经济性分析[J]. 矿山机械, 2009, 37(8): 39-42.

第3章 基于表面质量的可回收性评价

在第 2 章中主要介绍了零件的失效和清洗、回收零件的检测及回收零件评价的内涵。回收零件的质量评价包括表面质量评价和内在质量评价,其中,表面质量评价又包括传统的静态表面质量评价和本书提出的动态表面质量评价。表面质量评价包括外观(如腐蚀、裂纹等变形)、磨损、尺寸、形位、粗糙度、硬度、残余应力和光滑度等检查,不同零件的评价内容需要根据具体情况进行选择。

机械零件摩擦磨损消耗的能量约占世界工业能耗的 30%,目前对于摩擦磨损的研究已较为成熟,而磨损能很好地反映零件的服役过程,因此本章以典型的摩擦磨损失效为例,根据其退化规律建立基于磨损的表面质量的静态和动态评价方法和模型。

3.1 摩擦磨损退化规律

表面质量退化和失效很多可以直接观测或测量,零件的破坏往往是从表面开始的,逐渐沿着表面各种缺陷边缘伸展、扩大,最终导致零件失效。零件表面质量的高低是决定其使用性能好坏的重要因素。表面质量在零件配合及接触过程中会有一定的影响,相配合零件间的配合关系用过盈量或间隙值来表示[1]。在间隙配合中,如果零件的配合表面粗糙,那么配合件很快会被磨损而增大配合间隙,改变配合性质,配合精度降低;在过盈配合中,如果零件的配合表面粗糙,那么装配后配合表面的凸峰被挤平,配合件间的有效过盈量减小,配合件间的连接强度降低,影响配合的可靠性。因此对有配合要求的表面,必须规定较小的表面粗糙度值。零件的表面质量对零件的使用性能还有其他方面的影响。例如,对于液压缸和滑阀,较大的表面粗糙度值会影响其密封性;对于工作时滑动的零件,恰当的表面粗糙度值能提高运动的灵活性,减少发热及功率的损失[2]。

零件的表面质量对机械产品的影响非常大,而机械产品在使用一段时间之后都会产生摩擦磨损等现象。摩擦磨损会造成零件表面质量的退化,一般会使零件表面的尺寸、形位、粗糙度、硬度和残余应力等发生变化从而影响机械零件的疲劳强度。以摩擦磨损进行回收零件表面质量评价,可通过测量其磨损量的大小,根据磨损量来估算需要回收的零件的剩余寿命,判断该零件是否可以进行回收[3]。

3.1.1　摩擦

物体相对运动时,相对运动表面的物质会不断损失或产生残余变形,这称为磨损。磨损主要分为黏着磨损、磨料磨损、接触疲劳磨损和腐蚀磨损等。世界能源的 1/3 甚至 1/2 是以不同形式消耗在摩擦上,摩擦磨损又是机械设备和加工模具失效的主要原因之一[4-11]。

从总体上看,摩擦可分为两大类:一类是发生在物质内部,阻碍分子间相对运动的内摩擦;另一类是当相互接触的两个表面发生相对滑动或相对滑动趋势时,在接触表面上产生的阻碍相对滑动的外摩擦。按运动的状态,可分为两种:仅有相对滑动趋势时的摩擦,称为静摩擦;相对滑动进行中的摩擦,称为动摩擦。按运动的形式不同,动摩擦亦可分为滑动摩擦和滚动摩擦。根据摩擦面存在润滑剂的状况,滑动摩擦又分为干摩擦、边界摩擦(边界润滑)、流体摩擦(流体润滑)及混合摩擦(混合润滑)。

两摩擦表面直接接触,不加入任何润滑剂的摩擦称为干摩擦。两摩擦表面被一流体层(液体或气体)隔开,摩擦性质取决于流体内部分子之间的黏性阻力,称为流体摩擦。两摩擦表面被吸附在其表面的边界膜隔开,摩擦性质不取决于流体黏度,而是与边界膜的特性和摩擦副表面材料的吸附性质有关,称为边界摩擦。当摩擦副表面处于干摩擦、边界摩擦和流体摩擦的混合状态时,称为混合摩擦。

一般来说,摩擦阻力越大,磨损越严重,零件使用寿命越短,应力求避免。流体摩擦阻力越小,磨损越少,零件使用寿命越长,是理想的摩擦状态,但必须在一定载荷、速度和流体黏度的条件下才能实现。对于要求低摩擦的摩擦副,维持边界摩擦或混合摩擦应满足最低要求,各种摩擦状态下的摩擦系数如表 3.1 所示。

表 3.1　不同摩擦状态下的摩擦系数(概略值)

摩擦状态	材料种类	摩擦系数	摩擦状态	材料种类	摩擦系数
干摩擦(干净表面,无润滑)	黄铜-黄铜;青铜-青铜	0.8~1.5	边界润滑	矿物油润滑金属表面	0.15~0.3
	铜铅合金-铜	0.15~0.3		加油性添加剂的油润滑	
	巴氏合金-铜	0.15~0.3		钢-钢;尼龙-钢	0.05~0.10
	橡胶-其他材料	0.6~0.9		尼龙-尼龙	0.10~0.20
	聚四氟乙烯-其他材料	0.04~0.12		流体润滑	
				液体动力润滑	0.01~0.001
				液体静力润滑	<0.01*
固体润滑	石墨、二硫化钼润滑	0.06~0.2	滚动摩擦	其系数与接触面材料的硬度、粗糙度和温度等有关。球和圆柱滚子轴承的摩擦系数大体与液体动力润滑相近,其他滚子轴承的摩擦系数则大
	铅膜润滑	0.08~0.20		

*摩擦系数最小值,与设计参数相关。

3.1.2　磨损

　　磨损是摩擦时零件表层材料不断损失的过程,由于相接触的两表面材料间的机械分子的相互作用,当接触表面有相对位移时,表层微观体积受到破坏,即产生磨损。评价零件的磨损程度,主要采用的指标包括线性磨损量、磨损速度和磨损强度[4-11]。

　　一般情况下,零件的磨损规律可以用磨损量与载荷、相对速度、材料表层性态、润滑状态及工作时间 t 的函数关系来表示,在给定的材料组合及润滑条件下,函数关系可写成式(3.1):

$$U=k \cdot f(p,v,t) \tag{3.1}$$

式中,U 为磨损量;p 为摩擦面的单位压力;v 为摩擦面相对滑动速度;k 表示由摩擦副材料及磨损条件确定的磨损系数,对于给定工作条件的摩擦副,k 为定值。

　　典型的磨损曲线如图 3.1 所示,图 3.1(a)为磨损的浴盆曲线,图 3.1(b)为磨损量与时间的关系曲线,其分为三个阶段,即跑合磨损阶段Ⅰ、稳定磨损阶段Ⅱ和剧烈磨损阶段Ⅲ[7]。

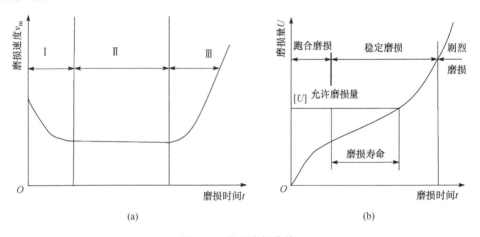

图 3.1　典型磨损曲线

　　有时,引起磨损的众多不利因素组合在一起,使磨损速度 v_m 保持单调增加的趋势。在这种情况下,磨损曲线呈单调增长的趋势,分不出第Ⅱ阶段与第Ⅲ阶段,如图 3.2 所示,这是不正常的磨损过程,可能是由设计上的错误或工况的恶化所致。

　　对于磨损过程,跑合磨损阶段Ⅰ应当尽可能缩短。因此,机器工作时,磨损与时间的线性关系是典型的磨损过程,可表示为式(3.2),即

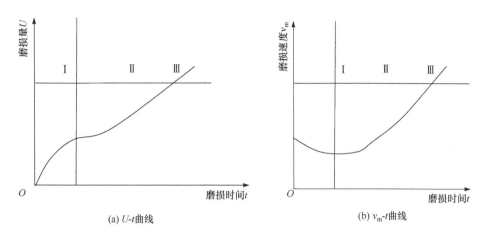

(a) U-t 曲线　　　　　　　　　(b) v_m-t 曲线

图 3.2　不正常磨损

$$U = kt = v_m t \tag{3.2}$$

式中,U 为磨损量;v_m 为磨损速度;t 为磨损时间;k 表示由摩擦副材料及磨损条件确定的磨损系数,对于给定工作条件的摩擦副,k 为定值。

在边界摩擦及无润滑摩擦条件下,磨损速度可用公式(3.3)表示,即

$$v_m = k p^m v^n \tag{3.3}$$

式中,k 表示由摩擦副材料及磨损条件确定的磨损系数,对于给定工作条件的摩擦副,k 为定值;p 为摩擦面的单位压力;v 为摩擦面相对滑动速度;指数 $m = 0.5 \sim 3$;对于大多数摩擦副,$n = 1$。

对于磨料磨损,$m = 1$,$n = 1$,则式(3.3)可写成

$$v_m = k p v \tag{3.4}$$

或

$$U = v_m t = k p v t = k p s \tag{3.5}$$

式中,U 为磨损量;v_m 为磨损速度;t 为磨损时间;$s = v t$ 为摩擦路程;k 表示由摩擦副材料及磨损条件确定的磨损系数,对于给定工作条件的摩擦副,k 为定值;p 为摩擦面的单位压力;v 为摩擦面相对滑动速度。

稳定磨损阶段 Ⅱ 的磨损量为

$$U = U_0 + v_m t \tag{3.6}$$

式中,U 为磨损量;U_0 为初始间隙;v_m 为磨损速度;t 为工作时间。

若磨损速度 v_m 服从正态分布,则概率密度函数为

$$f(v_m) = \frac{1}{s_m \sqrt{2\pi}} \exp\left[-\frac{(v_m - \bar{v}_m)^2}{2 s_m^2}\right] \tag{3.7}$$

式中,$\bar{v}_m$ 为磨损速度的均值;s_m 为磨损速度的标准差。

$\bar{v}_m$ 及 s_m 由给定条件下的磨损试验确定。已知磨损速度的均值及标准差,由式(3.6)可以求得给定寿命 $t=T$ 时的磨损量 U 的均值及标准差,即

$$\bar{U}=U_0+\bar{v}_m T \tag{3.8}$$

$$s_U=\sqrt{s_{U_0}^2+s_m^2 T} \tag{3.9}$$

式中,$\bar{U}$ 为磨损量 U 的均值;U_0 为初始间隙;$\bar{v}_m$ 为磨损速度的均值;s_m 为磨损速度的标准差;s_U 为磨损量 U 的标准差;s_{U_0} 为初始间隙的标准差。

磨损速度 v_m 为正态分布,初始间隙也服从正态分布,T 为确定值,则式(3.6)的磨损量 U 也为正态分布,其概率密度函数为

$$f(U)=\frac{1}{s_U\sqrt{2\pi}}\exp\left[-\frac{(U-\bar{U})^2}{2s_U^2}\right] \tag{3.10}$$

当磨损速度为正态分布时,有关参数间的关系如图 3.3 所示。其中,R 为给定寿命时间的可靠度。

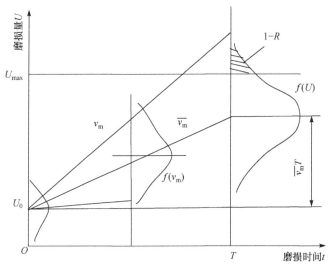

图 3.3　磨损速度为正态分布时有关参数间的关系

3.2　表面质量退化评价

3.2.1　静态表面质量评价

在机械零件的表面质量退化过程中,不考虑表面质量参数的变化梯度,只考虑表面质量的变化量,即为静态表面质量,静态表面质量评价是一种线性的评价技术。静态表面质量评价不仅与磨损量有关,还与划伤和宏观检查等有关,但磨损量、腐蚀量能够反映零件的服役过程。

下面以磨损为例进行回收零件的表面质量评价,在评价过程中先要确定回收零件的磨损量。磨损量的测量方法主要有以下几种。

1. 失重法

失重法是通过称量试样试验前后的质量变化来确定磨损量的方法,一般在天平上进行。这种方法比较简单,能够进行高精度磨损量的测定,因此运用最为广泛。

2. 磨损尺寸变化测定法

磨损尺寸变化测定法是根据宏观或者微观测量方法测出尺寸变化从而确定磨损量的方法,经常采用测微卡尺、螺旋测微仪、测长仪、万能工具显微镜、读数显微镜和投影仪等仪器测量宏观尺寸变化。微观测定通常采用微观刻痕法和表面形貌测定法。

3. 放射性同位素测定法

放射性同位素测定法测量的是磨损物单位时间原子衰变数,极微量磨屑中常含有可观的原子衰变数从而能被探测器测出。此方法的优点是有很高的灵敏度和精确度,适用于精密零件微量磨损的测量,可连续监测不可拆卸试件的磨损,在摩擦副中分别引入不同的同位素,可同时测量两个摩擦表面各自的磨损过程得到磨损量。

4. 磨屑收集及测定法

磨屑收集及测定法是通过收集磨屑进行分析,从而衡量磨损量。对所收集到的磨屑颗粒可用多种方法进行定量分析。例如,用化学分析法、光谱和色谱分析法可确定磨屑颗粒的组成和数量。铁谱仪不仅能对磨损颗粒按照大小进行分布、分类,也能进一步作出测量、测定。用放射性同位素源可以对过滤收集到的磨屑进行照射,激发磨屑中所含各元素的特征 X 射线,再用仪器进行定量测定。

根据测量得到的磨损量及其使用时间便可对静态表面质量进行评价,静态表面质量均匀磨损预测公式如式(3.11)和式(3.12)所示,即

$$V_{\text{Suf}} = \frac{|S_1 - S_0|}{T} \tag{3.11}$$

$$T_{\text{R}} = \frac{\Delta S}{V_{\text{Suf}}} \tag{3.12}$$

式中，V_{Suf} 为表面磨损速度；T 为已服役时间；S_0、S_1 分别为表面尺寸的设计值和废旧零件实际测试值；T_R 为剩余寿命；ΔS 为剩余允许磨损量。

3.2.2　动态表面质量评价

磨损的非线性退化规律不能仅仅通过磨损量来衡量，还需要通过零件在使用过程中的磨损速率进行动态质量评价。磨损速率是单位时间内零件材料磨损的体积、质量或表面高度的减少量，即磨损量随时间的变化率。磨损速率是磨损率与速度因子的乘积，这里的速度因子包括对偶表面的相对滑动速率、单位时间内冲击材料表面的磨粒质量和单位时间内摩擦表面碰撞能量的损耗等。

磨损速率是衡量零件磨损快慢的量，能反映磨损的剧烈程度。当磨损过程中零件材料的内部及外部因素趋于稳定，即零件处于稳定磨损期时，其值基本保持恒定。要获得零件的磨损速率，需要在零件的使用过程中不断测量其磨损量。为了获得准确的动态过程，测量间隔应尽可能小，以反映其磨损速率。

非线性磨损有很多种磨损形式，其中一种磨损速率的动态变化过程符合浴盆曲线，其形状如图 3.4 所示。

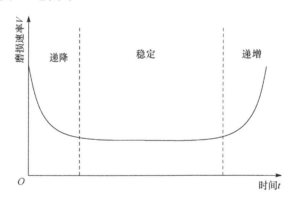

图 3.4　磨损的浴盆曲线

浴盆曲线磨损速度公式为

$$V = 1 - \exp\left[1 - \exp\left(\frac{t}{\alpha}\right)^{\beta}\right] \tag{3.13}$$

磨损量可以根据非线性磨损曲线进行拟合，即

$$W = KF^{a} v^{b} t^{c} \tag{3.14}$$

式中，V 为磨损速率；t 为时间；W 为磨损量；α、β 为浴盆曲线系数；F 为摩擦载荷；v 为相对速度；K 为磨损系数；a、b、c 为磨损指数。

基于以上公式和模型，根据回收零件的磨损量及允许磨损量，即可评估回收零件的表面质量剩余寿命，从而进行可回收性判断。

动态磨损表面质量评价更接近零件的实际情况,静态表面质量评价虽然简单,但它是一种偏危险的评价方法。可以用图 3.5 来近似零件的实际磨损情况,图中允许磨损量为 1,当零件的实际磨损量达到 b 点即磨损量为 0.5 时,静态表面质量评价和动态表面质量评价如下。

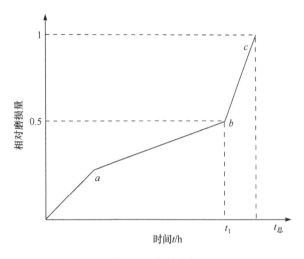

图 3.5　磨损过程

如果运用静态表面质量评价,磨损量为 0.5,剩余寿命为总寿命的 50%。

运用动态质量评价,根据磨损过程图可知,磨损速率在第一阶段较大,到第二阶段变缓,在第三阶段急剧增加。由于磨损速率的不同,剩余 0.5 磨损量可以承受的磨损时间很短,为 $t_{总} - t_1$,剩余寿命明显小于总寿命的 50%。

根据评价结果可知,实际情况符合动态表面质量评价,其剩余寿命已经很少。如果按静态表面质量进行评价,其剩余寿命还有 50%,说明静态表面质量对于非线性磨损的零件评价不准确,评价结果偏危险。

参 考 文 献

[1] 余志娟. 机械加工表面质量及影响因素探析[J]. 装备制造技术,2009,(6):155-157.

[2] 丁晓东. 零件表面加工质量及精粗糙度的选择[J]. 机械工业标准化与质量,2007,(7):37-38.

[3] 邵荷生. 摩擦与磨损[M]. 北京:煤炭工业出版社,1992.

[4] 詹武,闫爱淑,丁晨旭,等. 金属摩擦磨损机理剖析[J]. 天津理工大学学报,2001,17(A1):19-22.

[5] 侯文英. 摩擦磨损与润滑[M]. 北京:机械工业出版社,2012.

[6] 全永昕. 工程摩擦学[M]. 杭州:浙江大学出版社,1994.

[7] 郑林庆. 摩擦学原理[M]. 北京:高等教育出版社,1994.

[8] 翟玉生,李安,张金中. 应用摩擦学[M]. 东营:石油大学出版社,1996.

[9] 赵会友,李国华. 材料摩擦磨损[M]. 北京:煤炭工业出版社,2005.

[10] Straffelini G. Friction and Wear[M]. Berlin:Springer International Publishing,2015.

[11] Gnecco E,Meyer E. Fundamentals of Friction and Wear[M]. Berlin:Springer,2007.

第4章　零件的疲劳强度特性预测

第1章~第3章介绍了可回收性评价体系中的三种评价方法,分别为经济评价、环境评价和质量评价。回收零件再制造的前提是回收的零件具有足够的剩余寿命,(回收)零件的(剩余)寿命与(剩余)强度之间存在内在关系,原始零件的静强度和疲劳强度是回收零件剩余强度评价的基础数据之一。相对于疲劳强度,静强度预测已经成熟且影响因素较少。本章将以实际机械零件的疲劳强度特性为主详细论述零件的强度特性预测,充分考虑影响零件强度的各个因素,建立零件的局部强度和强度场预测模型,并介绍了其在工程中的应用实例。

4.1　概　　述

机械零件一般从毛坯开始,经过加工、热处理和喷丸强化等工艺后形成零件。零件的强度(主要指静强度和疲劳强度)是新产品设计、耐久性评价及回收剩余强度和剩余寿命评价的基础数据。零件的强度一般通过以下两种方法得到。

方法一:通过材料试样试验结果或材料数据手册、机械设计手册等获得相关零件的材料强度数据,再结合影响零件强度的主要因素,如静强度主要考虑热处理影响因素,疲劳强度主要考虑零件的尺寸、加工、热处理、应力集中、疲劳敏感和残余应力等影响因素,将这些因素的影响折合成强度影响系数。用该方法获得零件强度比较简单,但往往误差较大,需要进一步通过零件的强度试验验证。

方法二:直接使用全尺寸零件进行静强度试验和疲劳强度试验,可以得到零件的准确强度数据,这种方法往往受到零件的实际情况、试验设备和试验费用等限制,很难获得大量的零件强度数据。由于零件的结构、加工工艺和热处理工艺等存在差别,通过零件试验获得的数据很难作为基础数据进行推广。

通过材料试样的强度数据预测具体零件的疲劳强度数据时,常常只考虑零件的尺寸、加工、热处理对零件疲劳强度的影响,不考虑零件的载荷-寿命曲线的变化、零件的裂纹萌生区域变化及零件中残余应力的定量影响。本书以经过工艺强化的材料试样和零件为对象,在大量的疲劳特性试验研究过程中发现,经过工艺强化后的材料试样和实际零件的疲劳特性发生巨大的变化,不仅是疲劳强度,还有零件的载荷-寿命特性曲线(包括梯度和载荷-寿命曲线的转折点等)。实际零件的疲劳-寿命特性曲线的巨大变化是疲劳强度、疲劳寿命预测不准及结构疲劳仿真产生巨大误差的最重要原因。因此,本章提出了零件疲劳强度特征的预测方法和技术,包括载荷-寿命特性曲线、残余应力的定量作用、裂纹萌生区域位置等。

4.2　零件疲劳强度的影响因素

零件疲劳强度的影响因素主要包括尺寸、加工、强化工艺和残余应力等,这些影响通过影响系数反应到疲劳强度上,经典的文献著作中有详细介绍[1-5]。

4.2.1　尺寸影响

一般来说,零件和试样的尺寸增大,其疲劳强度降低。零件的疲劳强度随着尺寸增大而降低的现象称为尺寸效应。尺寸效应的大小用尺寸系数 ε 来表征,定义为当应力集中和加工方法相同时,直径尺寸为 d 的试样或零件的疲劳极限 σ_{-1d} 与几何相似标准直径尺寸 d_0 试样的疲劳极限 σ_{-1} 之比,即有

$$\varepsilon = \frac{\sigma_{-1d}}{\sigma_{-1}} \tag{4.1}$$

对于中低强度钢,标准试样的直径 d_0 常取为 9.5mm 或 10mm;对于高强度钢,d_0 常取为 7.5mm 或 6mm。尺寸系数 ε 一般用试验曲线确定。对于承受拉-压载荷的光滑试样,当尺寸 $d>30$mm 时,取 $\varepsilon=0.9$;对于其他情况,ε 与直径 d 或厚度 t 的关系如图 4.1 所示。

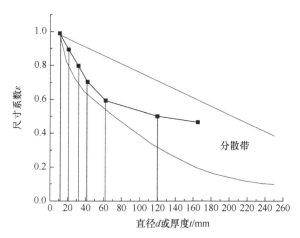

图 4.1　尺寸系数曲线

尺寸系数也可由下面的经验公式计算:

$$\varepsilon = \left(\frac{V}{V_0}\right)^{-0.034} \tag{4.2}$$

式中,V 为零件承受 95% 以上最大应力的材料容积;V_0 为与零件几何相似的标准尺寸试样承受 95% 以上最大应力的材料容积。

当零件尺寸不同但几何形状相似时,处于95%以上最大应力的材料容积与直径的立方成正比,因此,尺寸系数 ε 又可表示为

$$\varepsilon = \left(\frac{d}{d_0}\right)^{-0.102} \tag{4.3}$$

式中,d 为大尺寸零件的直径,mm;d_0 为与零件几何相似的标准尺寸试样的直径,mm。

表 4.1 中列出了不同尺寸的平面弯曲试样的疲劳极限,表 4.2 中列出了钢的弯曲尺寸系数 ε_σ 和扭转尺寸系数 ε_τ。

表 4.1　不同尺寸的平面弯曲试样的疲劳极限

材料	热处理	试样截面面积 $(b \times h)/\mathrm{mm}^2$	侧面圆弧尺寸 R/mm	理论应力集中系数 K_t	抗拉强度平均值 σ_b/MPa	疲劳极限平均值 σ_{-1}/MPa
45♯钢	正火	10×10	20	1.04	618	273
		20×20	40	1.04	636	274
		40×40	80	1.04	634	249
		80×80	160	1.04	628	248
40Cr	调质	10×10	20	1.04	1020	377
		20×20	40	1.04	872	357
		40×40	80	1.04	874	348
		80×80	160	1.04	805	338

表 4.2　钢的弯曲尺寸系数(ε_σ)和扭转尺寸系数(ε_τ)

直径 d/mm	ε_σ		ε_τ
	碳钢	合金钢	所有钢
(20,30]	0.91	0.83	0.89
(30,40]	0.88	0.77	0.81
(40,50]	0.84	0.73	0.78
(50,60]	0.81	0.70	0.76
(60,70]	0.78	0.68	0.74
(70,80]	0.75	0.66	0.73
(80,100]	0.73	0.64	0.72
(100,120]	0.70	0.62	0.70
(120,150]	0.68	0.60	0.68
(150,500]	0.60	0.54	0.60

4.2.2 加工影响

零件的加工影响通过表面加工系数来反映,零件的表面状况对疲劳强度的影响用表面加工系数 β_1 表示。具有某种加工表面的标准光滑试样与磨光的标准光滑试样疲劳极限之比称为表面加工系数,即

$$\beta_1 = \frac{\sigma_{-1S}}{\sigma_{-1}} \tag{4.4}$$

式中,σ_{-1S} 为具有某种加工表面的标准光滑试样的疲劳极限,MPa;σ_{-1} 为磨光的标准光滑试样的疲劳极限,MPa。

郑州机械研究所对 Q235A、45♯钢(调质)、40CrNiMo(调质)、Q345、35♯钢(正火)、45♯钢(正火)、40Cr(调质)和 60Si2Mn(淬火后中温回火)的表面加工系数进行研究,通过八种材料的数据处理,得出表面加工系数曲线图,如图 4.2 所示。

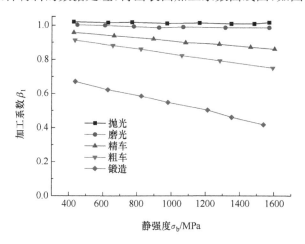

图 4.2　八种材料的表面加工系数曲线图

4.2.3 热处理影响

热处理是一种优化零件材料组织的方法,能在很大程度上提高零件的疲劳性能和疲劳寿命。工程中承受工作载荷较大的零件,为改善其性能都要经过一定形式的热处理。热处理对疲劳强度的影响可以用系数 β_2 表示,其定义为

$$\beta_2 = \frac{\sigma_{-1r}}{\sigma_{-1}} \tag{4.5}$$

式中,σ_{-1r} 为经过热处理标准光滑试样的疲劳极限,MPa;σ_{-1} 为未经过热处理的标准光滑试样的疲劳极限,MPa。

机械设计手册或抗疲劳设计手册中可以查找常用材料不同热处理工艺下的热处理强化系数。例如,高频感应淬火和化学热处理的强化系数如表 4.3 和

表 4.4 所示。

表 4.3　高频感应淬火的强化系数

材料	试样形式	试样直径/mm	β_2
结构用碳钢和合金钢	无应力集中	7～20	1.3～1.6
		30～40	1.2～1.5
	有应力集中	7～20	1.6～2.8
		30～40	1.5～2.5
铸铁	光滑和有应力集中	20	1.2

表 4.4　化学热处理的强化系数

化学热处理的特性值	试样形式	试件直径/mm	β_2
渗碳层深度为 0.1～0.4mm 硬度为 730～970HBW	无应力集中	8～15	1.15～1.25
		30～40	1.10～1.15
	有应力集中(横孔、切口)	8～15	1.9～3.0
		30～40	1.3～2.0
渗碳层深度为 0.2～0.6mm	无应力集中	8～15	1.2～2.1
		30～40	1.1～1.5
	有应力集中	8～15	1.5～2.5
		30～40	1.2～2.0
碳氮共渗层深度为 0.2mm	无应力集中	10	1.8

4.2.4　强化工艺

强化工艺主要包括喷丸、表面滚压和内孔挤压等工艺。其中,喷丸是当前国内外广泛应用的一种表面形变强化方法,利用高速弹丸(常用的有铸铁弹丸、钢弹丸、玻璃弹丸三种)强烈冲击零件表面,使之形变强化。强化工艺所用的设备简单、成本低,现已广泛用于弹簧、齿轮、链条、轴、叶片和火车轮等零件。

喷丸可显著提高钢的疲劳强度,特别是弯曲、扭转疲劳强度,如表 4.5 所示。其原因有三个:①在表面形成加工硬化层,工件表层强度提高;②在表层产生残余压应力,降低了在交变载荷作用下的表面层拉应力,使疲劳裂纹不易产生和扩展;③喷丸可以消除表面缺陷,降低应力集中倾向。实践表明,渗碳淬火后再经喷丸处理,强化效果更好。

表 4.5　表面形变强化对疲劳强度的影响　　　　（单位：MPa）

表面状态	40Cr			GCr15		
	疲劳强度	疲劳强度增量	残余压应力	疲劳强度	疲劳强度增量	残余压应力
喷丸	570	150	−750	650	290	−880
滚压	840	420	−1300	690	330	−1400

表面滚压是对工件上的圆角、沟槽等表面进行的表面强化工艺，适用于形状简单的大零件，如火车轴、曲轴的轴颈，以及齿轮的齿根等，强化效果与喷丸相似（表 4.6）。

内孔挤压则可使孔的内表面得到强化。表 4.6 中为表面形变强化的强化系数。

表 4.6　表面形变强化系数

材料	强化方式	试样形式	试样直径/mm	β_3
结构用钢碳钢和合金钢	滚子滚压	无应力集中	7～20	1.2～1.4
			30～40	1.10～1.25
		有应力集中	7～20	1.5～2.2
			30～40	1.3～1.8
结构用钢碳钢和合金钢	喷丸	无应力集中	7～20	1.1～1.3
			30～40	1.1～1.2
		有应力集中	7～20	1.4～2.5
			30～40	1.1～1.5
铝合金和镁合金	喷丸	无应力集中	8	1.05～1.15

4.2.5　残余应力

1. 残余应力的界定

通常把没有外力或外力矩作用而在物体内部依然存在并自身保持平衡的应力称为内应力。1925 年，Masing 首次提出将内应力分为三类；1935 年，费里德曼依据各类内应力对晶体的 X 射线衍射现象所具有的不同影响也将内应力分为三类[6]；1973 年 Bacher 等提出新的内应力模型，联邦德国热处理协会经过详细讨论，考虑到当时的认识水平，同意今后关于内应力的讨论以此分类法为基础，这一分类法也逐渐得到了世界其他国家科技人员的赞同[7]。

Macherauch[8]把材料中的内应力分为三类：第Ⅰ类内应力（记为 σ_r^{I}）在较大的材料区域（很多个晶粒范围）内几乎是均匀的。与第Ⅰ类内应力相关的内力在横贯整个物体的每个截面上处于平衡。与 σ_r^I 相关的内力矩相对于每个轴同样抵消。当存在 σ_r^I 的物体的内力平衡和内力矩平衡遭到破坏时,总会产生宏观的尺寸变化。第 II 类内应力(记为 σ_r^{II})在材料的较小范围(一个晶粒或晶粒内的区域)内近乎均匀,与 σ_r^{II} 相联系的内力或内力矩在足够多的晶粒中是平衡的,当这种平衡遭到破坏时也会出现尺寸变化。第 III 类内应力(记为 σ_r^{III})在极小的材料区域(几个原子间距)内是不均匀的,与 σ_r^{III} 相联系的内力或内力矩在小范围内(一个晶粒足够大的部分)是平衡的,当这种平衡破坏时,则不会产生尺寸的变化。

在各类内应力中,有关第 I 类内应力即残余应力的测量技术最为完善,关于它们对材料性能影响的研究最为透彻。本书论述的重点是第 I 类残余应力(后续章节统一利用符号 σ_r 表示)对疲劳强度的影响。

2. 对光滑疲劳强度的影响

为了提高金属材料和零件的疲劳抗力,工程技术人员采取了各种措施,其中引入有利的残余应力分布已被证明是有效的方法。

张定铨用 Goodman 关系描述疲劳过程中的平均应力,如图 4.3 所示。图中 σ_m 为平均应力,σ_b 为抗拉强度,σ_w^0 为平均应力 $\sigma_m = 0$ 时的疲劳极限,σ_n 为幅值为零时的应力[9]。

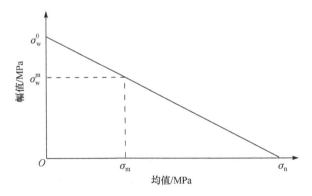

图 4.3 Goodman 关系图

存在 σ_m 时的疲劳极限 σ_w^0 可表示为

$$\sigma_w^m = \sigma_w^0 - \left(\frac{\sigma_w^0}{\sigma_b}\right)\sigma_m = \sigma_w^0 - m\sigma_m \tag{4.6}$$

式中,$m = \sigma_w^0/\sigma_b$ 是图 4.3 中 σ_w^0 和 σ_b 连线的斜率,称为平均应力敏感系数。

把残余应力 σ_r 等效为平均应力,式(4.6)中可改写为

$$\sigma_w^{(m+r)} = \sigma_w^0 - m(\sigma_m + \sigma_r) = (\sigma_w^0 - m\sigma_m) - m\sigma_r \tag{4.7}$$

比较式(4.6)和式(4.7),考虑残余应力而引起的材料疲劳极限变化 $\Delta\sigma_w^r$ 为

$$\Delta\sigma_w^r = \sigma_w^{(m+r)} - \sigma_w^m = -m\sigma_r \tag{4.8}$$

　　由式(4.8)可见,残余拉应力使材料的疲劳极限下降,而残余压应力使材料的疲劳极限提高,其中 m 为残余应力作用系数。根据式(4.8)可知,知道材料的残余应力作用系数 m 和试件中的残余应力值,可定量地估计残余应力的作用。

　　Syren 等对不同热处理状态的 45# 钢进行磨削加工,研究表面残余应力对不同状态 45# 钢的平面弯曲疲劳极限的影响,结果如图 4.4 所示。正火态下,$m=0$;调质态下,$m=0.27$;硬化态下,$m=0.4$,即 m 值随材料强度的提高而增大[10]。

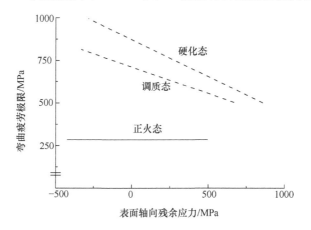

图 4.4　残余应力 45# 钢疲劳极限影响

　　Hayama 等利用 45# 钢缺口试样研究残余应力与残余应力松弛下拉压疲劳的变化,获得 m 值为 0.45 左右[11]。

　　李金魁等对 40Cr 钢淬火、550℃回火试样进行喷丸处理,通过弯曲疲劳试验得到 m 值为 0.46,而 200℃回火加喷丸处理试样的 m 值为 0.31,可见 m 值随强度升高而下降[12]。

　　张定铨等对低温回火态但含碳量不同的铬钢的表面形变强化进行综合研究,结果列于表 4.7。可见,三种铬钢磨削态的弯曲疲劳极限相差不大,但表面形变强化后疲劳极限的变化较大,得到残余应力作用系数 m:20Cr 钢为 0.18,40Cr 钢为 0.15,GCr15 钢为 0.10[13]。

表 4.7　低温回火态铬钢表面形变强化后的残余应力和疲劳极限

材料	20Cr		40Cr		GCr15		
硬度/HRC	44		51		60		
表层处理状态	磨削	滚压 (4.5kN)	磨削	滚压 (7kN)	磨削	喷丸	滚压 (6kN)

续表

材料	20Cr		40Cr		GCr15		
平均应力/MPa	1240		1450		1450		
弯曲疲劳极限/MPa	400	740	420	840	360	650	690
提高幅/%	—	85	—	100	—	80	92
裂纹慢速扩展区深度①/μm	80	600	60	360	20	40~50	
慢速区内残余压应力平均值②/MPa	−500	−570	−30	−1300	−40	−880	−1400
残余应力作用系数 m③	0.18		0.15		0.10		

①疲劳裂纹源均位于表面。

②20Cr 钢试样 900℃加热淬火时心部未能淬透,故该钢磨削态试样表层存在较大的残余压应力。此外,20Cr 钢试样的残余应力取疲劳试验后的测定值,其余取原始测定值。

③$m = \sigma_w^0 / \sigma_{bb}$, σ_{bb} 为静弯强度。

利用式(4.8)评估残余应力的作用时还必须注意残余应力表征值的取法。对疲劳强度的提高起重要作用的是在工作应力下经初期衰减后存在的残余压应力,而不是强化后获得的原始残余应力。

3. 对缺口疲劳强度的影响

实际工件难免存在过渡圆角、沟槽及各种形状的孔等应力集中部位,从而成为引发疲劳裂纹的薄弱环节。表面强化处理引入的残余压应力在改善工件缺口疲劳强度方面取得了比对光滑件更为显著的效果。

Kloos 等研究得到调质中碳铬钢(回火温度偏低,$\sigma_b = 1150$MPa)的光滑和缺口试样的旋转弯曲疲劳极限 σ_{-1} 与滚压力的关系,如图 4.5 所示。可见,光滑试样经最佳滚压力滚压后,其 σ_{-1} 比未滚压态提高 10%~15%,而缺口试样经最佳参数滚压后,其 σ_{-1} 比未滚压态提高近 150%,甚至高于经最佳参数滚压后的光滑试样的水平[14]。

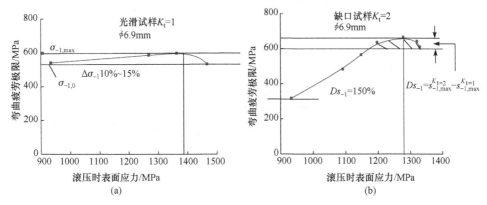

图 4.5 调质 37CrS4 钢光滑和缺口试样的弯曲疲劳极限 σ_{bw} 随滚压力的变化

　　Zhang 等对 40Cr 钢高温回火、低温回火态的光滑和缺口试样分别进行喷丸强度为 0.30A(mm) 和 0.42A(mm) 的喷丸处理,研究得到的旋转弯曲疲劳试验的结果如表 4.8 所示[15]。

表 4.8　旋转弯曲疲劳试验的结果

试验类型	试验状态	高温回火		低温回火	
		光滑	缺口	光滑	缺口
疲劳极限	磨削态	430	310	640	520
σ_{-1}/MPa	喷丸态	513	350	730	645

　　经喷丸处理后,试样疲劳试验前后表层(缺口试样为缺口根部处)的残余应力分布如图 4.6 所示。其中,曲线 1 为光滑试样,曲线 2~5 为缺口试样($r=1$mm)。

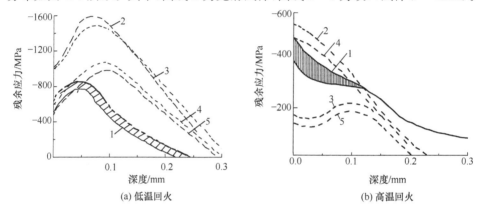

(a) 低温回火　　　　　　　　　　(b) 高温回火

图 4.6　疲劳试验前后(光滑和缺口)试样表层的残余应力分布
1. $N=0, 10^7$(轴向、切向);2. $N=0$(轴向);3. $N=10^7$(轴向);4. $N=0$(切向);5. $N=10^7$(切向)

　　图 4.6 中的试验结果证实残余应力也存在应力集中这一争论的问题。但是残余应力的应力集中与外载应力集中有所不同,它不仅由缺口几何因素决定,还与材料强度有关。在强度较高的材料中残余应力的应力集中现象非常明显,而且在应力循环的过程中得以保持。

　　某厂家给出了 4620 材料在不同心部硬度、表面和次表面(深度 0.1mm)时单齿弯曲静强度和疲劳强度的试验结果,如表 4.9 所示。

表 4.9　不同残余应力影响的强度试验结果

硬度	表面残奥/%	残余应力 (0mm 与 0.1mm)/MPa	抗拉强度/MPa	疲劳极限/MPa
磨掉硬化层 心部:硬度 26HRC	27	100~350	2240	658
硬化层 0.52 心部:硬度 42HRC	27	150~300	3260	840

续表

硬度	表面残奥/%	残余应力 (0mm 与 0.1mm)/MPa	抗拉强度/MPa	疲劳极限/MPa
硬化层 0.6 心部:硬度 44HRC	31	50~150	3210	805
硬化层 0.5 心部:硬度 42HRC	31	250~50	2930	750
硬化层 0.6 心部:硬度 44HRC	6	800~800	3210	1060
硬化层 0.50 心部:硬度 42HRC	12	600~800	—	1125

从试验结果可以看出,对于未磨去硬化层的试样,硬度相差很小(2HRC 以内),但其抗拉强度、疲劳极限相差较大,若只是按照抗拉强度与硬度的转化关系及疲劳极限与抗拉强度的对应关系,这一结果显然是不合理的。考虑残余应力的影响就可合理地解释这一结果,表面残余应力大于次表面残余应力的试样,其强度要小于表面残余应力小于次表面残余应力的试样,且随着残余应力的增大而提高。

Aida 等通过齿轮材料 SCM21 和 S15CK 来研究表面硬化产生的残余应力对齿轮弯曲疲劳强度的影响,不同材料的残余应力对疲劳强度影响的试验结果如表 4.10 所示[16]。

表 4.10　不同材料的残余应力对疲劳强度影响的试验结果

材料	齿根表面硬度/HV	实际断裂应力 σ_T/MPa	脉动循环下的疲劳极限 σ_0/MPa	脉动循环下的疲劳极限(试验值) σ_0'/MPa	残余应力 σ_r/MPa	疲劳极限(不考虑残余应力) σ_{-1}/MPa	残余应力对疲劳极限影响增加量 E_r/%
	150	1050	370	450(σ_A)	—	—	—
	750	1850	780	1070	−669	818	40.6
	850	1930	800	1070	−698	819	40.5
SCM21	800	1900	790	1070	−678	821	40.2
	750	1850	780	830	−466	684	38.4
	450	1570	670	730	−163	671	21.1
	130	1020	350	500(σ_A')	—	—	—
	750	1850	780	930	−671	711	50.9
	800	1900	790	930	−671	715	50.0
S15CK	800	1900	790	1070	−719	810	45.6
	800	1900	790	850	−538	685	47.1
	250	1230	480	600	−201	527	73.0

从表 4.10 可以看出,对于材料 SCM21,不考虑残余应力时的疲劳极限为821MPa,考虑残余应力−678MPa,疲劳极限提高 40.2%;对于材料 S15CK,不考

虑残余应力时的疲劳极限为 715MPa,考虑残余应力－671MPa,疲劳极限提高 50%,可以看出残余应力对疲劳强度的影响相当明显。

一般认为,光滑试样的疲劳极限受裂纹萌生控制,缺口试样则受裂纹扩展控制,而残余应力对裂纹扩展的影响比对裂纹萌生的影响大得多,这也使得残余应力对缺口试样的作用更大[9]。

另外,在轴向加载的应力状态下,残余应力对疲劳强度的影响较小,在承受轴向载荷的实际零件中,疲劳裂纹也经常在表面萌生,故表面强化处理和残余压应力仍可起有益的作用。张定铨等对抽油杆的试验研究结果也说明了这一点[17,18],抽油杆在工作时承受大拉-小拉循环载荷,杆体除两端外不经任何机加工,存在多种冶金、热处理缺陷,因此裂纹往往从表面萌生。其经试验研究表明对热轧态加感应淬火的抽油杆,经喷丸处理后疲劳强度由 500MPa 提高到 586MPa。

4.3　实际零件的疲劳特性变化

研究发现,利用材料数据及工艺等影响系数预测确定的零件强度与试验得到的零件强度特性偏差较大。根据材料数据及各影响系数仅能预测零件的疲劳极限,对零件的其他疲劳强度特性(如 S-N 曲线斜率、S-N 曲线转折点、疲劳萌生区域和局部疲劳强度等)则不能进行准确的预测,而零件的这些疲劳特性参数是零件抗疲劳设计和结构疲劳仿真的重要参数,它们也是结构疲劳仿真不准确的重要原因[19]。

4.3.1　*S-N* 曲线

1. S-N 曲线斜率的影响

图 4.7 给出了不同热处理下不同材料或零件的 S-N 曲线。图 4.7 中的齿轮材料包括 20MnCr5、20CrMnMo、40CrMnSiMoA、40CrNiMo、20CrNiMo、50Mn2、30CrMo、40Cr、20CrMnSi、20Cr、Q345,这些试验结果主要是作者多年的试验结果和相关企业的部分试验数据。

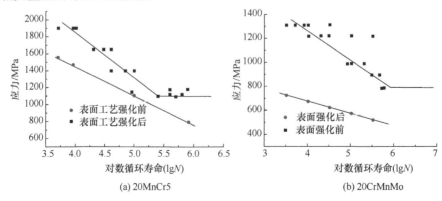

(a) 20MnCr5　　　　　　　　　　　(b) 20CrMnMo

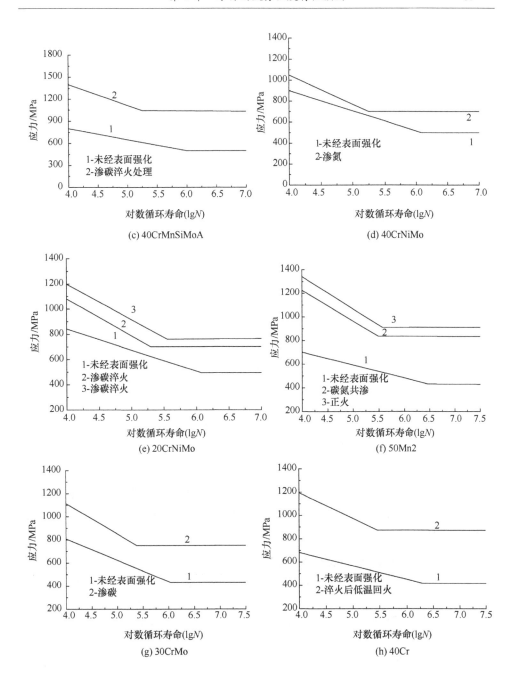

(c) 40CrMnSiMoA

(d) 40CrNiMo

(e) 20CrNiMo

(f) 50Mn2

(g) 30CrMo

(h) 40Cr

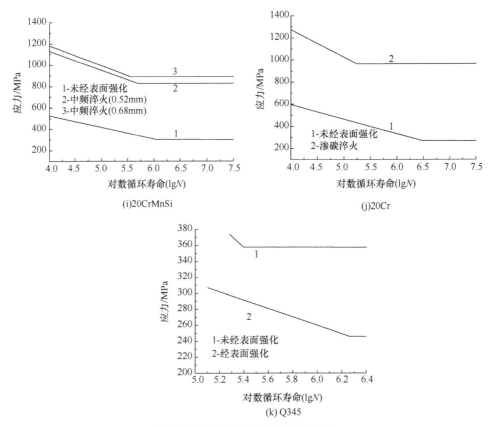

图 4.7　不同材料强化前后疲劳试验

从图 4.7 中可以看出,经过工艺强化与未经过工艺强化的材料/零件的疲劳试验曲线差别巨大,主要包括疲劳曲线的斜率、疲劳极限和疲劳试验曲线的转折点循环数等[20]。根据图 4.7 中试验数据拟合出来的材料或零件的 S-N 曲线斜率变化如表 4.11 所示。

表 4.11　典型材料工艺强化前后 S-N 曲线斜率的变化

序列	材料	热处理	S-N 曲线	斜率变化/%
1	40CrMnSiMoA	无	$\sigma=1435.8-155.65549\lg N$	—
		渗碳淬火	$\sigma=2532.95015-284.9673\lg N$	83
2	40CrNiMo	无	$\sigma=1644.027-188.1697\lg N$	—
		渗氮	$\sigma=2108.048-265.751\lg N$	41.2
3	20CrNiMo	无	$\sigma=1506.47-165.59819\lg N$	—
		渗碳淬火	$\sigma=2243.339-290.1963\lg N$	75.2
		渗碳淬火	$\sigma=2310.963-278.85\lg N$	68.4

续表

序列	材料	热处理	S-N 曲线	斜率变化/%
4	50Mn2	无	$\sigma=1148.1137-110.357\lg N$	—
		碳氮共渗	$\sigma=2281.592-261.8625\lg N$	137.3
		正火处理	$\sigma=2461.498-277.5787\lg N$	151.5
5	30CrMo	无	$\sigma=1548.036-185.06263\lg N$	—
		渗碳	$\sigma=2148.036-258.9944\lg N$	40
6	40Cr	无	$\sigma=1152.746-115.9724\lg N$	—
		淬火回火	$\sigma=2082.22-221.3246\lg N$	90.8
7	20CrMnSi	无	$\sigma=957.2709-108.413\lg N$	—
		中频淬火(0.52mm)	$\sigma=1843.196-178.121\lg N$	64.3
		中频淬火(0.68mm)	$\sigma=1921.5643-184.9897\lg N$	70.6
8	20Cr	无	$\sigma=1135.0262-133.0879\lg N$	—
		渗碳淬火	$\sigma=2263.459-247.294\lg N$	85.8

试验结果表明,经过强化的 S-N 曲线与原来曲线有很大差异,强化后的 S-N 曲线均位于未经强化 S-N 曲线的右上方,特别是工艺强化后 S-N 曲线斜率的绝对值普遍增大,增加比率甚至超过 150%,说明工艺强化严重影响材料的 S-N 曲线斜率。可见,不能用未经过工艺强化的 S-N 曲线来预测和估算经过工艺强化的 S-N 曲线。工艺强化前后材料的 S-N 曲线斜率的巨大差异,给经过工艺强化的零件强度特性估算和预测带来了影响。现有零件疲劳寿命预测不准的真正原因之一是零件的 S-N 曲线发生了巨大变化,因此不能用材料的 S-N 曲线来代替[21]。

试验结果还表明,不同的材料采用相同的强化工艺,强化前后 S-N 曲线的斜率变化仍然有区别,例如,工艺强化后 20MnCr5 的 S-N 曲线斜率变化小于 20CrMnMo 材料的 S-N 曲线斜率变化。同样的材料采用不同的强化工艺,虽然强化效果不同,但强化后 S-N 曲线的斜率变化基本相同,即不同的工艺强化不改变强化后的 S-N 曲线斜率,如图 4.7(e)、(f)和(i)所示,这一结果为经过工艺强化后材料和零件的 S-N 曲线预测提供了巨大的方便。

2. 疲劳极限的影响

工艺强化能在零件表面层中建立压缩残余应力,使表面层硬化,因此零件经渗碳淬火加喷丸工艺后,疲劳强度得到显著提高[22-25]。这里同时给出了经过强化后典型齿轮和零件的疲劳极限变化结果,如表 4.12 和表 4.13 所示。

表 4.12　20MnCr5 和 20CrMnMo 齿轮疲劳极限的变化

材料类别	材料疲劳极限/MPa	表面强化后齿轮疲劳极限/MPa	疲劳极限变化率/%
20MnCr5	427	1100	157.6
20CrMnMo	436	814	86.7

表 4.13　低碳合金结构钢强化前后疲劳极限的变化

序列	材料	热处理	抗拉强度/MPa	疲劳极限/MPa	疲劳极限变化率/%
1	40CrMnSiMoA	无	980	498	—
		渗碳淬火	1893	1045	109.8
2	40CrNiMo	无	972	498	—
		渗氮	1565	716	43.8
3	20CrNiMo	无	980	498	—
		渗碳淬火	3045	705	41.6
		渗碳淬火	2315	765	53.6
4	50Mn2	无	930	436	—
		碳氮共渗	2145	840	92.7
		正火处理	2100	915	109.8
5	30CrMo	无	930	430	—
		渗碳	2296	750	74.4
6	40Cr	无	940	422	—
		淬火回火	1910	870	106
7	20CrMnSi	无	788	299	—
		中频淬火(0.52mm)	1853	829	177.3
		中频淬火(0.68mm)	1985	893	198.7
8	20Cr	无	577	273	—
		渗碳淬火	2420	970	255.3

　　由表 4.12 和表 4.13 可知,工艺强化能有效提高渗碳钢及低碳合金钢的疲劳极限,因具体材料和表面强化不同,疲劳极限变化率也不同,其变化范围很大。从表 4.13 中可以看出通过工艺强化疲劳极限至少可以提高 40%,疲劳极限最大可提高超过 250%,表面强化之后疲劳极限的提高是相当明显的。

　　不同的工艺强化对疲劳极限的提高效果也不同,例如,50Mn2 分别通过碳氮共渗和正火处理之后,其疲劳极限从 436MPa 分别提高到 840MPa 和 915MPa,疲劳极限变化分别为 92.7% 和 109.8%,正火对疲劳极限的提高比碳氮共渗要明显。不同材料经过相同的工艺强化后疲劳极限的变化差异也非常大,例如,经过渗碳淬火后 20CrNiMo 疲劳极限提高 41.6%,而 20Cr 疲劳极限提高近 255.3%。强化效果越好,工艺强化后强度越高,表面硬化层硬度也越高,疲劳极限越高[21]。

3. S-N 曲线转折点循环数 N_0 的影响

表 4.14 和表 4.15 给出不同材料和零件经过工艺强化前后 S-N 曲线转折点的变化[26]。

表 4.14　齿轮经表面强化前后 S-N 曲线转折点

材料	材料 S-N 曲线	表面强化后齿轮 S-N 曲线	材料转折点	零件转折点
20MnCr5	$\sigma=1525.275-169.56\lg N$	$\sigma=2706.07-302.973\lg N$	300 万次	20 万次
20CrMnMo	$\sigma=1148.113-110.35\lg N$	$\sigma=2338.51-263.3\lg N$	300 万次	62 万次

表 4.15　材料经表面强化前后转折点 N_0 对比

序列	材料	热处理	疲劳极限变化/%	斜率变化/%	转折点 N_0/万次
1	40CrMnSiMoA	无	—	—	106
		920℃加热	109.8	83	16.6
2	40CrNiMo	无	—	—	123
		渗氮	43.8	41.2	17
3	20CrNiMo	无	—	—	125
		渗碳淬火	41.6	75.2	20
		渗碳淬火	53.6	68.4	34.9
4	50Mn2	无	—	—	300
		碳氮共渗	92.7	137.3	32
		正火处理	109.8	151.5	37
5	30CrMo	无	—	—	110
		渗碳	74.4	40	25
6	40Cr	无	—	—	200
		淬火回火	106	90.8	30
7	20CrMnSi	无	—	—	118
		中频淬火(0.52mm)	177.3	64.3	49
		中频淬火(0.68mm)	198.7	70.6	36
8	20Cr	无	—	—	300
		渗碳淬火	255.3	85.8	17

根据表 4.14 和表 4.15 可知,所有材料经过强化后转折点循环数都从几百万次降为几十万次。其中,20Cr 的转折点循环数降幅最大,从 300 万次降到 17 万次;而 20CrMnSi 材料的转折点循环数降幅变化最小,在中频淬火(深度 0.52mm)的表面强化条件下,转折点循环数从 118 万次降到 49 万次;在中频淬火(深度 0.68mm)的表面强化条件下,转折点循环数从 118 万次降到 36 万次,相比于其他材料转折点循环数变化较小。

以上试验结果说明工艺强化后,S-N 曲线转折点 N_0 发生很大变化。转折点发生变化的现象解释了在疲劳试验中工艺强化后试样试验得不到几百万次甚至一千万次疲劳寿命的现象。

S-N 曲线转折点 N_0 降低的主要原因是经过工艺处理之后,屈服强度会变得很高,进而使疲劳极限也很高,裂纹萌生需要的应力较高。疲劳裂纹萌生后,在如此大的应力下裂纹很快扩展,裂纹扩展区域相对也较小。非扩展裂纹存在的概率小,只要出现裂纹,裂纹扩展并最终断裂的概率很大。因此,工艺强化后的 S-N 曲线转折点循环数明显降低。

4.3.2　裂纹萌生区域

疲劳裂纹总是先在应力最高、强度最弱的机体上形成。对于疲劳裂纹萌生的研究已经受到广泛的关注,并取得了一定的成果,但至今仍没有成熟的理论来定量描述裂纹的扩展速率和内外参数的关系。裂纹萌生受到宏观应力分布、微观组织和环境等复杂因素的影响,一个试样或零件上常常萌生许多裂纹,每个裂纹的萌生条件并不一样,而是存在某种随机分布的情况,表面晶粒的外侧是自由的,其中位错运动只受内侧晶粒的制约,阻力较小,表面容易形成“细观屈服”,因此疲劳源都萌生于表面[27-29]。

疲劳萌生受金属微观结构、材料的原始缺陷及材料抗裂能力的耦合作用,裂纹萌生寿命的结果表现出很大的分散性。工件经过表面强化,表面将得到强化而形成残余压应力场。施加载荷后在表面形成“细观屈服”需要较大的外加应力,而在强化层下的区域由于残余压应力减小或强度较低,可能在其中先形成“细观屈服”并形成疲劳源。但是相对于表面晶粒而言,内部晶粒的位错运动受到周围晶粒的制约,阻力较大,形成“细观屈服”的极限应力也较大,即内部疲劳极限要高于表面疲劳极限。经过喷丸、渗碳和氮化等工艺强化的零件,其疲劳源可能在表面,也可能在内部。因此,控制零件硬化层的硬度、零件表面残余应力的大小和分布等对提高零件的疲劳强度有很大的作用。现有的文献大都集中于表面强化效果的理论,以及表面强化的硬化层尺寸确定等方面的研究,如何快速、直观判断硬度、残余应力的分布是否合理,特别是疲劳裂纹萌生区域能否从表面转向内部等问题却很少有文献报道[30-33]。

经表面强化处理后的机械零件,其危险部位不但存在残余压应力,其表面硬度也大大提高。根据抗拉强度与硬度之间以及疲劳强度与抗拉强度之间的对应关系,表面强化处理后,随着硬度的提高,抗拉强度和疲劳强度也会得到相应的提高。基于危险部位残余压应力和硬度的分布,本书给出一种定量的预测、设计方法来预测疲劳极限和裂纹萌生区域,具体如下[33,34]。

(1) 通过试验测定零件表面强化处理后危险部位不同深度下的硬度和残余压应力分布。

(2) 利用硬度和抗拉强度的对应关系把危险部位不同深度下的硬度转换为抗拉强度。

(3) 用材料力学方法(精确计算用有限元方法)求工作载荷下危险部位不同深度下的应力分布。

(4) 把危险部位不同深度下的残余压应力作为平均应力,根据抗拉强度和疲劳极限的关系,预测危险部位不同深度下的疲劳极限。

(5) 通过危险部位不同深度下的疲劳极限和工作应力分布,确定零件强度最薄弱的区域,该区域就是疲劳裂纹萌生区域。

表面强化后,在齿轮表面形成硬化层和残余压应力。硬化层可以增加齿轮表面的强度,残余压应力可以降低齿轮表面受到的载荷幅值,使得最脆弱区域由表面变为内部,即裂纹萌生区域由表面进入次表面。

4.3.3　基于残余应力的疲劳强度预测

在机械零件抗疲劳设计中,虽然早已提出可将残余应力作为平均应力处理,但现有的抗疲劳设计规范和技术中至今未明确残余应力的定量作用及残余应力的使用范围,本书在疲劳强度理论中明确提出了局部疲劳强度、疲劳强度场的概念和预测模型,并把残余应力定量地应用到抗疲劳设计和热处理工艺强化要求的制定中。

1. 残余应力与平均应力

虽然残余应力可以作为平均应力处理,但是残余应力与平均应力之间存在巨大的差别:残余应力是内应力,平均应力是由外载荷引起的;残余应力可作为水静应力,而平均应力却不行;残余应力在疲劳过程中能够释放和衰退(弹性变形中,残余应力不衰退;塑性变形中,残余应力衰退),而平均应力在疲劳过程中保持不变[35]。

最早描述残余应力引起平均应力的代表性论文为文献[36],通过试验证明,如果在疲劳寿命中残余应力与平均应力都保持不变,那么在循环载荷下残余应力的作用可以通过外加平均应力来产生或者抵消。残余应力与平均应力的一个最重要的区别就是它在循环加载过程中可能会衰减。若把残余应力作为平均应力,可以解释残余应力对疲劳强度寿命的影响,如图4.8所示。

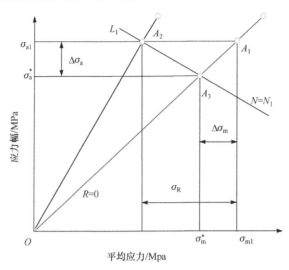

图 4.8　残余应力对疲劳极限的影响

图4.8中,L_1 为等寿命曲线,假设零件服役过程中所受外载荷为 A_1 点,其应力幅为 σ_{a1},平均应力为 σ_{m1}。考虑存在残余压应力时(残余压应力作为平均应力处理,假设为 σ_R),A_1 实际对应的载荷点在幅值不变的情况下均值减小,沿水平方向向左平移至 A_2 点。根据等寿命线 L_1 的特征,A_2 点应力循环寿命与 A_3 点的应力循环寿命相同,由于受到残余压应力的作用,A_1 的载荷实际上变为 A_3 的载荷,应力幅值和均值都减小,疲劳寿命自然增加。因此,考虑残余应力后,在外载不变的情况下,零件的疲劳强度和疲劳寿命都将进一步提高。

2. 局部疲劳强度和疲劳强度场

1) 预测模型

为了更加准确地预测工艺强化后零件的强度,本书结合现有的残余应力影响结果,充分考虑零件的热处理强化和残余压应力,提出具有巨大工程价值的局部强度和强度场的概念和预测模型,并把该预测模型用于产品抗疲劳设计、产品零件强度预测和产品热处理强化工艺要求制定上。

Marcherauch 在1979年提出局部疲劳强度的概念[8],当疲劳裂纹源萌生于表面以下时对残余应力的作用进行评估,所有的基本失效都可用式(4.9)进行判断,即

$$\sigma_{\max}(\text{或 } \sigma_{v,\max}) \leqslant [\sigma] = k/n \tag{4.9}$$

式中,σ_{max}为简单加载时横截面上最大负载点的应力;$\sigma_{v,max}$为复杂加载时横截面上最大负载点的相当应力;$[\sigma]$为许用应力;k为材料特性;n为安全系数。

为了估计残余应力σ_r的影响,可以把σ_r叠加到式(4.9)左边的外加应力σ_{max}或$\sigma_{v,max}$中,也可以通过考察它对材料特性的影响,来修正式(4.9)右边的材料特性,把残余压应力折算为材料局部的疲劳性能。此时可以用 Goodman 关系来计算,考虑残余应力时,其局部疲劳极限将是残余应力沿深度分布的函数,即

$$\sigma_w^r(z) = \sigma_w(z)\left[1 - \sigma_r(z)/\sigma_b(z)\right] \tag{4.10}$$

式中,$\sigma_w(z)$为无残余应力时材料的疲劳极限沿深度的分布;$\sigma_b(z)$为材料抗拉强度的分布;$\sigma_r(z)$为实测的残余应力分布。抗拉强度可以从实测的试样截面上硬度沿深度的分布来估计。

目前,国内外学者在定量处理残余应力对疲劳强度的影响时,已经提出局部疲劳强度的概念,但没有提出强度场的概念,也没有把材料和零件的组织强度与残余应力耦合起来进行局部疲劳强度预测。

为了更加合理地预测经过工艺强化后的零件局部强度和强度场,本书在现有的基于残余应力的局部疲劳强度预测模型基础上,把材料和零件的强化分为基于热处理材料组织变化的组织强化和经过硬化、滚压、喷丸等产生的形变强化,形变强化对材料和零件的强度影响可以分为加工硬化和残余应力;根据材料和零件的组织强化、形变强化建立材料和零件的局部强度、强度场预测和估算模型,该模型不但可以进行零件的局部疲劳强度和疲劳强度场的预测,也可以进行零件的局部静强度和静强度场的预测,这样材料和零件的任意一点都可以运用强度-应力干涉模型进行强度设计和可靠性设计。

经过组织强化后,材料的强度和硬度都得到增加,由于局部强度和强度场很难通过试验获得,本书提出的局部强度和强度场预测模型是通过局部硬度和硬度场来进行转换和验证的。工程应用中,表面硬度检测方法简便、迅速,通过切割可以检测材料和零件内部任意点的硬度场分布,通过强度和硬度的换算关系可以进行材料和零件内部任意点的强度场设计[34]。

在局部强度和强度场模型中,形变强化对材料和零件的强度影响可以分为加工硬化和残余应力。由于加工硬化表现为强度和硬度的增加,在局部强度和强度场预测模型中也可以通过局部硬度和硬度场来处理加工硬化的作用;对于工艺强化形成的残余压应力的处理,由于喷丸等形成的残余应力可以用水静应力来近似,通过测试残余应力沿深度的分布获得局部残余应力和残余应力场,再把残余应力作为平均应力即可处理材料和零件的局部强度、强度场中的残余应力。在局部静强度和静强度场的预测模型中,当材料和零件形变强化造成的残余应力存在衰减时,不考虑残余应力的作用。

综合考虑材料的组织强化和变形强化,本书提出的局部强度和强度场预测模型如式(4.11)和式(4.12)所示。

对于局部静强度和静强度场:

$$\begin{aligned}
\sigma_{b(i,j,k)} &= \sigma_{b0(i,j,k)} + \sigma_{bt(i,j,k)} + \sigma_{bx(i,j,k)} \\
&= f(H_{0(i,j,k)}) + g(H_{t(i,j,k)} - H_{0(i,j,k)}) + h(\varepsilon_{p(i,j,k)}) \\
&= f(H_{(i,j,k)})_{(i,j,k)}
\end{aligned} \tag{4.11}$$

式中,$\sigma_{b(i,j,k)}$ 为零件任意点的静强度场;$\sigma_{b0(i,j,k)}$ 为任一点的初始静强度;$\sigma_{bt(i,j,k)}$ 为任一点组织强化贡献的静强度;$\sigma_{bx(i,j,k)}$ 为任一点形变强化贡献的静强度;$f(H_{0(i,j,k)})$ 为原始静强度;$g(H_{t(i,j,k)} - H_{0(i,j,k)})$ 为组织强化贡献的静强度;$h(\varepsilon_{p(i,j,k)})$ 为形变强化贡献的静强度;$f(H_{(i,j,k)})$ 为硬度转化的总静强度。

对于局部疲劳强度和疲劳强度场:

$$\begin{aligned}
\sigma_{w(i,j,k)} &= \sigma_{w0(i,j,k)} + \sigma_{wt(i,j,k)} + \sigma_{wR(i,j,k)} \\
&= f(H_{0(i,j,k)}) + g(H_{t(i,j,k)} - H_{0(i,j,k)}) + h(\varepsilon_{p(i,j,k)}) + k(\sigma_{R(i,j,k)}) \\
&= G(H_{(i,j,k)}) + Q(\sigma_{R(i,j,k)})
\end{aligned} \tag{4.12}$$

式中,$\sigma_{w(i,j,k)}$ 为零件任意点的疲劳强度场;$\sigma_{w0(i,j,k)}$ 为任一点的初始疲劳强度;$\sigma_{wt(i,j,k)}$ 为任一点组织强化贡献的疲劳强度;$\sigma_{wR(i,j,k)}$ 为任一点形变强化贡献的疲劳强度;$f(H_{0(i,j,k)})$ 为原始材料所对应的疲劳强度;$g(H_{t(i,j,k)} - H_{0(i,j,k)})$ 为组织强化贡献的疲劳强度;$h(\varepsilon_{p(i,j,k)})$ 为形变强化贡献的疲劳强度;$k(\sigma_{R(i,j,k)})$ 为残余应力贡献的疲劳强度;$G(H_{(i,j,k)})$ 为硬度转化的总疲劳强度;$Q(\sigma_{R(i,j,k)})$ 为残余应力贡献的总疲劳强度。

当静强度与硬度之间的转化关系为线性时,式(4.11)可退化为

$$\sigma_{b(i,j,k)} = \lambda H_{(i,j,k)} \tag{4.13}$$

式中,$H_{(i,j,k)}$ 为零件任一点 (i,j,k) 处的硬度;λ 为静强度与硬度的转换关系;$\sigma_{b(i,j,k)}$ 为零件任意点的静强度场;

当残余应力、硬度与疲劳强度之间的关系为线性时,式(4.13)可退化为

$$\sigma_{w(i,j,k)} = pH_{(i,j,k)} + q\sigma_{R(i,j,k)} \tag{4.14}$$

式中,$H_{(i,j,k)}$ 为零件任一点 (i,j,k) 处的硬度;p 为疲劳强度与硬度的转换关系;$\sigma_{R(i,j,k)}$ 为任一点 (i,j,k) 处的残余应力;q 为残余应力影响系数;$\sigma_{w(i,j,k)}$ 为零件任一点的疲劳强度场。

2) 组织强化的影响

局部强度、强度场的 p 和 λ,可以通过硬度和强度的对应关系进行预测。

金属材料的硬度与抗拉强度之间存在一定的对应关系,这方面已经进行了大量的研究,目前关于金属材料的硬度与强度的换算关系有国家标准、行业标准和企业标准[37],如德国 DIN50150 国家标准、部分钢的硬度与抗拉强度的关系(表 4.16)等。

表 4.16　部分钢的硬度与抗拉强度的关系

材料	近似关系 σ_b/MPa	范围
碳钢	25HS	
	$\dfrac{51.32\times10^5}{(100-\mathrm{HRC})^2}$	>27HRC
未淬硬钢	3.43HB	125~127HBS
	3.63HB	>175HBS
	3.45HB	<175HBS
	$\dfrac{2.64\times10^4}{130-\mathrm{HRB}}$	<90HRB
	$\dfrac{2.51\times10^4}{130-\mathrm{HRB}}$	90~100HRB
淬火碳素钢	3.4HB	<250HBS
淬火合金钢	3.32HB	240~250HBS
铸钢	(3~4)HB	<40HRC
	$\dfrac{8.61\times10^4}{100-\mathrm{HRC}}$	>40HRC
	$\dfrac{48.86\times10^2}{(100-\mathrm{HRC})^2}$	>40HRC
	$\dfrac{\mathrm{HB}-40}{0.6}$	10~40HRC

　　试验表明,对于中、低强度钢(抗拉强度小于 1400MPa),疲劳极限与抗拉强度之间大体满足线性关系,一般情况下疲劳极限大约为抗拉强度的 1/3~1/2,如图 4.9 所示。

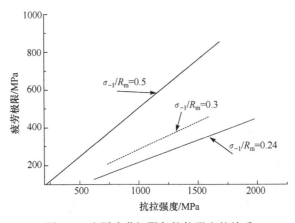

图 4.9　金属疲劳极限与抗拉强度的关系

对于高强度钢,当抗拉强度较高时,疲劳极限与抗拉强度之间的非线性关系会发生偏离[38]。由文献[39]和[40]可知,当强度大于1400MPa时,疲劳极限与抗拉强度之间满足二次抛物线公式。对于材料 SAE4140,其关系如图 4.10 所示;对于材料 SAE4340,其关系如图 4.11 所示;对于材料 SAE2340,其关系如图 4.12 所示。

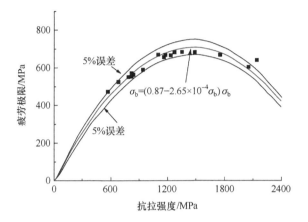

图 4.10　SAE4140 抗拉强度与疲劳极限的关系

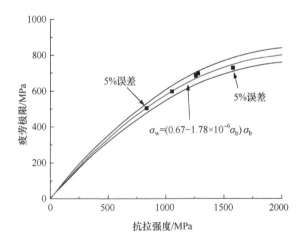

图 4.11　SAE4340 抗拉强度与疲劳极限的关系

3) 形变强化的影响

形变强化中的加工硬化和组织强化处理一样,可通过硬度进行转换。形变强化中的残余压应力,可以通过疲劳过程中的平均应力进行处理。目前,对于平均应力的主要处理方法如下。

Gerber 抛物线:

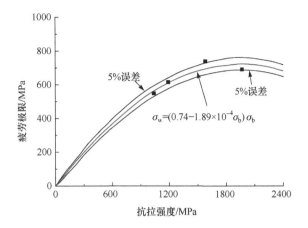

图 4.12　SAE2340 抗拉强度与疲劳极限的关系

$$\sigma_a = \sigma_{-1}\left[1 - \left(\frac{\sigma_m}{\sigma_b}\right)^2\right] \tag{4.15}$$

式中，σ_a 为疲劳极限应力幅，MPa；σ_m 为平均应力，MPa；σ_{-1} 为对称循环下的疲劳极限，MPa；σ_b 为抗拉强度，MPa。

Goodman 直线：

$$\sigma_a = \sigma_{-1}\left(1 - \frac{\sigma_m}{\sigma_b}\right) \tag{4.16}$$

式中，σ_a 为疲劳极限应力幅，MPa；σ_m 为平均应力，MPa；σ_{-1} 为对称循环下的疲劳极限，MPa；σ_b 为抗拉强度，MPa。

Soderberg 直线：

$$\sigma_a = \sigma_{-1}\left(1 - \frac{\sigma_m}{\sigma_s}\right) \tag{4.17}$$

式中，σ_a 为疲劳极限应力幅，MPa；σ_m 为平均应力，MPa；σ_{-1} 为对称循环下的疲劳极限，MPa；σ_s 为屈服强度，MPa。

Smith 曲线：

$$\sigma_a = \sigma_{-1}\left(\frac{1 - \sigma_m/\sigma_b}{1 + \sigma_m/\sigma_b}\right) \tag{4.18}$$

式中，σ_a 为疲劳极限应力幅，MPa；σ_m 为平均应力，MPa；σ_{-1} 为对称循环下的疲劳极限，MPa；σ_b 为抗拉强度，MPa。

Cepehceh 折线：

$$\sigma_a = \sigma_{-1} - \psi_\sigma \sigma_m \quad (-1 < R < 0) \tag{4.19}$$

$$\sigma_a = \frac{\sigma_0(1 + \psi_\sigma')}{2} - \psi_\sigma' \sigma_m \quad (R > 0) \tag{4.20}$$

式中,σ_a 为疲劳极限应力幅,MPa;σ_0 为脉动循环下的疲劳极限,MPa;σ_{-1} 为对称循环下的疲劳极限,MPa;ψ_σ 为平均应力影响系数;ψ'_σ 为应力比 $R>0$ 部分的平均应力影响系数;σ_m 为平均应力,MPa。

对于压缩平均应力对疲劳强度的影响,库德里亚弗采夫提出了以下条件:

$$\sigma_a = \sigma_{-1}\left[\frac{\sqrt{2}}{\sqrt{2}+\eta\dfrac{\sigma_m}{\sigma_{-1}}}\right] \tag{4.21}$$

$$\eta = \frac{|\sigma_{-s}|-\sigma_s}{|\sigma_{-s}|+\sigma_s} \tag{4.22}$$

式中,σ_a 为疲劳极限应力幅,MPa;σ_m 为平均应力,MPa;σ_{-1} 为对称循环下的疲劳极限,MPa;σ_s 为屈服强度,MPa;σ_{-s} 为材料压缩屈服强度,MPa;η 为材料的不等强度系数。

4.4　工　程　应　用

本章提出的工艺强化后材料和零件的局部强度和强度场模型,在工程中可用于零件的裂纹萌生区域设计、零件的热处理强化工艺要求的制定、零件静强度和疲劳强度场的预测及零件的抗疲劳设计等。

4.4.1　零件的裂纹萌生区域设计

应用强度-应力干涉模型,根据强度场与应力场的分布可以确定零件的裂纹萌生区域。通过强度设计,可以将疲劳裂纹萌生区域设计在次表面,以提高零件的疲劳寿命。本节以某轿车变速箱的圆柱齿轮为预测对象,该齿轮的材料为16MnCr5,先后经历渗碳、淬火、回火及喷丸处理。

通过对齿轮材料的试验结果,拟合得到其抗拉强度与硬度、疲劳极限与抗拉强度的对应关系分别如下:

$$\sigma_b = 226 + 0.63\text{HRC}^2 \tag{4.23}$$

$$\sigma_{-1} = 2.84\times10^{-6}\sigma_b^2 + 0.465\sigma_b \tag{4.24}$$

将试验结果获得的抗拉强度与硬度的转换关系及疲劳极限与抗拉强度的对应关系运用于局部强度和强度场,进而得到局部强度和强度场任一点的强度计算公式,即

$$\sigma_{b(i,j,k)} = 226 + 0.63\text{HRC}^2_{(i,j,k)} \tag{4.25}$$

$$\sigma_{-1(i,j,k)} = 2.84\times10^{-6}\sigma_{b(i,j,k)}^2 + 0.465\sigma_{b(i,j,k)} \tag{4.26}$$

由于任意一个位置的残余应力和强度都是不同的,假设残余应力与强度的比

值不变且残余应力与疲劳强度之间是线性关系,根据 Goodman 法则预测得到残余应力影响系数 q(即$-\sigma_0^w/\sigma_b$)为-0.4,则疲劳强度场的预测公式为

$$\sigma_{w(i,j,k)}=2.84\times10^{-6}(226+0.63HRC_{(i,j,k)}^2)^2$$
$$+0.465(226+0.63HRC_{(i,j,k)}^2)-0.4\sigma_{R(i,j,k)} \qquad (4.27)$$

通过试验测定,经表面强化处理后,齿轮危险部位附近沿深度的硬度和残余应力分布如图 4.13 和图 4.14 所示[34]。

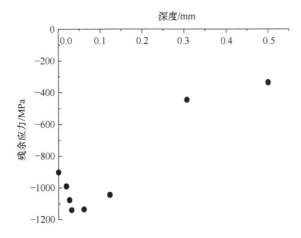

图 4.13　齿根附近沿深度的残余应力分布

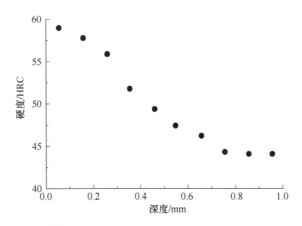

图 4.14　齿根附近沿深度的硬度分布

从硬度分布可以看出,齿根处的表面硬度最大为 59HRC,根据抗拉强度与硬度的转换关系可得抗拉强度为

$$\sigma_b=226+0.63\times59^2=2419(MPa) \qquad (4.28)$$

根据单齿弯曲试验结果,平均断裂强度约为 2400MPa,预测模型的估计值与试验值的误差为 0.8%,这一结果验证了预测模型的准确性。

用硬度与抗拉强度的对应关系把机械零件危险部位附近沿深度的硬度分布转换为抗拉强度的分布,如图 4.15 所示。

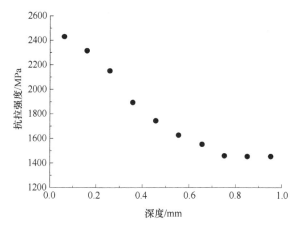

图 4.15　齿根附近沿深度的抗拉强度分布

根据疲劳强度场的计算公式,预测机械零件危险部位附近沿深度的疲劳强度场,具体分布如图 4.16 所示。

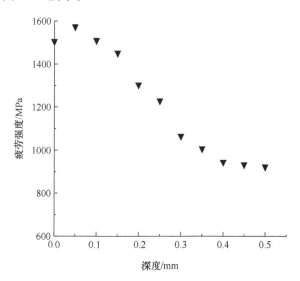

图 4.16　齿根附近沿深度的疲劳强度分布

为验证所预测的疲劳强度分布的正确性,先确定使用载荷下齿根附近的应力分布,如图 4.17 所示。强度和应力分布如图 4.18 所示,两者的分布曲线在深度为 0.25~0.45mm 区域最先接触,由此可预测齿根的疲劳危险区域深度为 0.25~0.45mm[34]。

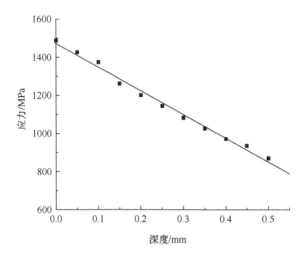

图 4.17　使用载荷下齿根附近沿深度的应力分布

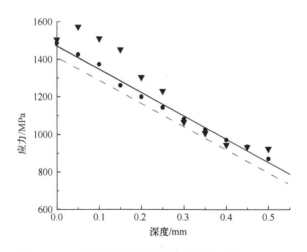

图 4.18　齿根附近沿深度的预测疲劳强度和应力分布

　　为验证预测的准确性,对单齿弯曲疲劳试验中断裂的齿轮进行 SEM 试验,典型试样(疲劳寿命分别为 23.1 万次和 35.3 万次)的试验结果如图 4.19 和图 4.20 所示[34]。

　　从图 4.19 和图 4.20 中可以看到,在齿根断口的整个疲劳区域长度只有 0.6mm 左右(齿根断裂区域总长 5.0mm),断口绝大部分是脆性断裂区,其长度约

图 4.19　疲劳断口组织(疲劳寿命 23.1 万次)

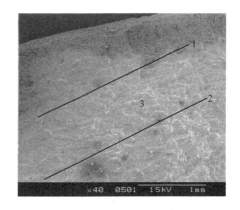

图 4.20　疲劳断口组织(疲劳寿命 35.3 万次)

4.4mm。其主要原因是齿轮经过表面强化后,屈服强度很高(达到 1700MPa),齿根的残余压应力场会阻碍疲劳裂纹的扩展,使短裂纹的扩展速度大幅度下降,进而形成非扩展裂纹,同时大大提高疲劳短裂纹的闭合力。因此,可扩展的裂纹形成门槛值很高,扩展疲劳裂纹萌生后,裂纹很快扩展,裂纹扩展区域也相对较小,疲劳寿命主要由裂纹萌生阶段所决定。

　　在图 4.19 中可以初步找到疲劳萌生区域开始于次表面的证据,渗碳层是明显的脆断区,疲劳扩展区是图中线 1 与线 2 之间的区域,线 1 以上的区域是渗碳层和瞬断区,线 2 的以下区域(占断口的 80%)都是瞬断区域,疲劳扩展区与渗碳层之间有明显的最后断裂撕裂痕迹,这些撕裂痕迹说明渗碳层是最后断裂区域,即疲劳裂纹萌生和扩展都在齿根的次表面,而不是表面。经过初步测量,裂纹扩展区在渗碳层下 0.25～0.4mm 的区域。因此,可以判断整个疲劳区域开始于次表面下 0.25～0.4mm 处,在预测范围内,这就验证了所预测的疲劳极限分布的准确性,以及所提出的强度预测模型的准确性。

4.4.2　零件的热处理强化工艺要求的制定

现有产品热处理强化工艺的制定过多地考虑材料的组织成分和特性,很少结合产品的局部强度和强度场。通过本章提出的零件局部强度和强度场模型,利用强度-应力干涉模型,可以建立应力分布与热处理强化组织的硬度分布、工艺强化的残余应力分布之间的内在联系,为零件热处理强化工艺要求的制定提供理论基础。热处理强化组织的硬度分布是零件热处理强化工艺参数设计的基础。

本节以某轿车的旋锻轴(变截面变厚度)为例进行介绍[41],材料为 25CrMo4,为了保证中间轴旋锻工艺要求,毛坯材料的抗拉强度目标值小于 600MPa,硬度目标值小于 180HV。旋锻轴的产品要求等速万向传动轴的静扭转断裂扭矩不低于4000Nm,此时,中间轴的危险截面的最高等效应力可达 2500MPa。

根据轿车等速万向传动轴载的荷谱分析可知,中间轴的静强度设计需要考虑二次弯矩作用,属于弯扭组合;中间轴的疲劳强度设计仅考虑纯扭转即可。等速万向传动轴二次弯矩计算公式为[42]

$$M_{\mathrm{w}}=M_{\mathrm{q}}\tan\frac{\delta}{2} \tag{4.29}$$

式中,M_{w} 为二次弯矩;M_{q} 为传递扭矩;δ 为万向节弯曲角度。

旋锻轴结构尺寸和附加二次弯矩分布如图 4.21 所示,图中仅给出了危险部位的二次弯矩,M_{n} 为等速万向传动轴的传递扭矩。等速万向传动轴在 4000Nm 下危险截面的最大应力在外表面,最大等效应力:B-B 截面为 2460MPa、C-C 截面为2283MPa、D-D 截面为 2293MPa。

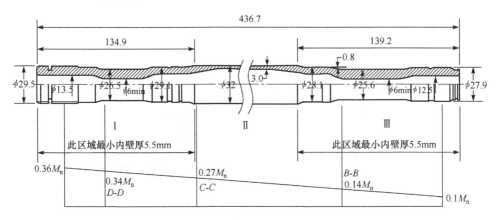

图 4.21　旋锻轴的结构尺寸和附加二次弯矩分布

从中间旋锻轴的原始材料强度参数和产品静强度设计要求来看,原始材料的强度远远不能满足产品的强度要求,因此,必须通过热处理工艺强化的方式来提高产品的静强度和疲劳强度以满足中间轴的强度性能要求。对于 25CrMo4 材料,其淬透性如表 4.17 所示。

表 4.17　25CrMo4 材料的淬透性

深度	最低硬度/HRC	最高硬度/HRC
1.50	47.0	50.0
3.00	46.5	49.0
5.00	46.0	49.0
7.00	42.5	48.5
9.00	39.0	48.0
11.00	35.0	47.5
13.00	31.5	46.0
15.00	29.0	44.5
25.00	25.0	40.0

在本例中,强度与硬度的转换关系为 $1HV \approx 4.27MPa$。中间旋锻轴淬火后危险截面的硬度分布和最大应力所对应的硬度分布如图 4.22 所示,可以看出中间轴通过淬火并不能满足产品设计要求,主要原因是淬火硬度太低。为了提高淬火硬度,对于 25CrMo4 材料可以采用渗碳淬火的方式进一步提高材料的表面、次表面的强度和硬度。利用应力-强度干涉模型,根据中间旋锻轴危险截面应力场,可以

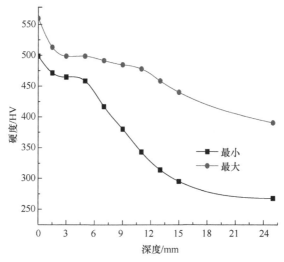

图 4.22　25CrMo4 淬透性曲线

进行局部强度和强度场的设计,渗碳淬火热处理工艺强化时要确保中间旋锻轴危险截面的强度和硬度高于其应力,如图 4.23 所示。本例中,25CrMo4 材料渗碳后危险截面的表面强度高于相应的应力,满足强度要求;热处理强化工艺设计时,可以通过调整渗碳深度,确保危险截面的次表面强度(强度场)都高于相应的应力,这是热处理强化工艺要求制定的核心理论,通过热处理工艺强化的局部硬度和硬度场分布可以进行热处理强化工艺参数的设计。

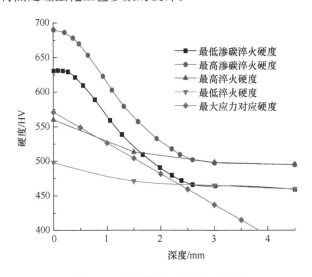

图 4.23　渗碳淬火后的硬度梯度

综上所述,可得本例中的中间轴热处理强化工艺要求:工艺为渗碳＋淬火＋回火,中间轴心部硬度不小于 480HV,表面硬度不小于 630HV,渗碳层深度为 0.5～1mm。

为了验证基于局部强度和强度场模型制定的中间轴热处理强化要求的正确性,这里通过等速万向传动轴静强度和硬度试验进行验证。等速万向传动轴总成静强度的试验结果如表 4.18 所示,等速万向传动轴总成静强度最薄弱的零件是中间旋锻轴,断裂照片如图 4.24 所示[43],这组旋锻轴静强度断裂均发生在 D-D 截面处,静强度试验结果均满足产品设计要求。

表 4.18　等速万向传动轴总成静强度试验结果

试样	M_F 下永久变形/(°)	破坏扭矩 M_v/(Nm)	试件失效形式
09♯	0.66	4330	MTS 轴断裂
10♯	0.78	4044	MTS 轴断裂
11♯	0.79	4287	MTS 轴断裂
12♯	0.71	4275	MTS 轴断裂

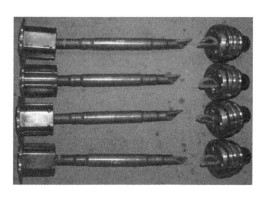

图 4.24　静强度断裂照片

　　典型的静强度断裂试样(11♯试样,断裂扭矩为 4287Nm)的危险截面 B-B(外径最小)和 C-C(壁厚最小)的显微硬度沿深度分布,如图 4.25 所示。由于轴的外表面经过渗碳,内表面经过淬火处理,随着深度的增加,应力会先减小后增加,如图 4.26 所示。根据强度与硬度的转换关系及强度-硬度干涉模型,试样断裂时强度分布线与应力分布线相交,由此可以得到旋锻轴经过热处理强化后的强度与硬度的转换关系,对于中间轴而言 1HV 相对于 4.70MPa。而前面,由国标得出 25CrMo4 材料的强度-硬度转换关系偏低,相比而言,经过渗碳淬火等热处理强化后强度与硬度的对应关系显得较保守。

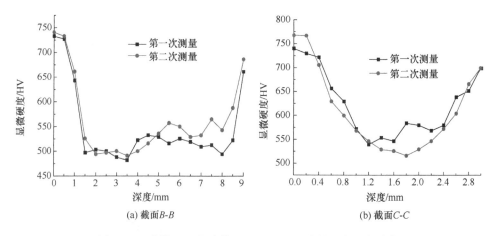

(a) 截面 B-B　　　　　　　　(b) 截面 C-C

图 4.25　试样 11♯危险截面 B-B 和 C-C 处的显微硬度分布

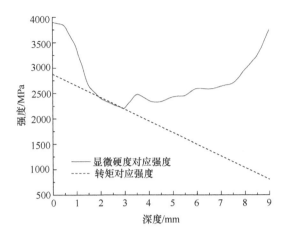

图 4.26 不同深度下的强度与应力分布

参 考 文 献

[1] 赵少汴. 抗疲劳设计手册[M]. 北京:机械工业出版社,2015.

[2] 徐灏编. 疲劳强度[M]. 北京:高等教育出版社,1988.

[3] Ralph I S,Fatemi A,Robert R,et al. Metal Fatigue in Engineering[M]. New Delhi:Wiley India Private Limited,2012.

[4] Bathias C. Fatigue of Materials and Structures[M]. Hoboken:John Wiley & Sons,2013.

[5] Lee Y L. Fatigue Testing and Analysis:Theory and Practice[M]. Burlington:Mass Elsevier, 2005.

[6] 费里德曼. 金属机械性能(第一册)[M]. 孙希太,译. 北京:机械工业出版社,1982.

[7] Bacher M,Zhang D,Scholtes B,et al. The influence of homogeneous tension and compression loading on the residual stress state of case-hardened steels[C]. Proceedings of the International Conference on Residual Stresses,Nancy,1989.

[8] Macherauch E. Introduction to residual stress[EB/OL]. https://www. shotpeener. com/library/ pdf/1987125. pdf[2016-12-01].

[9] 张定铨. 残余应力对金属疲劳强度的影响[J]. 理化检验(物理分册),2002,38(6):231-235.

[10] Syren B,Wohlfahrt H,Macherauch E. The influence of residual stresses and surface topography on bending fa-tigue strength of machined ck45 in different heat treatment conditions[C]. Proceedings of the JIM,Tokyo,1976.

[11] Hayama T,Yoshitake H. Effect of residual stress on fatigue strength of induction-hardened steel[J]. The Japan Society of Mechanical Engineers,1975,18 (125):1194-1200.

[12] 李金魁,姚枚,王仁智,等. 喷丸强化的综合效应理论[J]. 航空学报,1992,13(11):670-705.

[13] 张定铨,何家文. 材料中残余应力的 X 射线衍射分析和作用[M]. 西安:西安交通大学出版

社,1999.

[14] Kloos K H,Fuchsbauer B,Adelmann J. Fatigue proper-ties of specimens similar to components deep rolled under optimized conditions[J]. International Journal of Fatigue,1987,9(1): 35-42.

[15] Zhang D,Xu K,He J. Aspects of the residual stress field at a notch and its effect on fatigue[J]. Materials Science & Engineering,1991,136(91):79-83.

[16] Aida T,Oda S,Kusano K,et al. Bending fatigue strength of case-hardened gears[J]. Tribology,1969,2(1):336-343.

[17] 张定铨,骆竞希,孙海林,等. 感应淬火提高 35CrMo 钢抽油杆疲劳强度的研究[J]. 石油矿场机械,1995,24(6):17-21.

[18] 张定铨,刘炫洲,骆竞希. 喷丸强化对感应淬火抽油杆疲劳强度的影响[J]. 石油矿场机械,1996,25(1):45-48.

[19] 焦玉强,卢曦. 基于弯曲疲劳特性的齿轮最佳表面强化工艺的研究[J]. 热加工工艺,2013,42(20):160-162.

[20] 卢曦,徐艳. 典型表面工艺强化对材料强度特性的影响[J]. 上海理工大学学报,2013,35(2):183-186.

[21] 徐艳. 表面工艺强化后齿轮弯曲疲劳特性的变化规律研究[D]. 上海:上海理工大学,2013.

[22] 何家文,胡奈赛. 残余应力对高周疲劳性能的影响[J]. 西安交通大学学报,1992,26(3):25-32.

[23] Toshio A,Satoshi A,Toshikatsu N. Study on the bending fatigue strength of gears:1st report,change in the micro-structure and residual stress at the root fillet in the fatigue process[J]. Transactions of the Japan Society of Mechanical Engineers,1966,32(233),137-142.

[24] 蔡宏宇. 不同热处理工艺对齿轮弯曲疲劳强度的影响[J]. 宝钢技术,2014,(3):12-16.

[25] 高玉魁. 喷丸强化对渗氮 40Cr 和 30CrMo 钢疲劳性能的影响[J]. 金属热处理,2008,33(8):156-159.

[26] 卢曦,李萍萍,郑松林. 高强度圆柱齿轮 S-N 曲线转折点循环数 N0 的初步研究[J]. 中国机械工程,2007,18(3):324-327.

[27] Repetto E A,Ortiz M. A micromechanical model of cyclic deformation and fatigue crack nucleation on f. c. c. single crystals[J]. Acta Materialia,1997,45(6):2577-2595.

[28] Suresh S. Fatigue of Materials[M]. Cambridge:Cambridge University Press,1991.

[29] 姚枚,王声平,李金魁,等. 表面强化件的疲劳强度分析及金属的内部疲劳极限[J]. 金属学报,1993,29(11):33-41.

[30] 姚枚,王仁智. 金属材料工程力学行为学及其微细观过程理论[J]. 机械工程学报,2000,36(11):1-4.

[31] Gao Y K,Yao M,Shao P G,et al. Another mechanism for fatigue strength improvement of metallic parts by shot peening[J]. Journal of Materials Engineering and Performance,2003,12(5):507-511.

[32] 山田敏郎. 金属材料疲劳设计手册[M]. 王庆荣,译. 成都:四川科学技术出版社,1988.

[33] Lu X. Investigation of the region of fatigue crack initiation in a transmission gear[J]. Materials Science & Engineering A,2010,527(6):1377-1382.

[34] 卢曦,郑松林,冯金芝. 齿轮疲劳强度与裂纹萌生区域的预测研究[J]. 材料热处理学报,2008,29(1):80-84.

[35] 张定铨,等. 材料中残余应力的 X 射线衍射分析和作用[J]. 西安交通大学学报,2000,34(4):50.

[36] Burke J J. Fatigue,an interdisciplinary approach[C]. Proceedings of the 10th Sagamore Army Materials Research Conference,New York,1963.

[37] 韩德伟. 金属硬度检测技术手册[M]. 长沙:中南大学出版社,2007.

[38] 周惠久,黄明志. 金属材料强度学[M]. 北京:科学出版社,1989.

[39] Pang J C,Li S X,Wang Z G,et al. Relations between fatigue strength and other mechanical properties of metallic materials[J]. Fatigue & Fracture of Engineering Materials & Structures,2014,37(9):958-976.

[40] Pang J C,Li S X,Wang Z G,et al. General relation between tensile strength and fatigue strength of metallicmaterials[J]. Materials Science & Engineering A,2013,564(3):331-341.

[41] 卢曦,叶天南. 基于成形工艺的轿车旋锻轴强度设计[J]. 塑性工程学报,2016,23(4):130-135.

[42] 卢曦. 轿车等速万向传动中间轴热处理工艺强化[J]. 材料热处理学报,2015,36(A2):41-44.

[43] 卢曦,廖金雄. 毛坯力学特性对旋锻轴强度和寿命影响的试验研究[J]. 塑性工程学报,2016,23(3):17-22.

第 5 章　内在质量评价的理论基础

第 4 章论述了具体零件的静强度、疲劳强度预测和估算的方法及技术,该方法和技术有机地耦合了影响零件静强度和疲劳强度的各个因素,提出零件的局部强度和强度场的定量预测和估算模型,这是回收零件内在质量评价的前提。回收零件的内在质量评价是以零件在使用过程中的疲劳强度退化和疲劳强度动态演化为基础的,回收的零件只有具有足够的剩余强度和剩余寿命才能进行再制造。本章将具体阐述内在质量评价的理论基础——疲劳强度的退化和动态演化过程。

一般机械零件的使用过程实际为疲劳退化过程。早在 19 世纪,就已经有了多起关于严重的疲劳破坏事故的报道,并首次开展了实验室的疲劳研究。进入 20 世纪,人们认识到重复施加的载荷会在材料中引起疲劳,进而导致小裂纹形核-裂纹扩展-彻底断裂。至今,工程结构的历史留下了大量的疲劳破坏记录,包括机械、车辆、焊接结构和飞机等。在工程应用中,疲劳研究的目的包括:定寿——精确地预测结构的疲劳寿命;延寿——改善结构件的细节,优选材料,优化结构件的制造工艺,以延长材料和结构的疲劳寿命;简化或加速试验——略去小载荷,建立合理的试验载荷谱等。

疲劳理论研究主要包括疲劳损伤机理的微观机理与疲劳的宏观力学模型,疲劳损伤的微观机理是疲劳宏观规律和宏观力学模型的物理依据。预测服役载荷下结构件的疲劳寿命,需要合适的疲劳损伤模型和疲劳寿命公式。研究材料和结构疲劳的宏观力学模型,主要是建立疲劳累积损伤的力学模型,探求疲劳损伤的控制参数,从而导出基本的疲劳公式,并进行验证。

材料和结构疲劳是一个十分复杂的问题,影响因素众多,在疲劳损伤过程中,由于受到产品设计、加工制造、服役载荷和服役时间的影响,材料或结构的强度会有所改变。

5.1　疲劳损伤现象

机械零件在工作过程中,随着服役时间的增加其强度会逐步衰减,当零件的强度衰减至所承受的外载荷时,根据应力-强度干涉模型可知,零件会发生失效。只有掌握零件在服役过程中剩余强度的衰减和退化过程,才能准确、可靠地判断回收零件的剩余强度和剩余寿命,判断回收零件是否具有可回收价值[1,2]。

要获取回收零件的剩余强度和剩余寿命,最直接、最准确的方法是进行系统的疲劳试验。考虑到回收零件使用状态的不确定性,直接通过试验获得回收零件的剩余强度和剩余寿命既不可行也没有代表性,因此,需要用其他的方法间接获得回收零件的剩余强度和剩余寿命[3,4]。

在使用过程中零件的强度会发生衰减,主要原因是在服役过程中零件内部产生了损伤,这些损伤不断积累,直至达到零件所能承受的极限,如果继续加载,则会造成零件疲劳断裂失效。

材料的损伤就是使材料损坏的渐进物理过程,在微观尺度下,在缺陷或界面附近,微应力累积和连接破坏都会使材料产生损伤;在细观尺度的典型体元中,损伤指微裂纹或微孔洞的增长和结合,这两者都使裂纹萌生;在宏观尺度下,则是裂纹的扩展。

例如,金属与合金、聚合物与复合材料、陶瓷、岩石、混凝土及木材这些具有不同物理结构的材料,其力学性能相似性非常高,均表现出弹性性能、屈服、一定形式的塑性或不可恢复的应变、应变引起的各向异性、循环滞后、单调加载或疲劳产生的损伤及静载或动载下的裂纹扩展,这就意味着对所有这些材料可以用相似的能量机理来解释其共同的细观性能,用连续介质力学和不可逆过程的热力学解释材料性能。

本章给出一些典型的一维损伤理论,均为损伤力学成果,更加详细的损伤理论可以参考经典损伤力学书籍[5-18]。

5.1.1　损伤的物理本质

1. 损伤现象

材料由原子构成,而这些原子由电磁场的相互作用形成的键联结在一起。弹性与原子的相对运动直接相关,对原子点阵的物理性质进行研究形成了弹性理论。当结合键破坏时,损伤过程开始。例如,金属以晶格或颗粒形式排列,除去一些原子空位处的位错线,原子的排列都是有规律的。如果作用剪应力,键的位移引起位错运动,进而引起滑移造成塑性应变,整个过程无脱键现象,如图 5.1 所示。

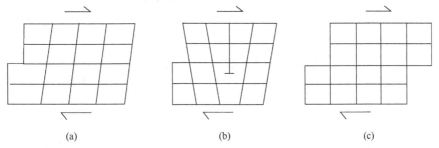

$$(a) \qquad\qquad (b) \qquad\qquad (c)$$

图 5.1　由位错运动引起滑移所造成的塑性应变

如果位错运动被某一微缺陷或微应力集中中止,将产生一个约束区,而另一个位错也将在此处中止。在没有脱键损伤时,第二个过程不能发生,如图5.2所示。

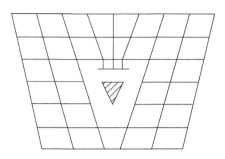

图5.2　由于位错的累积而导致微裂纹形核所产生的损伤

位错的多次中止形成了微裂纹核,金属中的其他损伤机理包括晶间开裂及夹杂物与基体之间的分离等,都将产生塑性微应变。损伤直接影响弹性,这是因为与弹性相关的原子键的数目随着损伤的增大而减少。

弹性与滑移直接相关,在金属中位错的运动引起滑移,或由位错的攀移和孪生导致滑移,在任何情况下都不会产生明显的体积改变。损伤会影响塑性或不可逆应变,因为基本受力面积随着键带数目的减少而减少,损伤并不直接影响滑移本身的机理,即没有状态耦合。弹性发生在原子的水平上,塑性由晶体或分子水平的滑移所控制,从原子水平到分子水平的脱键产生的损伤会萌生裂纹。

2. 损伤的表现形式

损伤分为宏观和微观两方面,对于疲劳,以研究微观尺度损伤为主。微观尺度的损伤可由一个通用脱键机理所描述,细观尺度的损伤则以不同的方式表现出来,它取决于材料的性质、载荷的类型及温度。损伤的表现可以分为以下方面。

(1)脆性损伤:萌生一个细观裂纹而无宏观塑性应变,此时的损伤称为脆性损伤。

(2)延性损伤:塑性变形大于某一门槛值时发生的损伤称为延性损伤。它是由夹杂物与基体之间的分离产生空洞所引起的,这些空洞因塑性不稳定现象而进一步增长与合并。

(3)蠕变损伤:当金属在高温下承载时,如温度高于其熔点的1/3,塑性应变中包含黏性,材料在常应力下也会产生变形。当应变足够大时,则产生沿晶开裂而引起损伤。

(4)低周疲劳损伤:材料承受大应力或大应变循环载荷时,损伤与循环塑性应变一起发展,此时损伤的局部化程度要高于延性或蠕变损伤的局部化程度。由于应力很高,低周疲劳的失效循环数较低(一般小于10000)。

（5）高周疲劳损伤：材料承受低幅值应力循环载荷时,细观塑性应变很小,通常可以忽略不计,微观水平的某些点处的塑性变形可能很高。由于应力很低,高周疲劳的失效循环数会很高(一般大于 10000)。

5.1.2　损伤力学表示

1. 一维表面损伤变量

在微观尺度上,损伤解释为产生非连续的微表面、原子键的断裂和微孔洞的塑形扩展。在细观尺度上,任何平面上的断裂键的数目或微孔洞的形状可以近似为所有缺陷与该平面的截面积。为了得到一无量纲的量,这一面积用典型体元来度量,这个尺度在定义连续介质力学中的连续变量时是非常重要的。在一点处,它必须能够代表细观体积上的微缺陷的失效效应,这类似于在塑性力学中一点处的塑性应变 ε_p(代表着许多滑移平均值)。

考虑一受损伤体和 M 点处的典型体元,该典型体元(RVE)的方向由其法向向量 $\boldsymbol{n}$ 及沿 $\boldsymbol{n}$ 的横坐标 x 定义的平面所确定,如图 5.3 所示。

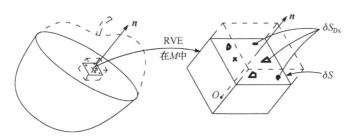

图 5.3　损伤的微观-细观定义

设 δS 为典型体元平面的截面积,δS_{Dx} 为所有位于 δS 上的微观裂纹或散孔洞的有效截面积。点 M 上,沿方向 $\boldsymbol{n}$ 在坐标 x 处的损伤值为

$$D(M,\boldsymbol{n},x)=\frac{\delta S_{Dx}}{\delta S} \tag{5.1}$$

为了用一个连续变量表示典型体元的损伤和破坏,必须考察随 x 变化所有平面中损伤最严重的平面,即所有损伤平面的最大值：

$$D_{(M,\boldsymbol{n})}=\max\left[D_{(M,\boldsymbol{n},x)}\right] \tag{5.2}$$

坐标 x 消失,且有

$$D_{(M,\boldsymbol{n})}=\frac{\delta S_D}{\delta S} \tag{5.3}$$

由此定义可知,标量变量值 D(它取决于所考虑的点及方向)的取值范围为

$$0 \leqslant D \leqslant 1 \tag{5.4}$$

$D=0$,为无损伤典型体元材料;$D=1$,为完全断裂成两部分的典型体元材料。事实上,失效发生于 $D<1$ 的不稳定过程。

考虑一维均质损伤的简单情况,如图 5.4 所示,损伤被简单定义为微缺陷的有效表面密度,即

$$D = \frac{S_{\mathrm{D}}}{S} \tag{5.5}$$

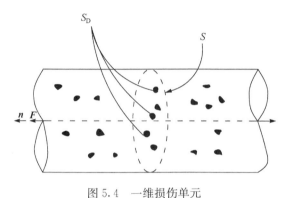

图 5.4　一维损伤单元

2. 有效应力概念

如图 5.4 所示的典型体元受力 $\boldsymbol{F}=\boldsymbol{n}F$ 的作用,则通常的单轴应力为

$$\sigma = \frac{F}{S} \tag{5.6}$$

如果所有缺陷都张开,以至于在由 S_{D} 表示的微裂纹或微孔洞的表面上没有微力作用,则可很方便地引入一有效应力 $\tilde{\sigma}$,它与实际抗载的表面有关,即

$$\tilde{\sigma} = \frac{F}{S - S_{\mathrm{D}}} \tag{5.7}$$

引入损伤变量 $D = S_{\mathrm{D}}/S$,则

$$\tilde{\sigma} = \frac{F}{S \left| 1 - \dfrac{S_{\mathrm{D}}}{S} \right|} \tag{5.8}$$

或

$$\tilde{\sigma} = \frac{\sigma}{1 - D} \tag{5.9}$$

这个定义就是材料受拉伸时的有效应力。压缩时,如果一些缺陷闭合,损伤保持不变,则实际抵抗载荷的表面大于$(S-S_{\mathrm{D}})$;特别地,如果所有的缺陷都闭合,压

缩有效应力 $\tilde{\sigma}$ 等于通常的应力 σ。

3. 应变等价原理

为了避免对每种缺陷和每类损伤机理都进行微观力学分析,可以在细观尺度上假定一个原理。热力学中,局部状态法假定一点处的热力学状态完全可由该点的一组连续状态变量的时间值来确定,这一应用于微观尺度的假设,要求微体积单元应变的本构方程不为含有微裂纹的邻近微体积单元所改变,外推到细观尺度,这就意味着对 $(\delta S - \delta S_D)$,表面所建立的应变本构方程不为损伤所改变,或者说作用于材料上的真实应力为有效应力 $\tilde{\sigma}$,而不再是 σ。因此,任何对于损伤材料所建立的应变本构方程都可以用无损伤材料一样的方式导出,只是其中的通常应力需用有效应力替代:

$$
\begin{array}{cc}
\text{无损伤材料} & \text{损伤材料} \\
D = 0 & 0 < D < 1
\end{array} \tag{5.10}
$$

$$
\varepsilon = F(\sigma \cdots) \qquad \varepsilon = F\left(\frac{\sigma}{1-D} \cdots\right) \tag{5.11}
$$

$$\uparrow \qquad \text{相同的推导} \qquad \uparrow$$

式中,D 为损伤量;σ 为应力;ε 为应变。

以上陈述仅是一条原理,因为它只是在某些特殊损伤情况下,通过均质处理才能得以证明,它将应用于弹性或塑性损伤过程。

4. 应变与损伤的耦合、断裂判据和损伤门槛值

按照前面对损伤力学的描述和作为应变等价原理的直接应用,可以写出损伤与材料的单轴弹性定律和塑性定律。

1) 弹性定律

弹性定律是通过有效应力概念写出的直接状态耦合:

$$
\begin{array}{cc}
\text{无损伤材料} & \text{损伤材料} \\
D = 0 & 0 < D < 1
\end{array} \tag{5.12}
$$

$$
\varepsilon_e = \frac{\sigma}{E} \qquad \varepsilon_e = \frac{\sigma}{E(1-D)} \tag{5.13}
$$

对于各向同性损伤的缩约,有

$$
\varepsilon_{22}^e = \varepsilon_{33}^e = -\nu\,\varepsilon_e \tag{5.14}
$$

式中,E 为无损伤材料的弹性模量;ν 为泊松比。

用 $\bar{E} = (\sigma/\varepsilon_e)$ 定义的损伤材料的弹性模量为

$$
\bar{E} = E(1-D) \tag{5.15}
$$

图 5.5 所示为弹性模量随延展性损伤发展而变化的例子,也可以由微裂纹形

式通过微观力学估算出来。

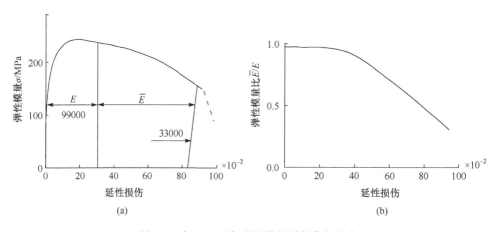

(a)　　　　　　　　　　　　(b)

图 5.5　铜(99.9%)弹性模量随损伤的变化

　　关于塑性应变演变的动力耦合,必须以塑性准则写出,用来导出动力本构方程。为了使塑性模型化,通常考虑两种应变硬化:与错密度或流动受阻有关的各向同性硬化,与内部微应力集中状态有关的运动硬化。

　　设 σ_y 为屈服应力,R 为由各向同性硬化引起的应力,X 为背应力。R 和 X 均为塑性应变函数,应力屈服极限当前门槛值的一维塑性判据为式(5.16),塑形屈服准则随损伤的变化如图 5.6 所示。

$$\sigma = \sigma_y + R + X \tag{5.16}$$

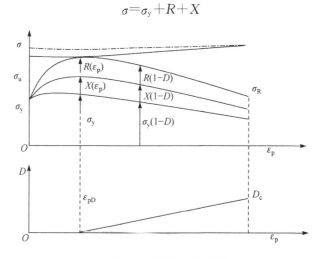

图 5.6　塑性屈服准则随损伤的变化

　　设 f 为屈服函数,塑性应变动力本构方程由此导出:

$$若\ f=0\ 和\ \dot{f}=0,则\ \dot{\varepsilon}_p\neq0$$

$$若\ f<0\ 和\ \dot{f}<0,则\ \dot{\varepsilon}_p=0 \tag{5.17}$$

为了得到这一结果,可将总应变写为

$$\varepsilon=\varepsilon_e+\varepsilon_p \tag{5.18}$$

发生损伤时,根据等价原理,屈服函数 f 必须写为

$$f=\left|\frac{\sigma}{1-D}-X\right|-R-\sigma_y=0 \tag{5.19}$$

试验结果及方程为

$$\sigma=(\sigma_y+R+X)(1-D) \tag{5.20}$$

可见,损伤等同地减少了屈服应力、各向同性应变硬化应力及背应力。

2) 断裂判据

细观尺度的断裂就是裂纹萌生,它占据了典型体元的全部表面,即 $D=1$。在大多情况下,它是由于不稳定过程在剩余抵抗载面上突然引起原子分离产生的,损伤的临界值 D 取决于材料和载荷条件。

原子的最终分离以作用于有效承力面上的有效应力临界值表征,临界状态如下:

$$\tilde{\sigma}=\frac{\sigma}{1-D_c}=\sigma_\infty \tag{5.21}$$

式中,$\tilde{\sigma}$ 为有效应力;σ_∞ 为有效应力的临界值;σ 为名义应力;D_c 为损伤临界值。

实际上有效应力的临界应力可由极限应力 σ_u 近似,σ_u 较容易识别,但总是较小,于是式(5.21)转变为

$$D_c\approx1-\frac{\sigma}{\sigma_u} \tag{5.22}$$

给出一维应力 σ 下细观裂纹萌生的损伤临界值,极限应力 σ_u 被视为材料的特征值,临界损伤值在 0(纯脆性断裂)到 1(纯延性断裂)之间,通常为 0.2 到 0.5 之间的量级。

这一关系式在纯单调拉伸试验时可作为参考,计算出相应的临界损伤 D_{1c},作为材料特征值,则具有以下关系式:

$$D_{1c}=1-\frac{\sigma_k}{\sigma_u} \tag{5.23}$$

式中,σ_k 为断裂应力。

3) 损伤门槛值

微裂纹萌生之前,引起损伤 D,微裂纹的产生是因为微应力累积随着微应变的不协调或金属中位错的累积。在简单拉伸情况下,这对应于一定的塑性应变值 ε_{pD},若低于该值,则不产生由微裂纹导致的损伤:

$$\varepsilon_p<\varepsilon_{pD}\rightarrow D=0 \tag{5.24}$$

最后,构成损伤力学基础的四个关系总结如下。

(1) 弹性:

$$\varepsilon_e = \frac{\sigma}{E(1-D)} \qquad (5.25)$$

(2) 塑性屈服判据:

$$\left| \frac{\sigma}{1-D} - X \right| - R - \sigma = 0 \qquad (5.26)$$

(3) 损伤门槛值:

$$\varepsilon_p < \varepsilon_{pD} \rightarrow D = 0 \qquad (5.27)$$

(4) 裂纹萌生:

$$D = D_1 \qquad (5.28)$$

5.1.3　一维损伤计算

在损伤热力学过程中,损伤变量定义为在一典型体元中微裂纹的有效面密度,可以通过弹性和塑性的变化得出损伤的测定方法。Lemaitre 给出的损伤演变统一方程形式为[9]

$$\dot{D} = \begin{cases} \dfrac{Y}{S}\dot{P}, & P \geqslant P_D; P_D = \varepsilon_{pD}\dfrac{\sigma_u - \sigma_f}{\sigma_{eq} - \sigma_f} \\ 0, & P \leqslant P_D \end{cases} \qquad (5.29)$$

式中,D 为损伤量;S、ε_{pD} 和 D_{1c} 必须通过损伤度量来确定;σ_u 和 σ_f 为材料经典特征参数,在手册中查找或者通过拉伸和疲劳试验识别;Y 为应变能密度释放率。若 $D = D_c$ 且 $D_c = D_{1c}\dfrac{\sigma_u^2}{\sigma^2} \leqslant 1$,则裂纹萌生。

应变能密度释放率是一点体积单元中由于发生损伤而引起刚度损失所释放的能力,可以由式(5.30)求出,即

$$Y = \frac{1}{2}\frac{d\omega_e}{dD}\bigg|_{\sigma=常数} \qquad (5.30)$$

在不可逆热力学中定义的应变能密度释放率是控制损伤现象的主要变量。引入当量应力后,应变能密度释放率可以转换为

$$Y = \frac{\omega_e}{1-D} = \frac{\sigma_{eq}^2}{2E(1-D)^2}\left[\frac{2}{3}(1+\nu) + 3(1-2\nu)\left(\frac{\sigma_h}{\sigma_{eq}}\right)^2 \right] \qquad (5.31)$$

式中,σ_h/σ_{eq} 为三轴比率,它在材料的断裂中起着很重要的作用,测量的断裂延性随三轴比率的增加而减小。因此,高三轴比率会使材料变脆。

根据损伤的动力学演化规律,演变出多种计算损伤的形式,其中典型的包括延性损伤、蠕变损伤、脆性损伤和疲劳损伤等。

1. 延性损伤

延性损伤通常伴随着塑性大变形,和塑性一样与加载速度无关,而且时间对其不会起明显作用。在各向同性损伤和各向同性流动范围内,损伤的内变量用累积损伤应变量表示。

(1) 用应力表示的一维延性损伤模型微分形式为

$$dD = \begin{cases} \left[\dfrac{\sigma - \sigma_D}{(1-D)S} \right]^S \dfrac{d\sigma}{S}, & \sigma > \sigma_D \\ 0, & \sigma < \sigma_D \end{cases} \tag{5.32}$$

式中,D 为损伤量;σ 为一维应力;S 为材料参数;σ_D 为损伤阈值。

在初始条件 $D=0$ 及 $\sigma=\sigma_D$ 下,将微分形式转换为积分形式:

$$D = \begin{cases} 1 - \left[1 - \left(\dfrac{\sigma - \sigma_D}{S} \right)^{S+1} \right]^{\frac{1}{S+1}}, & \sigma > \sigma_D \\ 0, & \sigma < \sigma_D \end{cases} \tag{5.33}$$

式中,D 为损伤量;σ 为一维应力;S 为材料参数;σ_D 为损伤阈值。当 $D=D_C$ 或 $\sigma=\sigma_R$ 时,为延性断裂(D_C 为断裂损伤值,σ_R 为断裂时的应力)。

(2) 用应变表示的三维延性损伤模型的微分形式为

$$\dot{D} = \frac{D_C}{\varepsilon_R - \varepsilon_D} \left[\frac{2}{3}(1+\nu) + 3(1-2\nu) \left(\frac{\sigma_H}{\sigma_{eq}} \right)^2 \right] \dot{p} \tag{5.34}$$

式中,D 为损伤量;D_C 为断裂损伤值;ε_R 为断裂应变;ε_D 为损伤阈应变;σ_H 为静水压应力;σ_{eq} 为 Mises 等效应力;ν 为泊松比;$\dot{p}$ 为累积塑性应变。

设初始条件 $p \leqslant p_D$ 及 $D=0$,将应变表示的三维延性损伤模型的微分形式转换为积分形式:

$$D \approx \frac{D_C}{\varepsilon_R - \varepsilon_D} \left\{ p \left[\frac{2}{3}(1+\nu) + 3(1-2\nu) \left(\frac{\sigma_H}{\sigma_{eq}} \right)^2 \right] - \varepsilon_D \right\} \tag{5.35}$$

式中,D 为损伤量;D_C 为断裂损伤值;ε_R 为断裂应变;ε_D 为损伤阈应变;σ_H 为静水压应力;σ_{eq} 为 Mises 等效应力;ν 为泊松比;p 为累积应变。

2. 蠕变损伤

蠕变损伤主要发生在大约垂直于最大主应力方向的晶界上,微孔隙在晶核作用下成长和连接,最终产生损伤。在复杂的载荷下,与应力的变化、多轴比例加载及多轴非比例加载有关。

(1) 用非线性累积模型表示的蠕变损伤模型的微分形式为

$$\dot{D} = \left(\frac{\sigma}{A} \right)^r (1-D)^{-k(\sigma)}, \quad A = A_0 \left(\frac{K+1}{r+1} \right)^{\frac{1}{r}} \tag{5.36}$$

式中，D 为损伤量；σ 为一维应力；k 为与应力水平有关的补充系数；r、A_0 为材料蠕变特性损伤系数，蠕变损伤系数通过试验得出。

设初始条件 $D(0)=0$，用非线性累积模型表示的蠕变损伤模型的积分形式为

$$D=1-\left(1-\frac{t}{t_c}\right)^{\frac{1}{k(\sigma)+1}}, \quad t_c=\frac{1}{k(\sigma)+1}\left(\frac{\sigma}{A}\right)^{-r} \tag{5.37}$$

式中，D 为损伤量；σ 为一维应力；r 为材料蠕变损伤特性系数；$k(\sigma)$ 为引入的与 σ 相关的函数；t_c 为蠕变断裂时间。

（2）各向同性表示蠕变损伤的三维模型。该三维模型的适用范围几乎只是比例加载情况，其模型为

$$D=\begin{cases}\left(\dfrac{\chi(\sigma)}{A}\right)^r(1-D)^{-k\chi(\sigma)}, & \chi(\sigma)>0 \\ 0, & \chi(\sigma)<0\end{cases} \tag{5.38}$$

式中，D 为损伤量；σ 为一维应力；r、A 为材料特性系数；k 为与应力水平有关的补充系数。

（3）各向异性表示蠕变损伤的三维模型。该三维模型适用于非比例加载情况。计算异性损伤的方法是在损伤模型中容许将张量 $\boldsymbol{D}$ 的增长率的倍数进行分解，即

$$\dot{\boldsymbol{D}}=\boldsymbol{Q}\dot{D} \tag{5.39}$$

各向异性的成分包含在张量 $\boldsymbol{Q}$ 内，它仅在非比例载荷时起作用。相对于有效应力张量的主方向，各向异性的影响可视为不变。损伤演变过程的非线性全部包含在 $\boldsymbol{D}$ 的控制方程中，可以像各向同性那样选择计算。事实上，张量 $\boldsymbol{D}$ 的第一个分量就是 D，于是有

$$\tilde{\sigma}_1=\frac{\sigma_1}{1-D} \tag{5.40}$$

$$\tilde{\sigma}_2=\frac{\nu(1-\gamma)}{1-\nu}\frac{D}{1-\gamma D}\frac{\sigma_1}{1-D}=\tilde{\sigma}_3 \tag{5.41}$$

根据一维模型及决定各向异性程度的系数 ζ 和 γ，各向异性三维模型就完全统一了。各向同性时（$\gamma=1$），又得到 $\tilde{\sigma}_2=\tilde{\sigma}_3=0$。式（5.40）和式（5.41）包含了两种极限情况（各向同性和完全各向异性）和中间情况（通过线性组合），这两个公式适用于任何非比例加载情况，能用来计算损伤各向异性对损伤规律的影响。

3. 脆性损伤

脆性损伤模型适用于岩石、混凝土及某些脆性或者准脆性金属材料。这类材料的损伤和变形响应相当复杂，与延性金属和合金等的明显差别表现在脆性材料的明显尺寸效应、拉压性质的不同，以及应力突然跌落和应变软化、非弹性体积变

形和剪胀效应、变形的非正交性等方面。脆性损伤典型的计算模型包括 Loland 模型、Mazars 损伤模型、分段线性损伤模型和分段曲线模型等。

1) Loland 模型

对于脆性材料,当应力接近峰值时,应力应变曲线已经偏离直线,表明应力达到最大值之前材料中已经发生了连续损伤。于是,Loland 模型将这类材料的损伤分为两个阶段,第一个阶段是在应力达到峰值之前、应变小于峰值应变时,在整个材料中发生分布的微裂纹损伤;第二个阶段是应变大于峰值应力对应的应变时,损伤主要发生在破坏区域内。

在整个试件范围内产生裂纹,则

$$\varepsilon < \varepsilon_c \tag{5.42}$$

在破坏区裂开,则

$$\varepsilon > \varepsilon_c \tag{5.43}$$

假设材料和损伤均为各向同性,损伤本构关系为

$$\tilde{\sigma} = \begin{cases} \widetilde{E}\varepsilon, & 0 \leqslant \varepsilon \leqslant \varepsilon_c \\ \widetilde{E}\varepsilon_c, & \varepsilon_c \leqslant \varepsilon \leqslant \varepsilon_u \end{cases} \tag{5.44}$$

式中,ε 表示应变;ε_c 为损伤开始时的应变;ε_u 为材料断裂应变;当 $\varepsilon = \varepsilon_u$ 时,$\widetilde{E}$ 称为净弹性模量。

利用试验曲线,拟合得到损伤演化方程为

$$D = \begin{cases} D_0 + C_1 \varepsilon^\beta, & 0 \leqslant \varepsilon \leqslant \varepsilon_c \\ D_0 + C_1 \varepsilon_c^\beta + C_2(\varepsilon - \varepsilon_c), & \varepsilon_c \leqslant \varepsilon \leqslant \varepsilon_u \end{cases} \tag{5.45}$$

式中,D_0 为加载前的初始损伤值;ε 表示应变;ε_c 为损伤开始时的应变;ε_u 为材料断裂应变。

C_1、C_2 和 β 是材料常数。当 $\varepsilon = \varepsilon_c$ 时,$\sigma = \sigma_c$,$\mathrm{d}\sigma/\mathrm{d}\varepsilon = 0$,考虑到 $\varepsilon = \varepsilon_u$ 时 $D = 1$,可得

$$\beta = \frac{\lambda}{1 - D_0 - \lambda}, \quad C_1 = \frac{(1 - D_0)\varepsilon_c^{-\beta}}{1 + \beta}, \quad C_2 = \frac{1 - D_0 - C_1\varepsilon_c^\beta}{\varepsilon_u - \varepsilon_c}, \quad \lambda = \frac{\sigma_c}{\widetilde{E}\varepsilon_c} \tag{5.46}$$

2) Mazars 损伤模型

将整个拉伸破坏过程分成两段描述:峰值应力前,应力应变为线性,只有初始损伤或无损伤;峰值应力后,材料损伤,可用下式表示。

$$\sigma = \begin{cases} E_0\varepsilon, & 0 \leqslant \varepsilon \leqslant \varepsilon_c \\ E_0\left[\varepsilon_c(1 - A_T) + \dfrac{A_T}{\exp[B_T(\varepsilon - \varepsilon_c)]}\right], & \varepsilon \geqslant \varepsilon_c \end{cases} \tag{5.47}$$

式中,E_0 是线弹性阶段的弹性模量;A_T 和 B_T 为材料常量,下标 T 表示拉伸。

单向拉伸情况下的损伤方程为

$$D = \begin{cases} 0, & 0 \leqslant \varepsilon \leqslant \varepsilon_c \\ 1 - \dfrac{\varepsilon_c(1 - A_T)}{\varepsilon} - \dfrac{A_T}{\exp[B_T(\varepsilon - \varepsilon_c)]}, & \varepsilon \geqslant \varepsilon_c \end{cases} \tag{5.48}$$

单向压缩时的损伤方程为

$$D=\begin{cases}0, & \varepsilon_e \leqslant \varepsilon_c \\ 1-\dfrac{\varepsilon_c(1-A_c)}{\varepsilon_e}-\dfrac{A_c}{\exp[B_c(\varepsilon_e-\varepsilon_c)]}, & \varepsilon_e > \varepsilon_c\end{cases} \tag{5.49}$$

式中，ε_e 为单向压缩时的等效应变；A_c 和 B_c 为压缩时的材料常数；ε_c 为损伤开始时的应变。

3）分段线性损伤模型

在分段线性损伤模型中，应力应变关系也分为两个阶段。当应力达到峰值应力之前即 $\varepsilon < \varepsilon_c$ 时，认为材料中只有初始损伤，没有损伤演化，应力与应变呈弹性关系，为第一阶段；当 $\varepsilon > \varepsilon_c$ 后，损伤按分段线性关系发展，为第二阶段。当 $\varepsilon > \varepsilon_c$ 时，应力应变关系表示为

$$\sigma=E[\varepsilon_c-C_1\langle \varepsilon|_M^F-\varepsilon_c\rangle-C_2\langle \varepsilon|_M^F-\varepsilon_c\rangle] \tag{5.50}$$

式中，ε 为损伤过程中的应变；ε_c 为损伤开始时的应变，也是峰值应力 σ_c 所对应的应变；对于 $\langle x\rangle$，$x<0$ 则 $\langle x\rangle=0$，若 $x\geqslant 0$ 则 $\langle x\rangle=x$；C_1 和 C_2 为材料常数。

若不考虑初始损伤，则 $D_0=0$，考虑到当 $\varepsilon=\varepsilon_R$ 时 $D=1$，可得

$$\varepsilon_F=\frac{1}{C_1-C_2}[(1+C_1)\varepsilon_c-C_2\varepsilon_R] \tag{5.51}$$

式中，ε_F 为纯疲劳断裂时的应变；ε_R 为断裂时的应变；ε_c 为损伤开始时的应变，也是峰值应力 σ_c 所对应的应变；C_1 和 C_2 为材料常数。

4）分段曲线模型

分段曲线模型认为无论峰值应变前还是峰值应变后，应力应变关系均为曲线。损伤演化方程由试验结果拟合得到：

$$D=A_1\left(\frac{\varepsilon}{\varepsilon_c}\right)^{B_1}, \quad 0\leqslant\varepsilon\leqslant\varepsilon_c \tag{5.52}$$

$$D=1-\frac{A_2}{C_2\left(\dfrac{\varepsilon}{\varepsilon_c}-1\right)^{B_2}+\dfrac{\varepsilon}{\varepsilon_c}}, \quad \varepsilon>\varepsilon_c \tag{5.53}$$

A_1、A_2、B_1 为材料常数，可由如下边界条件确定：

$$\sigma|_{\varepsilon=\varepsilon_c}=\sigma_c, \quad \frac{d\sigma}{d\varepsilon}\bigg|_{\varepsilon=\varepsilon_c}=0 \tag{5.54}$$

得到 A_1、A_2、B_1 的计算公式为

$$A_1=\frac{E\varepsilon_c-\sigma_c}{E\varepsilon_c}, \quad A_2=\frac{\sigma_c}{E\varepsilon_c}, \quad B_1=\frac{\sigma_c}{E\varepsilon_c-\sigma_c} \tag{5.55}$$

B_2、C_2 为曲线参数，取 $B_2=1.7$，$C_2=0.003\sigma_c^2$，由试验数据得到 $A_1=1/6$，$B_1=5$，$A_2=5/6$。

以 $\varepsilon/\varepsilon_c$ 为对象变量,当 $\varepsilon/\varepsilon_c \leqslant 0.4$ 时,无损伤;当 $0.4 \leqslant \varepsilon/\varepsilon_c \leqslant 0.8$ 时,损伤较小,裂纹扩展;当 $0.8 \leqslant \varepsilon/\varepsilon_c \leqslant 1.0$ 时,损伤较大,有裂纹汇合。

分段曲线模型也可简化为双线性模型,损伤演化方程为

$$D=0, \quad 0 \leqslant \varepsilon \leqslant \varepsilon_c \tag{5.56}$$

$$D=\frac{\varepsilon_u(\varepsilon-\varepsilon_c)}{\varepsilon(\varepsilon_u-\varepsilon_c)}, \quad \varepsilon_c \leqslant \varepsilon \leqslant \varepsilon_u \tag{5.57}$$

由 $\sigma=\widetilde{E}(1-D)\varepsilon$ 可得

$$\sigma=\widetilde{E}\varepsilon, \quad 0 \leqslant \varepsilon \leqslant \varepsilon_c \tag{5.58}$$

$$\sigma=\widetilde{E}\varepsilon_c\left[1-\frac{\varepsilon_u(\varepsilon-\varepsilon_c)}{\varepsilon(\varepsilon_u-\varepsilon_c)}\right], \quad 0 \leqslant \varepsilon \leqslant \varepsilon_c \tag{5.59}$$

式中,D 为损伤量;$\widetilde{E}$ 为净弹性模量;ε 为应变;ε_c 为损伤开始时的应变;ε_u 为材料断裂时的应变。

4. 疲劳损伤

在交变载荷作用下,结构中会有大量的微裂纹形核,微裂纹随着载荷循环次数的增加而逐渐扩展,最终形成宏观裂纹而导致材料的断裂,这种破坏称为疲劳损伤破坏。在结构破坏之前的载荷循环次数 N_p 称为疲劳寿命。一般来说,当疲劳寿命高于 5×10^4 时,称为高周疲劳;当疲劳寿命低于 5×10^4 时,称为低周疲劳。对于应力水平较低的高周疲劳,主要为弹性变形;对于应力水平较高的低周疲劳,则往往有塑性变形发生。疲劳过程的损伤问题具有重要的工程意义,得到研究者的高度重视。

一般情况下,疲劳损伤的演化方程可表示为

$$\delta D=f(D,\Delta\sigma,\bar{\sigma},\cdots)\delta N \tag{5.60}$$

式中,$\Delta\sigma$ 为载荷循环中的应力变化幅度,简称为应力幅;$\bar{\sigma}$ 为平均应力;D 为损伤量;N 为循环数。

随着载荷循环次数的增加,损伤逐渐积累。如何处理损伤的积累,是疲劳分析尤其是多级加载情况下疲劳分析的一个重要问题,具体的疲劳累计损伤理论将在5.4 节给出。

5.2　疲劳中的强化现象

5.2.1　小载荷强化

疲劳试验发现,机械零件在服役过程中承受的循环载荷不仅会产生损伤,还能产生强化作用,特别是当载荷处于疲劳极限附近或略小于疲劳极限时,载荷的强化

程度和损伤程度比较接近,甚至超过损伤程度[19]。

小载荷强化是金属材料和零件经受一定次数的疲劳极限以下某些低幅载荷反复作用后,其强度和寿命得到提高的现象,也称次载锻炼,国外学者把这种现象称为 understressing 或 coaxing effects。小载荷强化和 understressing 的加载方式一样,即小载荷独立加载一定次数;而 coaxing effects 为渐增应力试验,即用疲劳极限以下的初始应力经过一定的循环后(一般为 10^7 次),增加一定的应力幅,再循环 10^7 次,接着增加应力幅,继续试验直到试样断裂。

1. 国内外典型研究结果

小载荷强化现象最早是欧美科学家于 20 世纪在疲劳试验过程中发现的,对此进行了大量的、系统的试验研究。Smith 最早发现并注意到疲劳极限以下小载荷可能对材料的疲劳极限产生影响。

在 1924 年,Gough 采用渐增应力处理的方法对疲劳极限为 252MPa 的软钢试样进行循环试验。试样开始先施加+247MPa 的应力进行 1.5×10^6 次循环试验,然后每经过 1.5×10^6 次循环后增加+3MPa 的应力级,直到应力级达到+352MPa 后,试样才发生断裂,疲劳极限提高近 30%[20]。

Kommers 用铸铁研究次载锻炼对疲劳极限的影响。所用铸铁的疲劳极限 $\sigma_{-1} = 67$MPa,次载锻炼是在稍低于 σ_{-1} 的应力 $\sigma = 63$MPa 下进行的。研究发现,随着次载应力循环周次的增加,σ_{-1} 也增加,且到一定周次后趋于稳定。Kommers 定性地提出了次载应力循环周次和疲劳极限增加的关系[21,22]。

西原利夫等在研究材料的疲劳强度的过程中发现,低幅载荷的锻炼对某些材料具有强化效果,他们首次以材料的 S-N 曲线为基础,推导出考虑强化作用的寿命估算模型。但是试验表明,该模型对某些材料和结构并不适用[23]。

河本实研究了疲劳极限以下小载荷预加载对中碳钢的疲劳强度和表面硬度的影响。对含碳量 0.23% 的中碳钢 SS41 材料进行旋转弯曲疲劳试验,结果表明没有经过工艺处理的材料在经过疲劳极限以下小载荷的预加载后,疲劳极限和疲劳寿命有所提高,材料的疲劳寿命和表面硬度的增长率与小载荷的应力水平无关,但与小载荷的锻炼次数有关,在锻炼 10^7 次后达到饱和,此时疲劳极限最大[24]。

三沢启志通过对不同强度钢进行试验,研究低于疲劳极限的小载荷对疲劳累积损伤寿命的影响。试验结果表明低于疲劳极限的小载荷对材料的疲劳累积损伤有影响,包含小载荷的疲劳累积损伤不能用 Miner 法则来预测寿命;同时证明碳素钢 S35 存在小强化现象,提出修正的疲劳寿命预测模型,但该模型并不具有通用性,没有得到推广[25]。

田中道七研究了疲劳极限附近的应力对材料的 *P-S-N* 曲线的影响。材料为 S50C 碳素钢和 SCM4 锰铬钢,试验研究了恒幅载荷和两级循环载荷,在两级循环载荷中包含疲劳极限以下小载荷。研究结果表明,在恒幅载荷中,某些疲劳极限以下的小载荷对 SCM4 锰铬钢材料有强化作用;在两级循环载荷中,大载荷的疲劳寿命有增加的趋势[26]。

Nisitan 研究了小载荷强化中的裂纹扩展。首先对 S50C、S10C 加载疲劳极限以下的小载荷,然后提高 5MPa 应力再观察裂纹情况,发现应力增加后裂纹在缓慢扩展后滞留,材料的疲劳极限提高 5%～10%。在经过退火热处理的合金中,非扩展裂纹发生扩展,其原因是接触区域内热处理过程中释放了应力而使裂纹顶端发生变形,减小了应力闭合水平,使裂纹再次扩展[27]。

鎌田敬雄等对碳素钢 S55 在两级程序载荷谱加载下的裂纹萌生和扩展进行了研究。试验结果表明当线性累积损伤法则省略疲劳极限以下的小载荷时,程序载荷谱下疲劳裂纹的萌生和扩展寿命小于线性累积损伤法则预测的寿命。他们的研究说明线性累积损伤法则省略疲劳极限以下的小载荷是不正确的,应考虑小载荷的作用[28]。

Sinclair 等选择应变时效强化性能和加工硬化性能不同的材料(处于无应变和应变时效状态的铁锭、两种碳钢、一种铝合金和一种 70/30 黄铜),对其用渐增应力处理提高疲劳强度的特性进行较深入的研究,发现无应变的铁锭和两种碳钢的疲劳强度因逐步增加了应力幅而大大提高,而其他材料的疲劳强度并无提高。因此,只有那些具有应变时效性能的材料才能用渐增应力处理提高疲劳强度,逐步增加应力幅可以显著提高应变时效性能材料的疲劳强度[29]。

Wheatly 等对低碳钢、不锈钢和铝三种材料进行高周疲劳(HCF)载荷和低周疲劳(LCF)载荷交互作用下的疲劳试验,研究低周疲劳载荷先作用一定循环次数对后继高周疲劳载荷下寿命的影响。结果表明,低碳钢、不锈钢在低周疲劳载荷下造成预应变(强化),后继高周疲劳载荷下的寿命得到改善和提高[30]。

Nicholas 对钛合金材料 Ti-6Al-4V 逐步增加载荷进行疲劳试验,没有发现疲劳强度的明显变化,初步可以得出该钛合金材料的锻炼效应不明显[31]。

山田敏郎等对疲劳极限以下的应力强化作用进行比较深入的研究,总结出考虑各级应力损伤的同时还具有强化作用的 *S-N* 曲线表达式,以及变幅载荷下考虑小载荷损伤和强化作用的累积损伤模型。利用 SAE1045 钢进行两级载荷交替循环的疲劳试验,结果表明对于光滑试样,其疲劳强度提高 4.3%;对于缺口试样,其疲劳强度提高 48.5%,说明小载荷对缺口试样的强化效果比光滑试样更加明显[32-34]。

此外,大量疲劳试验结果表明,疲劳极限以下小载荷的强化现象不仅存在于传统的钢铁材料中,而且在高强度钢(如 34N2、316、SCM435、SNCM439 等)、轴承钢(如 GCr15 等)、有色金属材料(如铝合金、70/30 brass 等)、复合材料(如玻璃纤维、石墨纤维等)和金属基材料(如 Zr-based bulk-metallic glass 等)等中也存在明显的强化现象[35-39]。

在国内,也有许多学者对小载荷强化现象进行具体研究。20 世纪 60 年代中期,西安交通大学进行了一次规模较大的小载荷锻炼研究。材料涉及 45♯钢 200℃回火、45♯钢 570℃回火、40MnB 200℃回火、20Mn2TiB 200℃回火及 18CrNiWA 等。试样在 $\sigma = 0.9\sigma_{-1}$ 时运转 2×10^6 次,再进行疲劳试验,45♯钢 200℃回火试样的疲劳极限从 425MPa 提高到 460MPa,疲劳寿命提高 3 倍多;40MnB 200℃回火试样的疲劳极限从 430MPa 提高到 475MPa,过载寿命提高最多达 14 倍。20Mn2TiB 200℃回火试样的强化效果不明显,但在 $\sigma = 0.95\sigma_{-1}$ 下锻炼 2×10^6 次,持久值寿命明显提高(近 3 倍)。45♯钢 570℃回火试样的强化效果均不明显,但在 $\sigma = \sigma_{-1}$ 下锻炼 4×10^6 次,寿命明显提高;若在 $\sigma = \sigma_{-1}$ 下锻炼 4×10^6 次,采用渐增应力处理,寿命可以提高 9 倍[40]。

张琼等用 35VB 中碳合金钢研究次载锻炼后珠光体的形变与断裂,并在 PQ-6 型旋转弯曲疲劳机上进行试验。次载锻炼后疲劳强度得到提高,疲劳极限 σ_{-1} 由 718MPa 提高到 747MPa,疲劳强度增加约 5%,疲劳寿命提高约 5.9 倍[41]。

刘建华等用 QT800-2 的 485 曲轴进行小载荷强化试验。以 50Nm 为步幅,对每一个试样逐步加载,直到试样断裂。小载荷强化后,疲劳强度增加了 9.9%。疲劳强度增加的原因是外载动应力可以引起基体中位错的增殖和位错的移动,大量位错在晶界和杂质上聚集而造成位错钉扎作用使位错的再运动和滑移阻力增加,金属的屈服点上升,从而使疲劳强度显著提高[42,43]。

吴志学等对两种晶粒尺寸的中碳钢光滑试样在疲劳极限附近进行旋转弯曲疲劳试验,应用复型方法观察疲劳损伤过程,并研究晶粒尺寸和载荷大小对表面损伤的影响。结果表明,疲劳极限是短裂纹形成但不能继续扩展的极限应力;非扩展裂纹长度受晶粒尺寸和应力幅值影响;锻炼效应受应力水平影响,当后期载荷大于临界值时,锻炼效应消失[44]。

Zhu 等研究建立基于小载荷强化损伤的寿命预测模型及相应的模糊疲劳寿命计算公式。预测模型不但考虑了低于疲劳极限的载荷的强化作用,还引入隶属函数来描述小载荷的累积损伤的模糊性,完善 Miner 法则的适用范围,提高预测精度[45]。

郑松林等以汽车前轴为研究对象进行小载荷强化试验,前桥材料为国产 20 号钢,屈服极限为 324MPa,屈强比为 0.69。经定量试验研究发现,当强化载荷为 120～130MPa、强化次数为 $2.0 \times 10^5 \sim 4.5 \times 10^5$ 时有强化效果,当强化载荷为 130MPa、强化次数为 2.0×10^5 时强化效果最好,疲劳强度提高 12.3%,疲劳寿命提高 81.4%[46]。

2. 作者的研究结果

以汽车零件和经过工艺强化后的材料试样为对象,通过小载荷强化试验研究工艺强化后的材料试样和零件疲劳过程中的小载荷强化现象、规律。把小载荷强化试验分为定性试验和定量试验两种。所谓的定性实验是固定强化次数(如200000 次强化),改变强化小载荷强化后用固定的大载荷验证强化效果,小载荷强化定性试验可以得到一定强化次数下的强化载荷区域、该强化次数下的最佳强化载荷和强化效果的变化规律;所谓的定量实验是将定性试验得到的最佳强化载荷作为强化试验小载荷,改变强化次数进行强化和验证试验,小载荷强化定量试验可以得到具有强化效果的强化次数区域以及强化次数和强化效果的变化规律。利用小载荷强化的定性试验、定量试验以及该对象的 S-N 曲线等,通过插值和拟合可以得到强化载荷、强化次数与强化后疲劳寿命提高的三维曲面,进而可以得到强化范围内任意强化次数、强化载荷下的强化效果以及最佳强化载荷和最佳强化次数。

1) 工艺强化后的材料试样

这里以 40Cr 试样为对象进行介绍,正火态棒料,抗拉强度大于 650MPa。试验试样的热处理为中频淬火加回火,热处理后表面硬度为 52～58HRC,心部硬度≤30HRC,试样硬化层深度最小为 1.9mm(最小直径为 12mm)[47,48]。标准材料试样如图 5.7 所示。

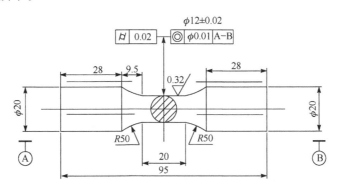

图 5.7　标准材料试样

(1) 定性试验和结果分析。

根据标准试样的 S-N 曲线、疲劳极限和材料特征选择定性试验的强化次数为20 万,强化载荷幅值分别为 190MPa(约 91%疲劳极限)、147MPa(约 71%疲劳极限)、131MPa(约 63%疲劳极限)和 117MPa(约 56%疲劳极限),验证试验载荷幅值为 399MPa,验证载荷下的原始平均疲劳寿命为 239000 次。小载荷强化的定性试验结果如表 5.1 所示。

表 5.1　小载荷强化的定性试验结果

强化载荷幅值/MPa	强化次数	验证寿命/次	验证平均对数寿命
190	200000	84500	4.927
147	200000	367000	5.564
131	200000	522000	5.718
117	200000	260000	5.415

　　根据表 5.1 可知,当强化次数为 20 万时,强化载荷幅值在 117~147MPa 处均有强化效果,其中强化载荷为幅值 131MPa 时强化效果最好,疲劳寿命提高 118.4%;强化载荷幅值低于 117MPa 时,基本没有强化效果;强化载荷幅值为 190MPa 时,验证寿命明显低于未强化时的疲劳寿命。定性强化试验结果表明存在强化载荷区间,且存在最佳强化载荷。

　　利用表 5.1 中的试验结果,通过数学插值和拟合的方法可以得到强化载荷幅值与强化后验证寿命之间的变化规律。运用二次多项式方程进行拟合,得到强化载荷幅值与强化后验证寿命之间的变化关系:

$$N=-156.276+2.4111y-0.008945y^2 \tag{5.61}$$

式中,y 为强化载荷幅值,MPa;N 为验证疲劳寿命(次)。

　　利用验证寿命与强化载荷幅值之间的关系式(5.61),可以求出强化区域内任意强化载荷幅值与该强化载荷幅值下验证寿命之间的关系。强化载荷幅值与强化后验证寿命之间的变化曲线如图 5.8 所示。

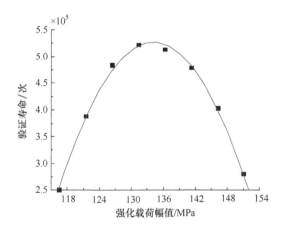

图 5.8　验证寿命与强化载荷幅值的关系

　　(2) 定量试验。

　　选择定性强化试验中的最佳试验强化小载荷,其幅值为 131MPa,强化次数分别选择为 1 万、5 万、10 万、20 万、40 万,进行定量强化试验。定量强化试验的结果如表 5.2 所示。

表 5.2　50%可靠度下不同强化次数的试验结果

强化次数	强化载荷幅值/MPa	验证寿命/次	验证平均对数寿命
10000	131	249000	5.396
50000	131	357000	5.553
100000	131	359000	5.556
200000	131	522000	5.718
400000	131	257000	5.411

根据表 5.2 可知,在强化载荷幅值 131MPa 下,强化次数在 5~40 万时均有明显的强化效果,其中强化次数为 20 万时强化效果最好,疲劳寿命提高 118%;强化次数为 1 万时,虽然强化效果不大,但仍然具有一定的效果;强化次数为 40 万时,强化效果明显下降。

利用表 5.2 中的试验结果,通过数学插值和拟合的方法可以得到强化次数与强化后验证寿命之间的变化规律。用多项式方程进行拟合,得到强化次数与强化后验证寿命之间的变化关系:

$$N = 2.501 - 0.359x + 2.252x^2$$
$$- 0.890x^3 + 0.088x^4 \tag{5.62}$$

式中,x 为强化次数($\times 10^5$)。

应用验证寿命与强化次数之间的关系式(5.62),可以求出次数强化区域内任意强化次数与该强化次数下验证寿命之间的关系。强化次数与强化后验证寿命之间的变化曲线如图 5.9 所示。

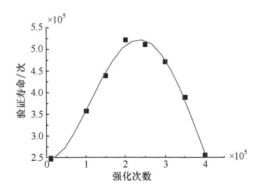

图 5.9　验证寿命与强化次数的关系

2) 变速箱齿轮

这里以齿轮为对象进行介绍,试验齿轮为某轿车的倒挡过桥圆柱齿轮,材料为

16MnCr5,材料的屈服极限为 785MPa,抗拉强度为 930MPa,齿轮热处理强化为渗碳淬火和强力喷丸,表面残余压应力为 1200MPa,表面硬度为 58～62HRC。试验过程如图 5.10 所示[49,50]。

图 5.10　试验图

（1）定性试验。

根据标准试样的 S-N 曲线、疲劳极限和材料特征选择定性试验强化次数为 30万;强化载荷幅值分别为 341MPa(约 95％疲劳极限)、323MPa(约 90％疲劳极限)、305MPa(约 85％疲劳极限)、287MPa(约 80％疲劳极限)、269MPa(约 75％疲劳极限);验证试验载荷幅值为 422MPa,验证载荷下的原始平均疲劳寿命为112000 次。小载荷强化的定性试验结果如表 5.3 所示。

表5.3　小载荷强化的定性试验结果

载荷级数	齿轮号/齿数	强化载荷幅值/MPa	验证寿命/次	平均寿命/次
95％σ_{-1}	齿轮 22/8	341	174000	180000
	齿轮 22/10		186000	
90％σ_{-1}	齿轮 23/12	323	227167	215000
	齿轮 23/9		203226	
85％σ_{-1}	齿轮 24/8	305	245000	232000
	齿轮 25/12		219700	
80％σ_{-1}	齿轮 24/5	287	258688	225000
	齿轮 26/5		178000	
	齿轮 27/8		247750	
75％σ_{-1}	齿轮 25/3	269	92000	96000
	齿轮 25/7		100000	

注:22/8 表示 22 号齿轮第 8 齿进行试验。

　　根据表 5.3 可知,强化次数为 30 万时,强化载荷幅值在 287~341MPa 处均有强化效果。其中,当强化载荷幅值为 305MPa 时,强化效果最好,疲劳寿命提高 107%;当载荷偏离该值时,强化效果开始下降;强化载荷幅值为 269MPa 时,没有强化效果;强化载荷幅值为 341MPa 时,强化效果下降。

　　利用表 5.3 中的试验结果,通过数学插值和拟合的方法可以得到强化载荷与强化后验证寿命之间的变化规律。运用多项式方程进行拟合,得到强化载荷与强化后验证寿命之间的变化关系:

$$z = -20.648 \left(\frac{x}{89.71}\right)^4 + 300.99 \left(\frac{x}{89.71}\right)^3$$

$$-1645.9 \left(\frac{x}{89.71}\right)^2 + \frac{4000.7x}{89.71} - 3644.2 \qquad (5.63)$$

式中,x 为强化载荷幅值,MPa;z 为强化后在验证载荷下的疲劳寿命(10^5 次)。

　　利用验证寿命与强化载荷幅值之间的关系式(5.63),可以求出强化区域内任意强化载荷幅值与该强化载荷幅值下验证寿命之间的关系。强化载荷幅值与强化后验证寿命之间的变化曲线如图 5.11 所示。

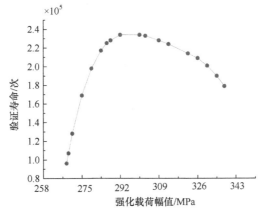

图 5.11　验证寿命幅值与强化载荷的关系

（2）定量试验。

　　选择定性强化试验中的最佳试验强化小载荷,其幅值为 287MPa,强化次数分别选择为 20 万、30 万和 40 万,进行定量强化试验。小载荷强化的定量试验结果如表 5.4 所示。

表 5.4　小载荷强化的定量试验结果

强化次数	齿轮号	强化载荷幅值/MPa	寿命/次	平均寿命/次
	齿轮 27/12	287	142402	
200000	齿轮 28/4	287	279091	186000
	齿轮 28/10	287	162064	

续表

强化次数	齿轮号	强化载荷幅值/MPa	寿命/次	平均寿命/次
	齿轮 24/3	287	258688	
300000	齿轮 26/8	287	178000	225000
	齿轮 27/4	287	247750	
	齿轮 27/10	287	289190	
400000	齿轮 27/6	287	63948	149000
	齿轮 28/8	287	179559	

根据表5.4可知,在强化载荷幅值287MPa下,强化次数在20万～30万的区间内强化效果明显,且随着强化次数的增加强化效果越来越显著。强化次数超过40万后,强化效果明显下降。最佳强化次数为30万,强化后疲劳寿命提高约107%。

利用表5.4的试验数据,通过数学插值和拟合的方法可以得到强化次数与强化后验证寿命之间的变化规律等。运用多项式方程进行拟合,得到强化次数与强化后验证寿命之间的变化关系:

$$N = 0.0101n^7 - 0.2896n^6 + 3.3148n^5$$
$$- 19.869n^4 + 67.728n^3 - 131.94n^2$$
$$+ 137.17n - 57.475 \tag{5.64}$$

式中,n 为低载强化次数($\times 10^5$);N 为强化后在验证载荷下的疲劳寿命(次)。

利用验证寿命与强化次数之间的关系式(5.64),可以求出次数强化区域内任意强化次数与该强化次数下验证寿命之间的关系。强化次数与强化后验证寿命之间的变化曲线如图5.12所示。

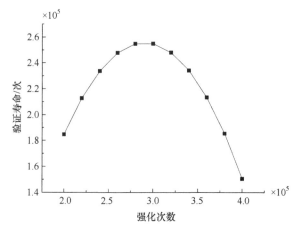

图 5.12　验证寿命与强化次数的关系

5.2.2　小载荷强化机理

为了揭示小载荷强化的微观机理,这里借助扫描电子显微镜(scanning electron microscope,SEM)、透射电子显微镜(transmission electron microscope,TEM)和 X 射线衍射仪等分析仪器对小载荷强化机理进行详细研究[51-55]。

1. SEM 分析

SEM 主要是利用接收的二次电子像,形成断口形貌。它的最大优点是分辨率高、分析简便、结果直观。这里利用 SEM 对前桥零件和变速箱齿轮的断口形貌进行观察和分析。

1)前桥试样

前桥断口试样共五个试样(两个未锻炼试样,三个锻炼试样),具体如表 5.5 所示。其中,强化试样来自上述进行小载荷强化现象试验的样本。

表 5.5　试样基本情况

试样	试样状态	锻炼载荷幅/MPa	试验载荷幅/MPa
011	S-N 曲线低点的试验	未锻炼	186
012	S-N 曲线低点的试验	未锻炼	186
034	小载荷锻炼后的试验	116	186
035	小载荷锻炼后的试验	130	186
036	小载荷锻炼后的试验	130	186

为了比较强化前后断口在微观组织结构方面的差异,重点从材质内部的孔洞、二次裂纹的数量及特征等方面进行分析比较,辅助比较疲劳辉纹间距和贝纹线间距、断口裂纹扩展区的相对长度等因素。

另外,鉴于影响微观定量分析的因素较多、数值分散较大,这里重点分析小载荷强化机制,不刻意寻求材料的微观特征与强度或寿命的定量关系。因此,对断口上的疲劳辉纹线、贝纹线、孔洞和二次裂纹的研究,只是侧重于从其数量和特征上的变化来寻求微观组织的定性特征。

在 Leica S440i 型 SEM 上,对所有试样的疲劳断口的微观组织进行观察。不同试样断口的孔洞和二次裂纹观察结果如表 5.6 所示。

表 5.6　孔洞和二次裂纹数量

试样	孔洞数量/个		二次裂纹数量/个	
	点 1	点 2	点 1	点 2
011	>10	17	15	13
012	8	25	21	17
034	1	1	12	8
035	0	5	11	6
036	0	20	11	8

　　不同试样上的典型孔洞如图 5.13 和图 5.14 所示。可以看到,经过小载荷强化后,试样断口孔洞变得光滑,原始缺陷明显降低,基本不存在多孔贯通,试样 035 的孔洞个数明显减少,且不连续。

图 5.13　012 试样断口上的孔及多孔洞贯通

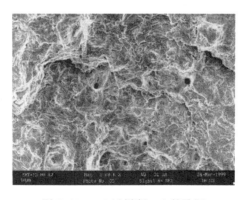

图 5.14　035 试样断口上的孔洞

　　不同试样上的典型二次裂纹如图 5.15 和图 5.16 所示。

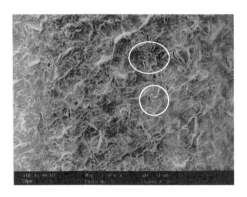

图 5.15　011 试样断口上的直裂纹及交叉裂纹

图 5.16　035 断口上的裂纹

从图 5.13～图 5.16 可以看到,经过强化后试样上出现更多的牵连裂纹,而且二次裂纹的数量明显减少。可以定性说明,经过小载荷强化,材料的晶粒排列由松散变得紧凑,分子间结合力变大,组织强度提高,使得外载下的疲劳进程减缓。当主裂纹向前扩展时,在垂直于主裂纹的方向上,同样的分力产生二次裂纹的能力降低,使得试样在危险断面上的整体强度衰减速率降低,导致寿命提高。

通过 SEM 观察不同试样断口上的扩展区尺寸、最大孔洞孔径、贝纹线间距及二次裂纹的结果,数据如表 5.7 所示。

表 5.7　SEM 对断口的观测结果

试样	扩展区长度/mm	最大孔洞/μm	二次裂纹	贝纹间距范围/mm
011	5.23	8.5	粗大	0.5～1.52,6 条
012	6.27	9.5	粗大	0.5～1.42,7 条
034	6.04	7.74	细小	0.5～1.34,7 条
035	8.79	4.9	细小	0.5～1.0,11 条
036	—	4.8	连贯	—

表 5.7 中所列的"扩展区"长度指从贝纹线间距达到约 0.5mm 时作为起点计算测量的长度。这里仅仅是为了给出相对意义上的比较。计算机屏幕上显示的各断口贝纹线间距增长的结果如表 5.8 所示。

表 5.8　断口贝纹线间距增长的测量结果

试样	断口贝纹线间距/mm
011	0.51,0.56,0.56,0.85,1.23,1.52
012	0.50,0.58,0.75,0.88,1.01,1.13,1.42
034	0.50,0.57,0.75,0.82,0.90,1.15,1.34
035	0.50,0.60,0.70,0.91,0.98,0.93,1.00,1.00,0.85,0.81,0.51

表 5.8 中每行的最后一个贝纹线间距是该断口上断裂前的最后一个贝纹线间距,其后为断裂区。疲劳分析中,真正反映裂纹扩展速率的是断口上留下的疲劳辉纹间距。各断口疲劳辉纹间距的测量结果如表 5.9 所示。

表 5.9　疲劳辉纹间距的测量结果

试样	疲劳辉纹间距/μm			
	测点 1	测点 2	测点 3	平均
012	0.349	0.350	0.400	0.366
035	0.302	0.303	0.305	0.303

表 5.9 中每个测点的数据都是对 10 条疲劳辉纹的总距离进行测量后求出的算术平均值。也就是说,每个试样的疲劳辉纹间距是 30 条疲劳辉纹间距的算术总平均。测量疲劳辉纹间距时,测点的位置在径向距离疲劳源 2.5mm 处。小载荷强化前后不同试样典型的疲劳辉纹图像如图 5.17 和图 5.18 所示。

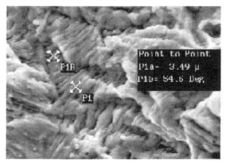

图 5.17　012 试样断口上的疲劳辉度

从表 5.6 中的数据可以看出,小载荷强化后试样的孔洞数量明显减少,说明经过小载荷强化后试样的组织变得密实、均匀。原来孔洞的位置大多被周围的金属

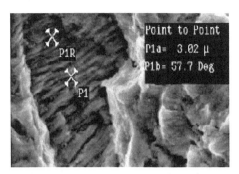

图 5.18　035 试样断口上的疲劳辉度

晶粒所填充,微观局部密度增加,但试样的宏观密度不变。这些变化使得试样的抗微观变形能力提高,同时疲劳强度和疲劳寿命也都得到提高。

小载荷锻炼的载荷位于无效载荷区(即没有强化效果的载荷,如 034 试样的锻炼载荷为 16kN)时,达不到消除或弥合孔洞所需的内应力水平,只能使晶粒排列更紧凑。因此,强度和寿命不会有大的变化。

从表 5.7、表 5.8、图 5.17 和图 5.18 可以看到,在疲劳裂纹扩展初期,035 试样的扩展速率比 012 试样低 17%。011 试样和 012 试样未经过小载荷强化,临近失稳扩展阶段,其贝纹线从 0.5mm 的间距起,仅仅在产生 6～7 条后就断裂,贝纹线间距加速变宽,即裂纹扩展后期的扩展速率也加快。而经过小载荷强化的 035 试样,从 0.5mm 的间距起,在产生 11 条贝纹线后才断裂,每条贝纹线的间距变化不大,且最长一条贝纹线间距仅为 1.0mm。这些结果表明小载荷强化有效地延缓了疲劳裂纹的萌生,降低了疲劳裂纹的扩展速率。

2) 齿轮试样

为了尽可能地降低因试验条件变化带来的数据误差,所有强化微观试样均来自上述进行小载荷强化现象试验的样本和原始样本,选择的典型试样基本情况如表 5.10 所示。

表 5.10　分析试样的基本情况

试样来源	试样	强化载荷/MPa	强化次数	过载寿命/次
原始状态	齿轮 01/10	0	0	0
S-N 曲线	齿轮 12/14	0	0	13.2×10^5
	齿轮 23/12	305	30×10^5	23.1
小载荷强化试验	齿轮 28/8	287	40×10^5	18.0×10^5
	齿轮 07/12	323	100×10^5	33.5×10^5

典型的齿轮疲劳断口 SEM 扫描图如图 5.19～图 5.22 所示,为了便于比较,扫描图的放大倍数统一取 40 倍。

图 5.19　试样 12/14 断口

图 5.20　试样 23/12 断口

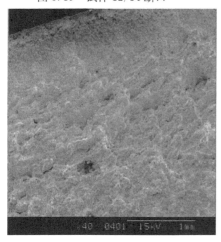

图 5.21　试样 28/8 断口

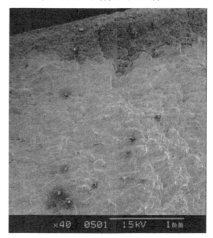

图 5.22　试样 07/12 断口

图 5.19 中的试样是没有经过小载荷强化,直接在 422MPa 载荷下断裂的典型试样,因此,它是其他小载荷强化试验的微观组织特性和变化比较的基础。从图中可以明显地看到齿轮断口主要是脆性断裂区,疲劳扩展区约为 0.4mm,脆性断裂区约为 4.6mm。

从大量的 SEM 试验中发现,和低强度前梁疲劳断口不同,高强度齿轮的疲劳源、孔洞和二次裂纹等很不明显,很难进行定性和定量研究。因此,可通过疲劳扩展区域的大小和裂纹的平均间距来定性地确定齿轮的小载荷强化效果。从图 5.19～图 5.22 中可以初步得到,高强度齿轮的疲劳裂纹扩展并不是很典型,裂纹扩展区域很短,裂纹萌生后很快就断裂。疲劳裂纹的萌生寿命决定了高强度齿轮的总循环寿命。所有断齿疲劳裂纹扩展区域都在中间,两边为脆性断裂区。因此,可以初步判定,疲劳源可能产生于次表面,也可能产生于表面,但由于表面强化层强度和硬度过高,无法观察到裂纹源和裂纹扩展区域。

2. TEM 分析

为了进一步分析小载荷强化的微观机理,这里借助 TEM 进行分析。同样以典型的前桥试样及齿轮试样为例来解释小载荷强化产生的原因和机理。

1）前桥试样

汽车前桥 TEM 分析试样如表 5.11 所示。试验的强化试样来自上述进行小载荷强化现象试验的样本。

表 5.11　试样状态

试样	试样状态	强化载荷幅/MPa
000	材料原始状态	未受载
012	S-N 曲线低点试样	未强化
035	小载荷后试样	130

通过 TEM 对三组试样中的多个试样进行详细观察发现:原始材料的 000 试样,位错存在于铁素体内,晶内和晶界附近存在稀疏位错网,密度不均,少数晶内有片状位错块,如图 5.23 所示。未经过小载荷强化的 012 试样,晶内和晶界附近都存在均匀的较高密度位错网,许多晶内出现片状位错块,如图 5.24 所示。小载荷强化后的 035 试样,晶内位错偏聚。在多个晶粒平行排列的地方,位错在晶内成带状平行于一侧晶界,即每个晶界处只聚集一条位错带,且密度很高;在多个晶粒不规则堆积的地方,位错在晶内向晶界偏聚,即一条晶界处两侧都有高密度位错带,如图 5.25 所示。

 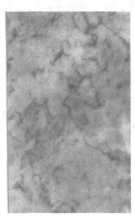 

| 0.5 μm /×50000 | 0.5 μm /×50000 | 0.5 μm /×50000 |

图 5.23　原始 000 试样　　　　图 5.24　未强化　　　　图 5.25　强化后
　　的稀疏位错　　　　　　012 试样的位错　　　035 试样的位错缠结

　　为了解位错线在晶内的分布情况,在不同放大倍数下用 TEM 进行观察,000、012 和 035 试样的典型位错形貌分别如图 5.26～图 5.28 所示,其为不同试样放大 10000 倍的典型位错分布图。

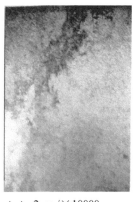

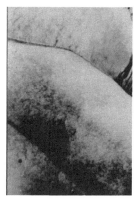

　　　　2μm／×10000　　　　　　　2μm／×10000　　　　　　　2μm／×10000

图 5.26　000 晶内　　　　图 5.27　012 晶内位错　　　图 5.28　强化后 035 位错
　　无明显位错　　　　　　　　均布明显　　　　　　　　向晶界集中

　　在观察位错的同时,通过 X 射线衍射,得到位错区的晶面衍射斑点,如图 5.29 所示。

图 5.29　电子衍射花样

　　各样品经过 X 射线衍射,得到不同的衍射谱。对谱峰值进行计算和拟合,得到各晶面的晶格常数,如表 5.12 所示。

表 5.12　各样品的晶格常数测定结果

试样	晶格常数/nm			
	(110)晶面	(200)晶面	(211)晶面	(220)晶面
000	28.672	28.674	28.664	28.663
012	28.672	28.686	28.674	—
035	28.672	28.674	28.664	28.663

铁的晶格的标准数据为 $a = 28.664$ nm,因而以(211)晶面的晶格常数(接近标准数据)代表各样品的实际晶格常数。

(1) 位错组态分析。

原材料(000 试样)在成形过程中受外力的作用,材质本身就存在一定量的稀疏位错,如图 5.31 所示,这是完全正常的。在未强化的 012 试样上,若一开始就受大载荷的反复作用,晶内位错密度快速增加。此时,晶内难以建立起某种阻止位错运动的障碍,特别是晶界附近的位错墙总是被新生成的位错所突破。晶内基本上保持密度较均匀的位错,此时,位错达到饱和状态。

当结构一开始承受某个较低的应力幅循环作用(035 样品)时,虽然也将造成晶内位错运动,但是原有位错总是对新生位错的运动产生障碍,使晶内位错持续堆积,密度增加。由于外力较小,生成的大量位错从晶内运动至晶界时受阻。随着循环次数的增加,晶界附近聚集的位错密度不断增加,直至达到饱和状态,在晶界处形成一道高密度位错墙(带)。当后续大载荷作用时,由于受到应变能密度较高的位错墙的阻碍,需要较大的外力才能使位错通过应变能密度较高的位错墙,位错运动在此受阻。

由于晶界处位错墙的存在,变形时晶界之间的摩擦力增大,使得晶体的抗变形能力提高。对于给定的材料,当晶格摩擦力增大时,所需流变应力增加,宏观上表现为强度提高。由于强化了晶界使晶格摩擦力增大,小载荷强化成为疲劳强度提高的本质原因,晶界在形变过程中的作用是提高形变硬化的程度。

(2) 点阵畸变分析。

在进行固溶体的定量分析和材料的宏观内应力测定时,点阵参数的变化一般为 10^{-3} nm 数量级。考虑到测试时电镜相机的常数不同,而从衍射斑来测算点阵常数也不是精确的方法,因此仅就点阵常数的相对变化进行定性比较分析。

根据衍射斑计算出的点阵常数可知,经受高载荷作用后,材料的晶面间距发生变化。对经过小载荷强化的材料,在外加高载荷下,晶粒内的晶面间距变化相对较小;未经过小载荷强化的样品,在外加高载荷下,晶面间距变化相对较大。晶面间距越大,晶胞原子间的结合力就越小,外加载荷下就越容易被撕裂。因此可以认为,小载荷强化使晶粒的抗变形能力提高,延长了疲劳寿命。

（3）衍射结果分析。

测定结果表明，小载荷强化后，试样在各个晶面的晶格常数基本上未发生变化；未经强化的样品晶格常数增加了 10^{-2} nm，小载荷强化有效抑制了高载荷对晶粒造成的损伤。

未经过小载荷强化的试样，直接用高载荷进行试验，晶粒未得到强韧化锻炼，晶内原子间的结合力较弱，在外加应力的反复作用下，原子间距逐渐拉大，致使晶格常数增加。原子间距增大后，抗变形能力降低，导致宏观上的疲劳强度降低，疲劳寿命也降低。

小载荷强化后在晶界附近形成位错墙，直接用高载荷试验的样品，则没有观察到位错墙的存在。位错墙的形成与载荷的大小有最直接的关系。如果载荷过小，低于无效载荷，则位错难以达到一定的密度，不能积聚足够的能量，抗变形的能力就低；如果载荷过大，高于临界载荷，则旧位错总是被新位错所交割，不能聚集起足够的应变能，抗变形的能力也低；只有在载荷适当时，才会形成位错墙。

低应力幅下形成的位错亚结构由位错密度高的脉和位错密度低的通道组成，即靠近一侧晶界处位错密度高，另一侧位错密度特别低。这种结构发生在低应力幅下的位错饱和状态和较高应力幅下的循环硬化中间，是整体循环变形的结果，不导致疲劳损伤。若这种位错结构保持不变，则疲劳失效就不会发生。因此，最佳的强化锻炼载荷必定是能造成高密度位错墙的应力。对于一个结构，必然存在一个应力（目前主要通过试验确定），在它反复作用后，在晶内形成高密度位错墙，使材料强度达到最佳，这就是最佳强化锻炼载荷存在的原因。

2）齿轮试样

TEM 试验的强化试样均来自上述小载荷强化现象试验的样本，在试样制备过程中均采用标准制样法。TEM 试验制样过程：首先找准轮齿的受拉应力面，以齿根断裂点和轮齿中心线的连线作为制样水平线，此水平线基本与轮齿受力垂直。从齿根开始在制样水平线上切取样片，切取试样的长为整个断齿齿宽，取样宽度为 0.5～1mm。取样位置尽可能靠近最大拉应力区域。选择的典型试样的基本情况如表 5.13 所示。

表 5.13　分析试样基本情况

试件来源	试样	强化载荷/MPa	强化次数	过载寿命/次
原始状态	齿轮 01/10	0	0	0
S-N 曲线	齿轮 22/6	0	0	1020000
小载荷强化试验	齿轮 24/5	287	3000000	2580000

由于齿轮的强度很高、组织缺陷很少，材料的潜能得到充分的发挥。小载荷强化前后疲劳断口组织的变化也没有低强度前桥那么明显。可以初步判断，高强度

齿轮的微观组织变化也不会很明显,可进行部分 TEM 试验来定性研究小载荷强化的微观机理。原始材料的 TEM 如图 5.30 所示。未经过小载荷强化后,直接在大载荷作用下断裂时试样的 TEM 结果如图 5.31 所示(试样 22/6)。

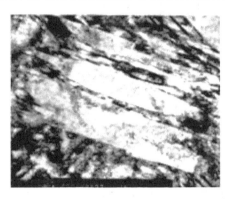

图 5.30　原始组织 01/10TEM(×20000)

图 5.31　试样 22/6TEM(×12000)

从图 5.30 中可以看到齿轮的原始组织分布均匀,基本都是板条马氏体,有微量的孪晶马氏体。和低强度前梁不同,齿轮位错密度很高,很难进行分辨。因此,这里不像低强度前梁那样通过位错密度的变化来解释小载荷强化的微观机理,而是通过组织形态的变化来定性解释小载荷强化现象。

从图 5.31 中可以明显发现马氏体存在明显的断裂、错位等现象,分析其主要原因是经过工艺强化后的高强度齿轮组织的强度和硬度都很高(表面硬度在 58HRC 以上,次表面 0.5mm 处的硬度在 45HRC 以上、强度在 1600MPa 以上),微观组织的韧性较差。因此,大载荷直接作用下强度高的马氏体组织比较容易发生断裂、错位。

强化效果较好的 24/5 试样的 TEM 微观组织如图 5.32 所示。从图中可以看到,由于强化效果较好,马氏体组织得到比较充分的锻炼和韧化,在大载荷下断裂时马氏体组织排列仍然比较均匀。

图 5.32　试样 024/5TEM(×12000)

　　适当的低载荷反复作用一定的循环次数,可以改善微观组织结构,提高疲劳强度,降低裂纹扩展速率。经过小载荷强化后,由于疲劳寿命增加、疲劳扩展区域加长,疲劳区域的裂纹扩展也变得细密。而未经过小载荷强化的齿轮,直接在大载荷下断裂,其疲劳区域长度较短、疲劳区域的裂纹扩展也较粗。

　　由于齿轮原始结构经过了工艺强化,其强度得到很大的发挥。经过小载荷强化的锻炼,虽然其疲劳寿命的提高比较明显,但是疲劳强度的提高趋势却不明显。从 TEM 组织可以清楚地看到,小载荷强化前后板条马氏体的变化很小,位错变化基本表现不出来。

　　未经过工艺强化的小载荷强化的微观机理如下:

　　在适当的低幅载荷形成的内应力反复作用下,晶内位错逐渐向晶界运动,由于晶界的阻碍,位错在晶界附近形成一道位错墙,并在此处积聚了较大的应变能,使变形过程中晶格间的摩擦力增大,局部流变应力提高,导致宏观上的整体疲劳强度提高,疲劳寿命延长。经过工艺强化后,单齿弯曲强度的潜能得到了很大的发挥,再经过小载荷强化后单齿弯曲疲劳强度的提高幅度较小,因此其微观组织的变化不是很明显,TEM 试验初步从微观上验证了经过工艺强化后齿轮疲劳强度和疲劳寿命具有提高的潜能,但提高幅度很小。

5.2.3　过载强化

　　过载强化或 French 线(图 5.33)很早已被国内外疲劳试验所证实,人们进行了深入的研究——如拉伸超载的阻滞效应、压缩超载的瞬态效应及载荷顺序的影响等,并把 French 线从高周疲劳推广到低周疲劳中[56]。目前为止,过载强化方面没有成熟的理论和模型,也很少在抗疲劳设计工程中应用。日本学者提出的经典过载强化特性如图 5.34 所示,在宏观弹性范围内,大约在寿命的前 30% 循环,材料强度会经历一个上升再下降到原始强度的过程[57]。

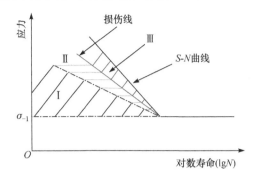

图 5.33　过载的强化和损伤

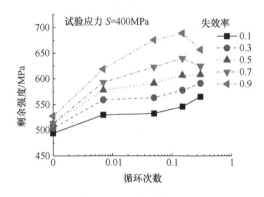

图 5.34　过载强化现象

西安交通大学通过试验研究表明,损伤线和 S-N 曲线在双对数和半对数指标下都是直线,相交于 S-N 曲线转折点,S-N 曲线斜率大的其损伤线斜率亦大,S-N 曲线斜率小的其损伤线斜率亦小[40]。

Kondratov 等把 French 曲线认为是不可逆疲劳损伤线,提出正常疲劳试验中利用内部摩擦来确定 French 曲线,不需要额外的疲劳试验,French 曲线和疲劳曲线相交于疲劳极限[58]。

Manzhula 认为 French 曲线是不同载荷下扩展裂纹和非扩展裂纹的分界线,可以根据 French 曲线确定疲劳裂纹萌生寿命,French 曲线和 Wohler 曲线不平行;把 French 曲线从高周疲劳推广到低周疲劳过程中,通过 Coffin-Manson 曲线进行估算[56]。

Hashin 等给出了不同应力下疲劳损伤线簇的通用公式和特点。不同应力下,所有损伤线交于屈服点,所有损伤线不相交,除了屈服点,损伤线不和坐标轴相交[59]。

　　朱晓阳以低碳钢为对象,试验验证了等损伤线互不平行且向下汇聚,讨论等损伤线的表达式、斜率变化和二级载荷下的疲劳寿命估算等[60]。

　　国内外学者在损伤线方面的公开研究文献并不多[61-67],代表性的内容如日本学者河本实、中川隆夫等给出的疲劳过程中的损伤线,如图 5.35~图 5.37 所示,根据损伤线可知,当载荷处于大于疲劳极限区域但是对钢产生负损伤的现象时,即为过载强化。

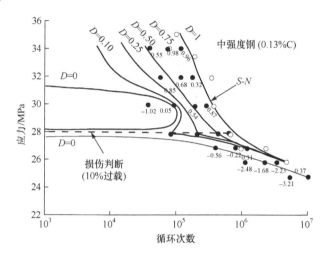

图 5.35　中强度钢损伤线

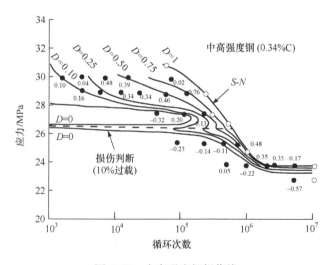

图 5.36　中高强度钢损伤线

　　本章以汽车零件和经过工艺强化的材料试样为对象,试验研究疲劳极限以下小载荷的强化和损伤效应,提出汽车零件疲劳损伤线的简单确定方法。根据载荷

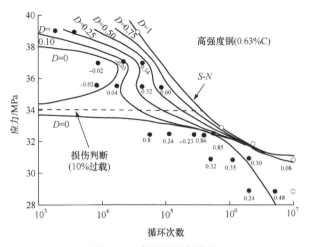

图 5.37　高强度钢损伤线

的强化和损伤特性,把疲劳载荷谱中的载荷分为三部分,即强化载荷、损伤载荷和无效载荷,如图 5.38 所示。不同疲劳载荷的强化和损伤特性如图 5.39 所示,图中大于 S_C 的载荷对材料先强化再损伤直到失效,其强化效果即为过载强化;小于 S_B 的载荷既无强化又无损伤效果,S_C 与 S_B 之间的载荷是具有强化效果的载荷。

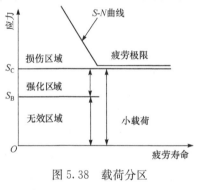

图 5.38　载荷分区

图 5.39　载荷的强化特性

5.3 基于动态强度演化的热力学过程

为了将强化更好地应用到实际当中,需要对强化和损伤进行深层次的分析与研究,下面从热力学角度来说明强度的演化过程[68]。

5.3.1 强化的热力学过程

1. 强化变量

损伤通过有效面积来表示,S 表示体元截面面积,S_0 表示有效承载面积,则损伤面积 S_D 可以用体元截面积与有效承载面积之差来表示[68]。将损伤变量 D 定义为损伤面积与体元截面积之比,即

$$D = \frac{S_D}{S} \tag{5.65}$$

当 $D=0$ 时,材料属于无损状态;当 $D=1$ 时,材料破坏(断裂)。

2. 确定强化变量

金属材料的应变分为弹性应变和塑性应变两部分。用二阶张量可以表示为

$$\varepsilon = \varepsilon^e + \varepsilon^p \tag{5.66}$$

状态变量和内变量都与自由能 Ψ 相关。因此,在引入强化变量 h、损伤变量 D 及其他变量后,函数关系可以表示为

$$\Psi = \Psi(\varepsilon, T, \varepsilon^e, \varepsilon^p, D, h, V_k) \tag{5.67}$$

式中,ε^e 为弹性应变;ε^p 为塑性应变;Ψ 为自由能;T 为时间;V_k 为内变量。

在弹塑性情况下,应变仅在分量形式 $\varepsilon - \varepsilon^p = \varepsilon^e$ 下作用,故有

$$\Psi = \Psi(\varepsilon - \varepsilon^p, T, D, h, V_k) = \Psi(\varepsilon^e, T, D, h, V_k) \tag{5.68}$$

热力学熵增不等式(热力学第二定律)严格规定了热力学过程的本质,指明了损伤过程和强化过程的发展方向。因此,损伤变量 D 和强化变量 h 都必须满足 Clausius-Duhem 不等式,经推导可得

$$\left(\sigma - \rho\frac{\partial\Psi}{\partial\varepsilon^e}\right):\dot{\varepsilon}^e + \sigma:\dot{\varepsilon}^p - \rho\left(s + \frac{\partial\Psi}{\partial T}\right)\dot{T} - \rho\frac{\partial\Psi}{\partial D}\dot{D} - \rho\frac{\partial\Psi}{\partial h}\dot{h} - \rho\frac{\partial\Psi}{\partial V_k}:\dot{V}_k - \frac{q}{T}\boldsymbol{\nabla}T \geqslant 0$$

$$\tag{5.69}$$

式中,σ 为当量载荷;Ψ 为自由能;V_k 为内变量;ε^e 为弹性应变;ε^p 为塑性应变;S 为体元截面面积;T 为时间;q 为热通量;ρ 为系统总产熵率。

Clausius-Duhem 不等式对于任意 $\dot{\varepsilon}^e$ 都能满足,对任意 T,可以得到耗散不等式,即

$$\Phi=\sigma:\dot{\varepsilon}^{\,p}-\rho\frac{\partial\boldsymbol{\Psi}}{\partial D}\dot{D}-\rho\frac{\partial\boldsymbol{\Psi}}{\partial h}\dot{h}-\rho\frac{\partial\boldsymbol{\Psi}}{\partial V_k}:\dot{V}_k-\frac{\boldsymbol{q}}{T}\boldsymbol{\nabla}T\geqslant0 \tag{5.70}$$

耗散不等式表示金属材料在强化及损伤过程中力学耗散与热耗散的关系。由于损伤耗散、强化耗散与其他耗散(如力学耗散和热耗散等)不耦合,可以应用耗散不等式对损伤耗散、强化耗散分别表示如下:

$$-\rho\frac{\partial\boldsymbol{\Psi}}{\partial D}\dot{D}\geqslant0 \tag{5.71}$$

$$-\rho\frac{\partial\boldsymbol{\Psi}}{\partial h}\dot{h}\geqslant0 \tag{5.72}$$

式(5.71)和式(5.72)分别为损伤耗散不等式和强化耗散不等式。损伤所对应的广义热力学力为

$$Y=\rho\frac{\partial\boldsymbol{\Psi}}{\partial D} \tag{5.73}$$

式中,Y 可以理解为损伤的广义驱动力。

强化内变量 h 对应的广义热力学力为

$$Y_h=-\rho\frac{\partial\psi}{\partial h} \tag{5.74}$$

式中,Y_h 表示驱动材料强化的广义能量力,可以理解为表征材料内局部缺陷降低的驱动力。

对于其他内变量 V_k,类似地可以用式(5.75)描述与其内变量相关的广义热力学力,即

$$A_k=\rho\frac{\partial\boldsymbol{\Psi}}{\partial V_k} \tag{5.75}$$

在宏观上,材料的强化表现为有效承载面积的扩大。因此,强化面积 S_h 应为有效承载面积的增量,强化内变量 h 可以定义为

$$h=\frac{S_h}{S} \tag{5.76}$$

当 $h>0$ 时,材料存在强化效果;当 $h=0$ 时,材料无强化效果。

5.3.2　疲劳损伤模型与分析

对于疲劳累积损伤,可以用载荷和循环次数描述损伤的演变:

$$\frac{\mathrm{d}D}{\mathrm{d}N}=f(\sigma,D,N) \tag{5.77}$$

式中,σ 为当量载荷;$f(\sigma,D)$ 为与损伤变量 D 和当量载荷 σ 相关的函数。

在疲劳累积损伤的演变函数 $f(\sigma,D)$ 中引入有效应力 σ_e,即

$$\frac{dD}{dN} = f(\sigma_e, D) \tag{5.78}$$

根据前面定义的可以考虑强化效果的损伤变量,确定有效应力的关系式为

$$\sigma_e = \sigma(AD+B)f_1 \tag{5.79}$$

$$dD = \sigma(AD+B)^\alpha f_1 \cdot dN \tag{5.80}$$

式中,A、B、f_1 为有效面积系数;σ 为当量载荷。

根据建立的疲劳累积损伤的演变方程,求解微分方程。推导疲劳累积损伤微分方程,可得

$$D = \left(f_1 \frac{N}{\dfrac{A^{-\alpha}}{\sigma(1-\alpha)}} + f_2 A^\alpha(1-\alpha) \right)^{\frac{1}{1-\alpha}} - \frac{B}{A} \tag{5.81}$$

式中,A、B、f_1 为有效面积系数,表示与材料性能相关的变量;σ 为当量载荷;α 为疲劳累积的系数,疲劳累积过程有线性和非线性之分,改变 α 的值可以表示不同的损伤演变情况;N 为当前加载次数。

进一步简化得到:

$$D = \left(f_1 \frac{N}{N_f} + M \right)^i + K \tag{5.82}$$

其中

$$K = -\frac{B}{A} M = f_2 A^\alpha(1-\alpha), \quad i = \frac{1}{1-\alpha}, \quad N_f = \frac{A^{-\alpha}}{\sigma(1-\alpha)} \tag{5.83}$$

根据损伤变量 D 的定义确定边界条件:初始损伤值为 0,材料破坏损伤值为 1,代入式(5.82)建立疲劳累积损伤的边界方程组:

$$\begin{cases} M^i + K = 0 \\ (f_1 + M)^i = 1 - K \end{cases} \tag{5.84}$$

当 i 取 2 时,损伤的疲劳累积曲线表现为先强化后损伤的趋势,如图 5.40 所示。

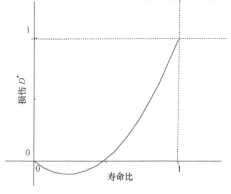

图 5.40　先强化后损伤的疲劳累积曲线

5.4　基于动态强度特征的疲劳累积损伤

5.4.1　现有疲劳累积损伤理论

疲劳累积损伤理论研究在变幅疲劳载荷作用下疲劳损伤的累积规律和疲劳破坏的准则,它对疲劳寿命的预测十分重要。实际机械零件所承受的疲劳载荷时间历程十分复杂,即使随机载荷历程已知,随着零件材料和尺寸的变化,相应的疲劳应力时间历程也会改变。如果直接通过试验来研究载荷历程的各个参数,以及材料和结构尺寸对疲劳寿命的影响,其试验量非常大。但材料和零件的等幅疲劳试验简单易行,且已积累了大量的试验结果,如果能建立疲劳累积损伤准则,则可以由等幅疲劳试验结果对结构在变幅以及随机载荷时间历程作用下的疲劳寿命和强度进行可靠性分析。因此,疲劳累积损伤准则在疲劳可靠性理论中占有举足轻重的地位。

疲劳损伤的形式多样,目前定义损伤变量有两种途径:微观或物理的;宏观或唯象的。损伤力学、连续介质力学、固体力学、不可逆热力学及损伤测量方法的不断进步为材料和零件疲劳损伤机理及其演化动力学规律提供了重要的手段和方法。由于疲劳损伤的演化机理尚不清楚,在建立对疲劳寿命评价至关重要的损伤演化规律时,只能依据大量试验结果提出经验性规律,现有的损伤理论通常包含大量含义不明的待定系数。

疲劳损伤的定义有很多,对于发展一个实用的疲劳累积损伤理论而言,大多采用宏观唯象的定义。现有的疲劳累积损伤规律(至少有几十种)可以归纳为三类:线性疲劳累积损伤理论、修正的线性疲劳累积损伤理论和非线性疲劳累积损伤理论。另外,还有一些用于疲劳可靠性分析的疲劳累积损伤的统计理论。这些疲劳累积损伤理论归纳起来可以分为以下几种[69-74]。

(1) 线性疲劳累积损伤理论,即 Miner 法则。Miner 法则认为在变幅疲劳加载下,材料各级应力循环中吸收的净功相互独立,与应力等级的前后顺序无关,材料吸收的净功达到临界值时,疲劳破坏发生。Miner 法则在工程上简便易用,断裂力学、损伤力学提供的损伤演变规律显示,在一定力学条件下,即使损伤是非线性的,Miner 法则在均值或中值意义上也仍然成立。

(2) Langer 准则。Langer 创造性地提出疲劳破坏应分成裂纹萌生和扩展两个阶段,并建立对这两个阶段均适用的 Langer 准则。Langer 准则与 Miner 准则实质上是一致的。

(3) Marco-Starkey 与 Henry 损伤模型。Marco-Starkey 提出了损伤曲线法,用来解释载荷的顺序效应问题,但没有给出损伤的具体公式。Henry 提出用等幅剩余 S-N 曲线建立疲劳损伤模型,虽然模型试验量巨大,但是思路很有新颖。

(4) 修正的线性 Miner 准则,其中最有影响的是 Mason 和 Miller 等提出的双线性 Miner 准则,亦称 Mason 法则。Manson 提出把疲劳过程划分为两个阶段的双线性累积损伤理论——裂纹扩展寿命和裂纹形成寿命。

(5) Corten-Dolan 理论。这是 Corten 和 Dolan 提出的一个比较实用的非线性损伤理论。Cortne-Dolan 理论考虑了损伤发展的非线性,一般使用该理论进行汽车、拖拉机零件的寿命估算。但是它也有两个缺点:许多试验表明,损伤核数目不仅与应力水平有关,还与应力作用次数有关;随机载荷下的疲劳寿命估算仍有较大误差。

在众多疲劳累积损伤理论和模型中,工程中常用的是 Miner 法则、修正 Miner 法则、Manson 双线性损伤理论和 Corton-Dolan 损伤理论等。

1. 线性疲劳累积损伤理论

(1) Miner 法则:最早进行疲劳累积损伤研究的研究者是 Palmgren,他于 1924 年在估算滚动轴承的寿命时,假想损伤积累与转动次数呈线性关系,首先提出了疲劳损伤积累是线性的假设。其后,Miner 于 1945 年又将此理论公式化,形成著名的 Palmgren-Miner 线性累积损伤法则,简称 Miner 法则。由于此理论形式简单、使用方便,在工程中得到了广泛应用。

Miner 进行了如下假设:试样所吸收的能量达到极限值时产生疲劳破坏。从这一假设出发,如破坏前可吸收的能量极限为 W,试样破坏前的总循环数为 N,在某一循环数 n_1 时试样吸收的能量为 W_1,则由于试样吸收的能量与其循环数间存在正比关系,有

$$\frac{W_1}{W} = \frac{n_1}{N} \tag{5.85}$$

这样,若试样的加载历程由 σ_1、σ_2、$\cdots$、σ_l 这样的 l 个不同的应力水平构成,各应力水平下的疲劳寿命依次为 N_1、N_2、$\cdots$、N_l,各应力水平下的循环数依次为 n_1、n_2、$\cdots$、n_l,损伤量为

$$D = \sum_{i=1}^{l} \frac{n_i}{N_i} = 1 \tag{5.86}$$

当 $D=1$ 时,试样吸收的能量达到极限值 W,试样发生疲劳破坏。式(5.86)就是 Miner 法则的数学表达式。

当临界损伤和改为一个不等于 1 的其他常数时,即成为修正 Miner 法则。修正 Miner 法则的数学表达式

$$D = \sum_{i=1}^{l} \frac{n_i}{N_i} = \alpha \tag{5.87}$$

式中，α 为常数。

（2）相对 Miner 法则：根据许多研究者对临界损伤和 D_f 的进一步研究，发现它与加载顺序及零件形状等因素有较大关系，其值可能在 $0.1 \sim 10$ 的很大范围内变化。但是，对于同类零件，在类似的载荷下具有类似的数值。因此，使用同类零件，对类似载荷谱下的实验值进行寿命估算，就可以大大提高其寿命的估算精度。这种方法称为相对 Miner 法则，其表达式为

$$D = \sum_{i=1}^{l} \frac{n_i}{N_i} = D_f \tag{5.88}$$

式中，D_f 为同类零件在类似载荷谱下的损伤和试验值。

要使用相对 Miner 法则进行寿命估算，必须积累各类零件在其典型服役载荷谱下的 D_f 试验值。由于应力水平、截断水平、舍弃水平对 D_f 值也有较大影响，因此所得 D_f 值只能在相同的应力水平、截断水平和舍弃水平下应用。

2. 双线性累积损伤理论

Manson 经过近 20 年的研究工作，在 1891 年提出双线性累积损伤理论，把疲劳过程划分为两个不同的阶段，在这两个阶段中，损伤分别为两种不同的线性规律。通过试验和分析，Manson 提出第 Ⅰ 阶段的寿命 $N_{\text{I}i}$ 和第 Ⅱ 阶段的寿命 $N_{\text{II}i}$ 的计算公式，即

$$N_{1i} = N_{fi} \exp(Z N_{fi}^{\phi}) \tag{5.89}$$

$$\phi = \frac{1}{\ln\left(\dfrac{N_1}{N_2}\right)} \ln\left\{ \frac{\ln\left[0.35 \left(\dfrac{N_1}{N_2}\right)^{0.25} \right]}{\ln\left[1 - 0.65 \left(\dfrac{N_1}{N_2}\right)^{0.25} \right]} \right\} \tag{5.90}$$

$$Z = \frac{\ln\left[0.35 \left(\dfrac{N_1}{N_2}\right)^{0.25} \right]}{N_1^{\phi}} \tag{5.91}$$

$$N_{\text{I}i} = N_{fi} - N_{ji} \tag{5.92}$$

式中，N_{fi} 为第 i 级载荷下的等幅疲劳寿命；N_1 为该载荷谱中最高应力水平下的疲劳寿命；N_2 为该载荷谱中损伤最大的应力水平下的疲劳寿命；$N_{\text{I}i}$ 为第一阶段的寿命。

双线性疲劳累积损伤概念示意图如图 5.41 所示。

3. 非线性累计损伤理论

1）损伤曲线法

根据很多学者的研究发现，加载顺序和应力比对疲劳寿命有很大影响。旋转

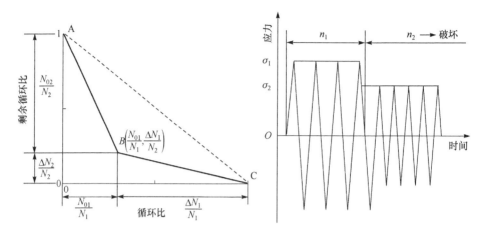

图 5.41　双线性疲劳累积损伤概念示意图

弯曲和拉-压疲劳试验时,在低-高顺序下,由于低应力的锻炼作用,损伤和 D_f 常大于 1;在高-低顺序下,由于已萌生的疲劳裂纹在低应力下也能扩展,损伤和 D_f 常小于 1。在对缺口试样进行脉动拉伸疲劳试验时,由于受到高载荷下遗留的局部压缩残余应力的作用,高-低顺序下的损伤和 D_f 常大于 l。线性累积损伤理论由于没有考虑载荷间的干涉效应,不能解释这一现象。而 Marco 和 Starkey 于 1954 年提出的损伤曲线法,对此现象进行定性的合理解释。假定损伤 D 与循环比呈以下的指数关系,即

$$D \propto \left(\frac{n}{N}\right)^{\alpha} \tag{5.93}$$

式中,α 为大于 1 的常数。应力水平越低,α 值越大;应力水平越高,α 值越接近于 1。

　　这样,低应力和高应力下的损伤曲线如图 5.42 中的曲线 OBP 和曲线 OAP 所示。于是,可得出低-高顺序下的损伤和为

$$\sum_{i=1}^{l} \frac{n_i}{N_i} = \frac{n_2}{N_2} + \left(1 - \frac{n_1}{N_1}\right) = 1 + \left(\frac{n_2}{N_2} - \frac{n_1}{N_1}\right) > 1 \tag{5.94}$$

高-低顺序下的损伤和为

$$\sum_{i=1}^{l} \frac{n_i}{N_i} = \frac{n_1}{N_1} + \left(1 - \frac{n_2}{N_2}\right) = 1 - \left(\frac{n_2}{N_2} - \frac{n_1}{N_1}\right) < 1 \tag{5.95}$$

　　2) Corten-Dolan 理论

　　Corten 和 Dolan 在 1956 年提出了一个比较实用的非线性损伤理论,认为在试样表面的许多地方可能出现损伤,损伤核的数目 m 由材料所承受的应力水平决定。在给定的应力水平作用下所产生的疲劳损伤 D 可以用式(5.96)表示,即

$$D = mrn^a \tag{5.96}$$

式中,a 为常数;m 为损伤核的数目;r 为损伤系数;n 为应力循环数。

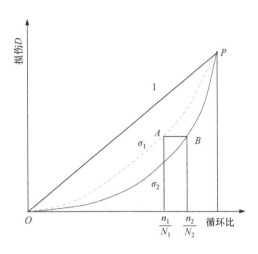

图 5.42 损伤与循环比的幂指数率关系图

对于不同的载荷历程,疲劳破环的总损伤 D 为一常数。由此出发,提出疲劳寿命公式:

$$N = \frac{N_j}{\sum_{i=1}^{l} \alpha_i \left(\dfrac{\sigma_i}{\sigma_1}\right)^d} \tag{5.97}$$

式中,N 为总疲劳寿命;σ_1 为最高应力水平的应力幅值,MPa;N_1 为应力 σ_1 下的疲劳寿命;α_i 为应力水平 σ_i 下的应力循环数占总循环数的比例;d 为材料常数;l 为应力水平级数。

他们认为,d 值应该用二级程序试验求出。试验时用第一级应力幅等于服役载荷谱中的最高应力幅,各试样的第二级应力幅逐级降低,每个程序块中的第一级应力与第二级应力的周次比等于服役载荷频率曲线上的相应频率比。将试验结果在对数坐标上进行线性拟合,即可绘出图 5.42 中曲线 1 的二级程序 S-N 曲线,如图 5.43 所示。这里 σ_2 为第二级应力幅,N_2' 为第二级应力下的等效寿命,它用式 (5.98) 计算:

$$N_2' = N_2 + n_1 \left(\frac{\sigma_1}{\sigma_2}\right)^d \tag{5.98}$$

横坐标用等效寿命 N_2' 而不用试验寿命 N_2 的原因,是此曲线反映了高应力对低应力下疲劳寿命的影响,不应包括高应力本身造成的损伤。事实上,在进行二级程序试验时,高应力不但对低应力下的疲劳寿命产生影响,对它本身也造成损伤。为避免将高应力产生的损伤重复计算,应将高应力 σ_1 下的循环数折合为低应力 σ_2 下的等效寿命 N_1',并与低应力 σ_2 的等效寿命相加得出 σ_2 下的等效寿命 N_2。d 值为二级程序 S-N 曲线斜率的负倒数,它用式 (5.99) 计算:

$$d = \frac{\lg[\alpha_2 N - \lg(N_1 - \alpha_1 N)]}{\lg\left(\dfrac{\sigma_1}{\sigma_2}\right)} \tag{5.99}$$

式中，N 为二级程序载荷下的总寿命；N_1 为第一级应力下的等幅疲劳寿命；α_1 为第一级应力下的循环数占总循环数之比；α_2 为第二级应力下的循环数占总循环之比。

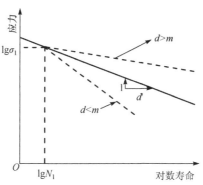

图 5.43　二级程序 S-N 曲线

由图 5.43 可以看出 Corten-Dolan 理论与 Miner 法则的区别，只是将 S-N 曲线的斜率参数由等幅载荷下的 m 改为二级程序载荷下的 d。d/m 反映了前级高载荷对 S-N 曲线的影响。周期施加高载荷，会使后续低载荷下的疲劳寿命降低，因此，d/m 值一般小于 1，其变化范围为 0.7～1，前级应力水平越高，d/m 值越小。当缺乏试验数据时，可近似取 d/m 为 0.85。

经过长期的疲劳试验和研究发现，工程中常用的疲劳累积损伤理论和模型存在不足：①过多地考虑载荷的损伤，大多忽略疲劳极限以下小载荷的强化效应和疲劳损伤线，导致实际载荷谱下的疲劳预测可能过于保守；②没有明确提出机械零件服役过程中强度的动态变化特性和动态强化的演化过程；③在剩余强度领域中，未考虑剩余强度的强化效应，仅把剩余强度假设为单调下降函数；④经验和半经验的理论和模型占主导，缺乏严格的理论推导等。

5.4.2　载荷强化模型

日本学者山田敏郎针通过研究给出了材料考虑强化效果的疲劳寿命估算模型，其假定材料或结构的 S-N 曲线可用指数形式表示[19]，即

$$\frac{1}{N} = \exp(A\sigma + D) \tag{5.100}$$

式中，σ 为循环应力；N 为疲劳寿命；A、D 为材料常数。

根据线性累积损伤原理可知，应力 σ 每循环一次所造成的损伤为

$$F = \exp(A\sigma + D) \tag{5.101}$$

当 $F = 1$ 时,发生疲劳破坏。

对于金属材料和结构,虽然名义应力小于屈服强度,但是局部可能发生塑性变形而产生加工硬化。因此,载荷的每次循环,对材料或结构产生损伤的同时还产生了强化作用。

从强化过程来看,强化效果是载荷及其循环次数的函数。为了体现载荷的强化作用,需要构造强化函数,在损伤的基础上乘以强化函数。当载荷过小,处于无效的强化区域(即对疲劳损伤无影响的区域)时,强化函数为 1。

假设强化函数形式为 $\exp(-m\sigma)$,考虑强化作用时,第 N' 次循环造成的损伤可表示为第 $(N'-1)$ 次循环的损伤乘以强化函数。根据疲劳破坏的条件(即损伤 $F = 1$),可得各种载荷循环下,产生损伤累积的同时还产生强化作用的 S-N 曲线方程为

$$\frac{\exp\big[(A+m)\sigma + D\big]}{-m\sigma}\big[\exp(-m\sigma N) - 1\big] = 1 \tag{5.102}$$

式中,m 为常量,可根据疲劳极限的条件决定。

在变幅载荷下,假设在一个变化周期内应力总频数为 n_0,该周期内的累积频数为 n,则同时考虑载荷损伤和强化时疲劳破坏时的循环次数为

$$Z = \frac{-1}{m\int_0^{n_0} H(n)\mathrm{d}n}\ln\left[1 - \frac{m\int_0^{n_0} H(n)\mathrm{d}n}{\int_0^{n_0}\exp(AH(n)+D)\mathrm{d}n}\right] \tag{5.103}$$

式中,$H(n)$ 为一个变化周期内的应力累积频率。

零件失效时的总循环次数为

$$N_t = n_0 z \tag{5.104}$$

该模型为考虑小载荷强化的疲劳累积损伤模型,能很好地估算变幅载荷(包括疲劳极限以下的载荷)下的累积损伤。

经过对小载荷强化的大量研究[75],发现在载荷的锻炼下强度会高于原来制造完成时的原始强度。为了评价这种升高程度,提出结构的强度增长模型为

$$\lg\frac{Q_b}{Q_0} = \lg\frac{P_0}{P_a}\lg\frac{n}{10^5} \quad (P_a < P_0) \tag{5.105}$$

式中,P_0 为结构的疲劳极限。

式 (5.105) 描述具体初始静强度 Q_0 的结构在幅值为 P_a 的载荷下循环加载 n 次后,其静强度将会升至 Q_b[76,77]。

5.4.3　动态强化演化过程

动态强化演化必须在一定的假设前提下进行,具体假设如下。

（1）把变幅载荷的疲劳过程分为小载荷的强化过程、过载无损伤过程和损伤过程。当强化和（或）无损伤过程完成后，进行损伤过程，此时所有载荷都为损伤载荷，疲劳极限以下小载荷的计算按照 S-N 曲线直接延伸。

（2）小载荷强化和过载无损伤过程都是线性累积的，且满足线性叠加，损伤过程则是非线性累积的。

（3）强化或损伤后的 S-N 曲线和原始 S-N 曲线平行，强化过程和无损伤过程只考虑终点 S-N 曲线的位置，不考虑移动过程。

1. 小载荷强化过程

小载荷强化过程中，强度是动态变化的，S-N 曲线也是不断移动的。利用小载荷强化理论判定载荷谱中小载荷是否具有强化作用，如果没有强化作用，则 S-N 曲线的移动量为零；如果具有强化效果，那么先确定载荷强化的临界位置。强化临界位置确定的步骤如下。

（1）精确测定强化位置，通过试验确定载荷谱中每个小载荷的强化量，对其进行累加，达到最佳强化的位置。

（2）折中原则。先对强化效果最明显的载荷与最不明显的载荷的强化效果求其平均值，然后累积。

（3）偏安全原则。对载荷谱中小载荷的强化量线性平移 S-N 曲线，计算强化效果。当 S-N 曲线强化临界位置和（或）无损伤过程结束时，强化过程结束。

在疲劳累积损伤模型中强化过程的估算步骤和具体实现方法如图 5.44 所示，具体介绍如下。

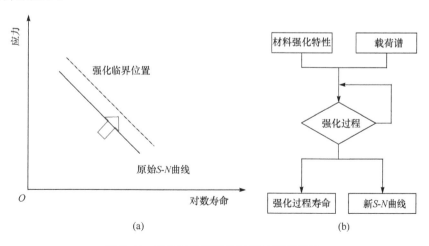

(a)　　　　　　　　　　　　(b)

图 5.44　强化过程和强化过程计算流程图

（1）确定强化小载荷的强化能力，包括强化载荷区域、强化次数区域和强化后强度提高比例，可以通过小载荷强化试验或经验进行估算。

（2）认为小载荷在强化区域内（载荷区域和次数区域）的强化过程是线性累积。

（3）当所有具有强化效果的强化小载荷强化线性累积和为 1 时，小载荷强化结束。

（4）强化过程中所有载荷的作用次数记为强化过程的疲劳寿命。

（5）小载荷强化完成后，强度提高，S-N 曲线平行上移，移动距离为强度提高比例。

（6）为了计算方便，不考虑强化过程中 S-N 曲线的移动过程，只考虑最终移动位置。强化过程完成后，载荷谱中所有载荷在新移动的 S-N 曲线上进行损伤。

2. 过载无损伤过程

图 5.45 所示的 S-N 曲线的虚线为损伤线，通过损伤线与 S-N 曲线的关系估算恒幅载荷对应的无损伤寿命。变幅载荷下的无损伤过程可以通过累积无损伤量的方法判断无损伤过程。

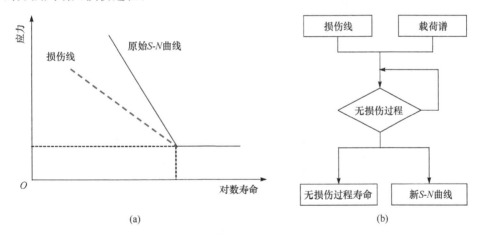

图 5.45　无损伤过程和无损伤过程计算流程图

无损伤过程的计算流程具体如下。

（1）初步提出疲劳损伤线的特征，给出具体损伤线的求法。

（2）以疲劳损伤线为分水岭，疲劳损伤线前载荷的所有作用效果为线性，损伤过程从疲劳损伤线开始计算载荷谱中所有载荷的损伤。

（3）无损伤过程按照过载线性累积，累积和达到 1 时无损伤过程结束。

(4) 损伤线前不考虑过载强度变化过程,过载损伤计算从原始 S-N 曲线开始。

(5) 无损伤过程的寿命为该过程过载无损伤寿命和载荷谱其他载荷作用次数之和。

3. 损伤过程

材料或零件在经历强化过程或无损伤过程后,将在新 S-N 曲线下进入损伤通道。载荷使材料或零件损伤时,相应应力下对应的疲劳寿命减少,S-N 曲线下移,剩余疲劳强度降低,剩余疲劳寿命变小,损伤量增加。损伤阶段疲劳强度呈现一个不断下降的过程,当疲劳强度小于等于所受的载荷时,就会发生断裂失效。由损伤过程中强度的下降趋势可以推断 S-N 曲线的下移过程是越来越快的。按照非线性损伤的形式进行加速向下移动。

由图 5.46 可知载荷的损伤速度越来越快,S-N 曲线的下移量越来越大,S-N 曲线在载荷 S 作用 $i-1$ 次数后,下降到达直线 L_{i-1} 的位置。

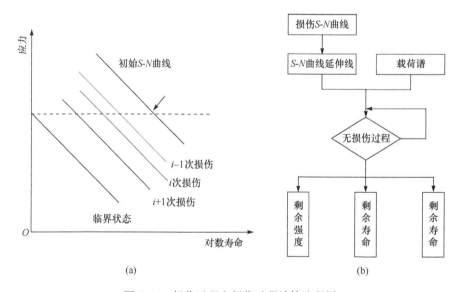

图 5.46　损伤过程和损伤过程计算流程图

小载荷强化和(或)无损伤过程完成后,进入损伤过程,在损伤过程中所有载荷都具有损伤作用。具体的计算步骤如下。

(1) 以原始 S-N 曲线或强化后的 S-N 曲线作为损伤开始,传统疲劳极限以下小载荷损伤按照 S-N 曲线延伸计算。

(2) 损伤过程动态强化的演化是通过 S-N 曲线实时移动实现的,给出了工程中简单实用的移动算法。

（3）基于 S-N 曲线移动的动态强度疲劳累积模型用于实现损伤加速,可以解释载荷谱中小载荷的加速损伤、载荷次序效应,也可以计算剩余强度和剩余寿命。

失效按照应力和强度干涉模型判断,应力大于等于强度时计算结束。图 5.47 为总疲劳寿命预测过程计算流程图。

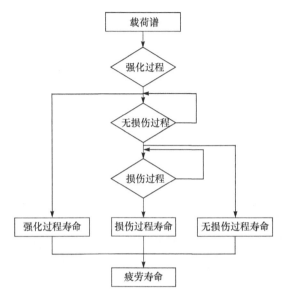

图 5.47　总疲劳寿命预测过程计算流程图

由图 5.47 可知,变幅载荷的疲劳过程分为小载荷的强化过程、过载无损伤过程和损伤过程三个过程。总的疲劳寿命预测为三个过程相应寿命的总和[78]。

5.4.4　基于强度特征的疲劳累积损伤

基于零件强化和损伤的大量试验数据,卢曦等提出两种变幅载荷下基于载荷强化和损伤的疲劳累积损伤模型和疲劳寿命预测模型。一种是变幅载荷下基于损伤线和应力寿命线的机械零件疲劳寿命预测方法,另一种是基于 S-N 曲线移动的疲劳寿命预测方法[79,80]。

1. 损伤线

大量的疲劳试验表明,机械材料和结构在服役过程中承受的某些载荷循环不仅会产生损伤,还会产生强化作用,特别是当载荷处于疲劳极限附近或略小于疲劳极限时,载荷的强化程度和损伤程度比较接近,甚至超过损伤程度。要变幅载荷下材料和结构的破坏机理、预测复杂服役条件下材料和结构的疲劳寿命预测等,都不能回避次载强化和过载强化。

　　变幅载荷下基于损伤线和应力寿命线的机械零件疲劳寿命预测方法具体实施步骤如下。

　　(1) 确定机械零件的应力寿命线,即 S-N 曲线:机械零件的 S-N 曲线可以通过传统的疲劳试验得到,也可以由材料 S-N 曲线估算。

　　(2) 确定机械零件的损伤线:确定材料或零件的损伤线有两种方法,即试验法和估算法。试验法中,疲劳极限不降低的最大过载循环次数的连线为损伤线,即过载不产生损伤的最大次数连线。估算法中,按照损伤线和 S-N 曲线的定义,它们在 S-N 曲线转折点相交,大量的试验数据表明损伤线在双对数下也为直线,斜率约为 S-N 曲线的 2/3。

　　(3) 以原始强度为参照,通过损伤线和 S-N 曲线把疲劳极限以上载荷(简称过载)的作用分为两大区域,即无损伤区域和损伤区域。通过损伤线和 S-N 曲线,可以将过载载荷的作用分成两个区域,即损伤线以下的区域为无损伤区域,损伤线与 S-N 曲线之间的区域为损伤区域。

　　(4) 根据损伤线和 S-N 曲线,计算过载的无损伤过程寿命和损伤过程寿命,确定过载的损伤系数。

　　(5) 变幅载荷中疲劳极限以下载荷(简称次载)的强化和损伤计算,确定变幅载荷下零件的强化潜能、次载的强化过程寿命和损伤过程寿命。

　　如果变幅载荷中含有疲劳极限以下的小载荷,为了更准确地预测寿命,需要先考虑次载强化及变幅载荷下次载的损伤。变幅载荷下次载强化、强化潜能按照现有的小载荷强化方法进行处理,假定达到强化潜能后,零件新的 S-N 曲线平行于原始 S-N 曲线。强化过程寿命是不同次载强化过程的线性累积之和。

　　(6) 变幅载荷下零件的疲劳寿命预测:变幅载荷下零件的疲劳寿命是载荷的强化过程寿命、无损伤过程寿命和损伤过程寿命的累积之和。强化过程寿命:按照上述方法线性累积不同次载的强化次数;无损伤过程寿命:如果结构经过小载荷强化,那么不计算无损伤过程寿命;否则需要计算过载无损伤过程寿命,过载无损伤过程寿命的计算体验可以按照线性累积估算。当过载无损伤的累积次数之和为 1,即式(5.106)成立时,过载无损伤过程完成,不同载荷的累积和就是无损伤区域的总寿命:

$$\sum_{i=1}^{m} \frac{n_i}{N_{di}} = 1 \qquad (5.106)$$

式中,n_i 为每级载荷作用次数;m 为变幅载荷级数;N_{di} 为第 i 级载荷无损伤过程寿命。

　　损伤过程寿命计算时,损伤累积次数之和为 1,即式(5.107)成立时,载荷的损伤过程完成,零件失效:

$$\sum_{i=1}^{m} \frac{n_i}{N_{si}} = 1 \tag{5.107}$$

式中，N_{si} 为第 i 级载荷的损伤过程寿命；m 为载荷级数。机械零件的疲劳寿命就是强化过程寿命、无损伤过程寿命和损伤过程寿命之和。

2. 移动 S-N 曲线

试验结果表明，小载荷具有强化效果，且单一载荷作用时，疲劳极限以上的某些载荷在全生命中的前 30％ 次循环，材料的强度经历一个上升再下降的过程；疲劳极限以下的某些载荷，可使材料的强度上升并达到某一极限。由此可以推断，材料或结构在变幅载荷下，其强度（包括静强度和疲劳强度）时刻都在发生变化，即材料或结构的 S-N 曲线是动态变化的[80]。

零件在服役过程中的载荷是随机载荷，大载荷和小载荷随机出现，意味着对零件有强化作用的载荷和有损伤的载荷均是瞬态载荷，当前的载荷有可能形成强化，上一刻的载荷有可能形成损伤，而下一刻的载荷可能造成损伤，也可能形成强化，因此零件在服役过程中的强化和损伤是随时发生的，整个过程非常复杂，在这一过程中虽然考虑了载荷强化效应，但给工程应用带来了极大的困难，为了便于工程应用，本书提出以下两个假设。

假设 1：零件在服役过程中分为强化和损伤两个独立的过程，即零件先进行强化，强化过程结束后进入损伤过程。

假设 2：过载强化次数达到循环比的 10％ 或强化小载荷达到最佳强化次数时，强化过程完成，零件的 S-N 曲线完成平移，损伤过程按照新的 S-N 曲线加速损伤，计算损伤时需考虑加速系数。

在以上两个假设前提下，考虑零件服役过程中的强化和损伤，提出基于强度特征的疲劳累积损伤模型，其评价过程如下所示。

（1）获得原始 S-N 曲线：通过对材料或零件进行疲劳试验，得到原始材料或零件的应力-寿命曲线，即 S-N 曲线。

（2）确定强化特性：确定原始材料或零件的强化特性，包括疲劳极限以上大载荷的强化特性、过载强化和疲劳极限以下小载荷的强化特性、小载荷强化特性或次载强化特性。

（3）计算强化或损伤量：根据变幅载荷谱中载荷的循环次数计算材料或零件的强化或损伤量，包括疲劳极限以上载荷的强化量或损伤量、疲劳极限以下小载荷的强化量或损伤量。计算中可以假定原始材料或零件先经历载荷的强化累积过程，再经历载荷的损伤累积过程直到最后失效。

（4）计算新的 S-N 曲线：根据材料或零件的强化或损伤量移动 S-N 曲线，得到新的 S-N 曲线。新 S-N 曲线充分考虑了不同载荷的强化和损伤累积，是后续载荷谱下疲劳寿命预测和损伤计算的依据,也是判断后续无效载荷(既无强化也无损伤)的依据,通过移动 S-N 曲线可实现材料或零件强度的动态变化过程。

(5) 计算疲劳寿命:疲劳寿命计算,重复步骤(3)和步骤(4)直到材料或零件失效,即材料或零件所受的载荷达到或超过材料或零件的强度,累积损伤和为 1,失效时的载荷累积总循环次数为材料或零件的疲劳寿命。

3. 具体实例

以某拖拉机的半轴为例,材料为 40Cr 调质,屈服极限为 905MPa,抗拉强度为 1000MPa。半轴原始载荷谱经压缩处理后转换得到的试验 5 级应力谱如表 5.14 所示。

表 5.14　半轴试验载荷谱

应力	应力级 1	应力级 2	应力级 3	应力级 4	应力级 5
平均应力 τ_m/MPa	134.72	134.72	121.09	107.32	93.81
应力幅值 τ_a/MPa	127.99	121.59	108.79	92.79	73.59
循环次数 n_i	17	54	140	447	1640

表 5.14 中载荷的总循环次数为 2298。疲劳试验是利用表 5.14 中的载荷谱进行伪随机加载试验。实际试验中,采用随机抽取载荷序号的方法施加载荷,表 5.14 所示载荷谱中的应力级分别标以序号 1、2、3、4、5(即载荷序号),试验前由计算机随机地抽取载荷序号,排定载荷次序,如表 5.15 所示。

表 5.15　随机疲劳试验载荷施加次序

3、5、1、4、2	5、2、3、1、4	1、5、2、4、3
5、2、3、1、4	2、1、4、5、3	1、5、2、4、3

试验中,每个试样均按表 5.15 所示的次序施加载荷。当运行至某一载荷序号时,如 3,则 3 所代表的那级载荷(即第 3 级载荷)的相应循环数就连续运行完毕,再进行下一级载荷。表 5.15 所示的载荷次序运行一遍后,再重复此次序,直至试样疲劳失效。一次循环 5 级载荷共作用 13788 次。

对半轴原始载荷谱进行压缩处理后转换得到的试验 5 级应力谱。在 5 级应力谱组成的随机谱下的试验寿命估算均值约为 3350000 次。

下面按照一种基于强化和损伤的移动 S-N 曲线疲劳寿命预测方法对半轴的疲劳寿命进行估算,具体步骤如下。

(1) 确定零件的 S-N 曲线。为了判断载荷谱中载荷的强化和损伤,通过零件的疲劳试验和试验数据处理,给出不同平均应力 τ_m 下的一组 S-N 曲线和估算的疲劳极限,其中估算疲劳极限为零件在该平均应力下循环 200 万次的应力幅值,如

表 5.16 所示。

表 5.16　不同平均应力下的 S-N 曲线和疲劳极限

平均应力 τ_m/MPa	S-N 曲线	疲劳极限/MPa
134.72	$\lg N_f = 17.3897 - 5.7244\lg\tau_a$	86.52
121.09	$\lg N_f = 17.5389 - 5.7808\lg\tau_a$	87.90
107.32	$\lg N_f = 17.6884 - 5.8371\lg\tau_a$	89.31
93.81	$\lg N_f = 17.8340 - 5.8918\lg\tau_a$	90.68

根据表 5.16 中不同平均应力下的 S-N 曲线,可以计算得到试验载荷谱(表 5.17)不同应力级所对应的疲劳寿命,如表 5.17 所示。

表 5.17　不同应力级下的疲劳寿命

应力	应力级 1	应力级 2	应力级 3	应力级 4	应力级 5
平均应力 τ_m/MPa	134.72	134.72	121.09	107.32	93.81
应力幅值 τ_a/MPa	127.99	121.59	108.79	92.79	73.59
疲劳极限 τ_{-1}/MPa	86.52	86.52	87.90	89.31	90.68
疲劳寿命 N_i/($\times 10^5$ 周)	2.13	2.85	5.83	16.0	68.4

(2)确定材料或零件的强化特性。材料或零件的强化特性主要包括疲劳极限以下低幅载荷的强化(亦称小载荷强化)和疲劳极限以上的过载强化。不同材料和零件的强化特性是通过一系列的疲劳试验得到的。当没有具体的强化试验结果时,可以根据已有的强化特性结果进行估算。

试验得到 $40Cr$ 材料试样在扭转疲劳试验下,最佳强化次数为 250000,具有强化效果的载荷区域为 $(0.8\sim1.0)\tau_{-1}$,强化后疲劳强度提高的最大比例约为 8%。偏安全起见,估算半轴零件的疲劳强度的最大提高比例为 6%。过载荷强化按照试验结果进行估算,即在试验载荷下,材料或结构的强度值在结构寿命的前 20%～30%循环次数下会经历一个上升再下降的过程。没有疲劳试验数据时,按照寿命的前 10%强度上升到最大,强度提高的最大比例可以参考小载荷强化的结果。

(3)材料或零件的强化或损伤量计算。为了完整地说明预测过程,基于强化和损伤的移动 S-N 曲线疲劳寿命预测方法在计算拖拉机半轴疲劳寿命时进行了一些简化,即没有循环计算载荷谱中的瞬态强化和瞬态损伤(需要编程计算),把整个疲劳过程简化为强化过程和损伤过程。

按照试验加载谱方式进行强化或损伤量计算,强化过程中假定无论是小载荷强化次数还是过载强化次数达到各自的最佳强化次数后,强化过程完成。对于本例,过载次数达到循环比的 10%或强化小载荷达到最佳强化次数(25 万)时,零件 S-N 曲线上升到最高,移动 S-N 曲线,再按照新的移动 S-N 曲线计算损伤量直到零件失效。

根据表 5.14 中载荷谱的各级载荷大小、强化次数,可以估算出 25 个循环块后半轴零件达到最佳强化效果,疲劳强化约提高 6%,如表 5.18 所示。

表 5.18　25 个循环块后的零件强化量

应力	应力级 1	应力级 2	应力级 3	应力级 4	应力级 5
平均应力 τ_m/MPa	134.72	134.72	121.09	107.32	93.81
应力幅值 τ_a/MPa	127.99	121.59	108.79	92.79	73.59
疲劳极限 τ_{-1}/MPa	86.52	86.52	87.90	89.31	90.68
疲劳寿命 N_i/($\times 10^5$ 周)	2.13	2.85	5.83	16.0	68.4
每块中各级载荷次数	102	324	840	2682	9840
25 块中各级载荷次数	2550	8100	21000	67050	246000
循环比/%	1.20	2.84	3.60	4.19	3.60
强化后疲劳极限/MPa	91.71	91.71	93.17	94.67	96.12

(4) 确定新的 S-N 曲线。假设材料或零件强化或损伤后,整个 S-N 曲线向右上或左下平移,且保持 S-N 曲线的斜率不变。经过前 25 块循环后,新的 S-N 曲线向右上方平移,强度提高 6%。达到最佳强化后新的 S-N 曲线和疲劳极限如表 5.19 所示。

表 5.19　不同平均应力下新的 S-N 曲线和疲劳极限

平均应力 τ_m/MPa	新 S-N 曲线	疲劳极限/MPa
134.72	$\lg N_f = 17.5214 - 5.7244\lg\tau_a$	91.71
121.09	$\lg N_f = 17.6741 - 5.7808\lg\tau_a$	93.17
107.32	$\lg N_f = 17.8361 - 5.8371\lg\tau_a$	94.67
93.81	$\lg N_f = 19.9823 - 5.8918\lg\tau_a$	96.12

各级加载谱在新 S-N 曲线下的寿命如表 5.20 所示。

表 5.20　不同加载谱在新 S-N 曲线下的疲劳寿命

应力	应力级 1	应力级 2	应力级 3	应力级 4	应力级 5
平均应力 τ_m/MPa	134.72	134.72	121.09	107.32	93.81
应力幅值 τ_a/MPa	127.99	121.59	108.79	92.79	73.59
疲劳寿命 N_i/$\times 10^5$ 周	2.88	3.86	7.96	22.47	96.24

(5) 疲劳寿命估算。由于材料已经被强化,在新的 S-N 曲线下不再考虑载荷的强化,只考虑载荷的损伤。此时,可以假定材料的损伤是线性变化的,它与传统的线性累积损伤有本质的区别。按照线性累积损伤理论,零件失效时的循环次

数为

$$N = \cfrac{1}{\cfrac{102}{2.88 \times 10^5} + \cfrac{324}{3.86 \times 10^5} + \cfrac{840}{7.96 \times 10^5} + \cfrac{2682}{22.47 \times 10^5} + \cfrac{9840}{96.24 \times 10^5}}$$

$$\approx 224 \tag{5.108}$$

加上半轴强化过程中强化的循环块谱数,可以得到拖拉机半轴在表 5.15 随机加载过程中的失效总循环块数,即 $224+25=249$,半轴的疲劳总寿命为 $2492 \times 13788 = 3.42 \times 10^6$(次)。新方法估算的疲劳寿命与传统方法的比较如表 5.21 所示。

表 5.21　不同方法下半轴的估算疲劳寿命

损伤法则	寿命/($\times 10^6$ 次)	与试验比值
Miner 法则	2.23	0.67
相对 Miner 法则	1.56	0.47
双线性法则	1.81	0.54
Corten-Dolan 理论	1.75	0.52
新方法	3.42	1.02
试验结果	3.35	1.00

从表 5.21 可以看出,本章提出的这种基于强化和损伤的移动 S-N 曲线疲劳寿命预测方法,不但能够估算变幅载荷下的疲劳寿命,而且比传统的疲劳累积损伤方法都要精确。

5.5　基于载荷强化损伤的工程应用

1. 具有强化作用的磨合规范的制定

根据零件的强化特性,本书提出具有强化作用的磨合规范制定方法。对于变速箱,如果知道强度最弱齿轮的小载荷强化特性,可以假想,在变速箱磨合时,用具有强化作用的载荷作为磨合载荷,不改变磨合时间,磨合成本没有任何改变。变速箱磨合结束后,变速箱的疲劳强度和疲劳寿命都会得到提高,即可在不增加现有成本的情况下,提高变速箱的疲劳强度和疲劳寿命。具有强化作用的磨合规范制定方法如图 5.48 所示[81,82]。

对于某变速箱,通过改变原始磨合载荷,用最佳强化载荷作为磨合载荷,新磨合强化载荷由原始载荷 85Nm 调整至 100Nm(疲劳极限的 85%),其他磨合参数不变,新磨合规范下的变速箱疲劳寿命得到明显的提高。用不同的磨合规范磨合后,

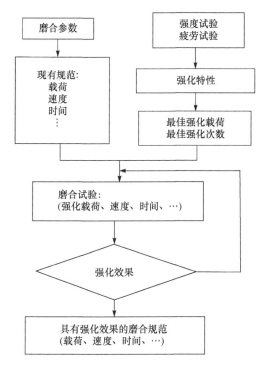

图 5.48　具有强化效果的磨合规范制定方法

随之利用大载荷进行变速箱的疲劳试验。变速箱的疲劳寿命如表 5.22 所示。

表 5.22　疲劳试验结果

规范	序号	疲劳寿命/min	平均疲劳寿命/min
原始规范	1	102	106
	2	110	
新规范	3	137	133
	4	129	

该变速箱的疲劳寿命要求不小于 90min,根据试验结果可知,变速箱在原始磨合规范下,验证的平均疲劳寿命为 106min。当磨合载荷为 100Nm 时,验证平均疲劳寿命为 133min,疲劳寿命提高了 26%,强化效果比较明显,由此证明所提出的新磨合规范的有效性。

2. 轻量化设计

长期以来,我国的汽车设计采用经验和类比的方法,而欧美、日本等的公司经历了渐进发展的道路,从最初的粗放设计(以经验和类比为基础)经过强度可靠性设计(以对使用载荷及材料和结构的疲劳强度研究成果为基础)再到目前的轻量化设计(以高强度材料开发和高科技的工艺技术为基础)。卢曦等根据长期的疲劳研究成果,提出基于动态强度特征的低成本轻量化设计理论和方法。该方法以动态强度方程为指导,以提高设计应力为核心,借助有限元分析对结构件进行减重设计,具体流程如图 5.49 所示[83,84]。

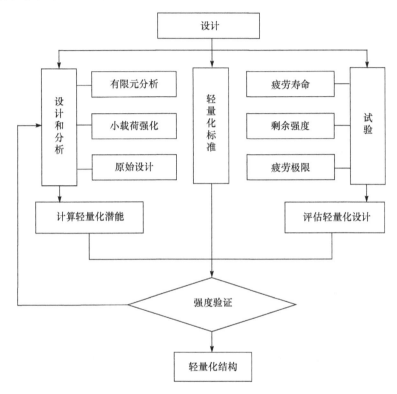

图 5.49　基于动态强度特征的轻量化设计方法

下面对某国产载货车前桥进行减重设计,材料为 45 锻钢,热处理工艺经淬火、退火处理,其抗拉强度大于等于 600MPa,屈服强度大于等于 355MPa。

经过反复计算,将中柱减薄 3mm,上、下翼面宽度各收缩 3mm,横断面高度减小 2mm,此时,原 6♯测点处的计算应力为 348MPa,与理论分析的 350MPa 相差不大。其余测点的计算应力均有不同程度的提高。考虑工程实际,这样的改进是基本可行的,按此尺寸得到的前桥结构,理论减重为 5.5kg。

参 考 文 献

[1] Raheja D,Gullo L J. 可靠性设计[M]. 方颖,刘柏,译. 北京:国防工业出版社,2015.

[2] 金光. 基于退化的可靠性技术模型、方法及应用[M]. 北京:国防工业出版社,2014.

[3] 乐晓斌.用剩余疲劳损伤强度预测机械零件疲劳可靠度及寿命的方法[J].机械强度,1996,18(1):34-37.

[4] 张旭刚,张华,江志刚.废旧零部件剩余使用寿命评估方法研究[J].机床与液压,2014,42(11):172-176.

[5] 刘新东,郝际平.连续介质损伤力学[M].北京:国防工业出版社,2011.

[6] 余天庆,钱济成.损伤理论及其应用[M].北京:国防工业出版社,1993.

[7] 余寿文,冯西桥.损伤力学[M].北京:清华大学出版社,1997.

[8] Lemaitre J.损伤力学教程[M].倪金刚,陶春虎,译.北京:科学出版社,1996.

[9] Saanouni K. Numerical Modelling in Damage Mechanics[M]. New York:Kogan Page Science,2003.

[10] Kattan P I,Voyiadjis B G Z. Damage Mechanics with Finite Elements[M]. Berlin:Springer,2002.

[11] Allix O,Dragon A,Hild F. Continuum Damage Mechanics of Materials and Structures[M]. Amsteldam:Elsevier,2002.

[12] George Z,Voyiadjis,Kattan P I. Advances in Damage Mechanics[M]. Amsterdam:Elsevier,2006.

[13] Lemaitre J,Rodrigue D. Engineering Damage Mechanics:Ductile,Creep,Fatigue and Brittle Failures[M]. Berlin:Springer,2005.

[14] 沈为.损伤力学[M].武汉:华中理工大学出版社,1995.

[15] 张行.断裂与损伤力学[M].北京:北京航空航天大学出版社,2006.

[16] 李兆霞.损伤力学及其应用[M].北京:科学出版社,2002.

[17] 杨光松.损伤力学与复合材料损伤[M].北京:国防工业出版社,1995.

[18] Kachanov L.连续介质损伤力学引论[M].杜善义,王殿富,译.哈尔滨:哈尔滨工业大学出版社,1989.

[19] 山田敏郎.金属材料疲劳设计手册[M].王庆荣,译.成都:四川科学技术出版社,1988.

[20] Gough J. The Fatigue of Metals[M]. London:Scott Greenwood and Son,1924.

[21] Kommers J B. Effect of overstressing and understressing infatigue[J]. American Society for Testing and Materials,1943,(43):749-764.

[22] Kommers J B. The effect of understressing of cast iron and openheathiron[J]. American Society for Testing and Materials,1930,30:368-383.

[23] 西原利夫,山田敏郎.金属材料の繰返二次変動応力に対する強さ[J].日本機械学會誌,1957,60(456):130-131.

[24] 河本実.あらかじめ過小応力の繰返しを受けた軟鋼の疲労強度と硬度[J].材料,1958,10(91):294-303.

[25] 三沢啓志.疲労限度以下の応力によるき裂進展に関する一考察[J].材料,1978,27(300):865-870.

[26] 田中道七. 過小応力による疲労被害に関する研究-疲労限度付近のP-S-N 曲線と荷重変動の影響[J]. 材料, 1973, 22(23): 1090-1096.

[27] Nisitani Z. Significance of initiation, propagation and closure of microcracks in high cycle fatigue of ductilemetals[J]. Engineering Fracture Mechanics, 1981, 15(3/4): 445-456.

[28] 鎌田敬雄, 西田新一. 過大過小応力負荷条件下の微小き裂の進展過大過小応力の振幅と繰返し頻度の影響[J]. 材料, 1994, 43(487): 414-420.

[29] Sinclair G M, Sinclair G M. An investigation of the coaxing effect in fatigue of metals[J]. Proceedings American Society for Testing & Materials, 1952, 52(347): 743-758.

[30] Wheatly G, Bownman D. Interaction between low cycle fatigue and high cycle fatigue in common metallic materials[C]. Proceeding of the 7th international fatigue congress, Beijing, 1999.

[31] Nicholas T. Step loading for high very cycle fatigue[J]. Fatigue and Fracture of Engineering Materials Structures, 2002, 25(8/9): 861.

[32] 山田敏郎, 北川茂. 実動応力下の疲労強度: 平均応力が正弦波状に変動する場合の疲労強度ならびにその算定法[J]. 材料, 1964, 13(131): 619-624.

[33] 山田敏郎, 北川茂. 実働荷重下の金属の疲れ強さ: 実働応力波形による疲れ試験[J]. 日本機械学會論文集, 1970, 36(290): 1599-1606.

[34] 山田敏郎. 繰返変動応力に対する疲労強度[J]. 材料試験, 1957, 6(45): 373-377.

[35] Akita M, Nakajima M, Uematsu Y, et al. Some factors exerting an influence on the coaxing effect of austenitic stainless steels[J]. Fatigue and Fracture of Engineering Materials & Structures, 2012, 35(12): 1095-1104.

[36] Murakami Y, Tazunoki Y, Endo T. Existence of the coaxing effect and effects of small artificial holes on fatigue strength of an aluminum alloy and 70-30brass[J]. Metallurgical and Materials Transactions A, 1984, 15(11): 2029-2038.

[37] Berg C A, Salama M. Coaxing in fatigue of composites[J]. Fibre Science & Technology, 1973, 6(2): 125-134.

[38] Shabasy A B, Lewandowski J J. Fatigue coaxing experiments on a Zr-based bulk-metallic glass[J]. Scripta Materialia, 2010, 62(7): 481-484.

[39] Masaichiro S, Seiichiro K, Tsuyoshi I. On the understressing effect of pureiron[J]. Transactions of the Japan Society of Mechanical Engineers, 1972, 38(311): 1707-1714.

[40] 西安交通大学. 金属材料及强度专辑(第二集)[M]. 西安: 西安交通大学出版社, 1973.

[41] 张琼, 蔡传荣. 次载疲劳后 35VB 钢中珠光体的形变与断裂[J]. 机械工程材料, 1994, 18(4): 42-44.

[42] 叶旭轮, 刘建华, 张亚军. 预载荷对曲轴弯曲疲劳强度的影响[J]. 机械工程材料, 2001, 25(9): 35-37.

[43] 刘建华, 张亚军. 次载锻炼对曲轴弯曲疲劳强度的影响[J]. 现代铸铁, 2001, 21(2): 23-24.

[44] 吴志学,吕文阁,徐灏. 疲劳极限下损伤及"锻炼"效应[J]. 东北大学学报(自然科学版),
1996,17(3):338-343.

[45] Zhu S P,Huang H Z,Wang Z L. Fatigue life estimation considering damaging and strength-
ening of low amplitude loads under different load sequences using fuzzy sets approach[J].
International Journal of Damage Mechanics,2011,20(6):876-899.

[46] 郑松林. 低幅载荷对汽车前轴疲劳寿命影响的试验研究[J]. 机械强度,2002,24(4):
547-549.

[47] 卢曦,苏亮,宋丽. 双向应力下传动轴材料的低载强化特性研究[J]. 机械强度,2013,35(1):
100-104.

[48] Lu X,Zheng S L. Changes in mechanical properties of vehicle components after strengthening un-
der low-amplitude loads below the fatigue limit[J]. Fatigue & Fracture of Engineering Materials
& Structures,2009,32(10):847-855.

[49] 卢曦,郑松林,寇宏滨,等. 圆柱齿轮低载强化试验研究[J]. 中国机械工程,2005,16(23):
2109-2111.

[50] 寇宏滨,郑松林,卢曦. 工艺强化后传动系齿轮疲劳寿命增长潜力的研究[J]. 机械强度,
2005,27(2):232-235.

[51] 郑松林,卢曦,马晓婷. 汽车结构件低载强化后的疲劳断口特性[J]. 机械工程材料,2006,
30(6):17-19.

[52] 卢曦,郑松林. 低载强化后汽车结构件疲劳裂纹扩展速度研究[J]. 机械科学与技术,2006,
25(9):1117-1119.

[53] 卢曦,郑松林. 变速箱齿轮小载荷强化微观机理的初步研究[J]. 机械科学与技术,2007,
26(10):1312-1316.

[54] 郑松林,卢曦,马晓婷. 汽车结构件小载荷强化的微观分析[J]. 机械工程材料,2006,30(7):
29-32.

[55] Zheng S L,Lu X. Microscopic mechanism of strengthening under low-amplitude loads below
the fatigue limit[J]. Journal of Materials Engineering and Performance,2012,21(7):
1526-1533.

[56] Manzhula K P. On application of the French lines for the prediction of the number of cycles
tofailure[J]. Strength of Materials,2005,37(1):64-69.

[57] Nakagawa T. On the strength deteriorating process in reliability engineering[J]. Transac-
tions of the Japan Society of Mechanical Engineers,1983,49(441):540-546.

[58] Kondratov V M,Gladyshev S A,Rudakov A A,et al. Evaluation of irreversible fatigue dam-
age for steel 04Kh12N8M by the internal friction method[J]. Strength of Materials,1985,
17(5):662-665.

[59] Hashin Z,Rotem A. A cumulative damage theory of fatigue failure[J]. Materials Science &
Engineering,1977,34(78):147-160.

[60] 朱晓阳. 疲劳等损伤线的实验验证和分析[J]. 应用力学学报,1993,10(3):109-114.

[61] 河本实,中川隆夫. 材料疲劳における新しい被害曲線について[J]. 材料試験,1959, 8(68):405-409.

[62] Buch A. Summation of cycle ratios using french's curve[J]. International Journal of Fracture,1969,5(4):366-368.

[63] Manson S S,Halford G R. Practical implementation of the double linear damage rule and damage curve approach for treating cumulative fatigue damage[J]. International Journal of Fracture,1981,17(2):169-192.

[64] Kawamoto M,Sumihiro K. On the damage line of the 18-8 stainless steel[J]. Transactions of the Japan Society of Mechanical Engineers,1964,30(218):1124-1128.

[65] 胡明敏,阎雷. 基于等效损伤线实验建立的疲劳寿命分析方法[J]. 航空学报,2002,23(4):338-341.

[66] 阎雷,胡明敏. 基于全场等效损伤测试的累积损伤模型[J]. 南京航空航天大学学报,2002,37(3):284-289.

[67] Kamata T. Fatigue damage accumulated by combination of alternately applied over- and under-stresses[J]. Journal of the Society of Materials Science Japan,1979,28(1):953-959.

[68] 苏亮. 疲劳过程的热力学分析[D]. 上海:上海理工大学,2012.

[69] 姚卫星. 结构疲劳寿命分析[M]. 北京:国防工业出版社,2003.

[70] 徐灏. 疲劳强度[M]. 北京:高等教育出版社,1988.

[71] 赵少汴. 抗疲劳设计手册[M]. 北京:机械工业出版社,2015.

[72] Schijve J. 结构与材料的疲劳[M]. 吴学仁,译. 北京:航空工业出版社,2014.

[73] Ralph I S,Fatemi A,Robert R,et al. Metal Fatigue Inengineering[M]. New Delhi:Wiley India Private Limited,2012.

[74] 赵少汴. 变幅载荷下的有限寿命疲劳设计方法和设计数据[J]. 机械设计,2000,17(1):5-8.

[75] 郑松林,褚超美,卢曦. 疲劳载荷下强度衰减的数学模型[J]. 机械强度,2005,27(4):549-553.

[76] 郑松林,程悦荪,金锡平. 经受低幅交变载荷后车辆零件屈服强度增长规律的研究[J]. 农业机械学报,1999,30(4):83-87.

[77] 郑松林,邵晨,卢曦. 汽车传动系齿轮低载强化的临界载荷研究[J]. 汽车工程,2006,28(5):468-471.

[78] 焦玉强. 基于强度变化特性的疲劳累积损伤的研究[D]. 上海:上海理工大学,2014.

[79] 卢曦,焦玉强. 一种变幅载荷下的机械零构件疲劳寿命预测方法:中国,102937520A[P]. 2013.

[80] 卢曦,郑松林. 基于强化和损伤的移动 S-N 曲线疲劳寿命预测方法:中国,102156066A [P]. 2011.

[81] Lu X. A novel running-in specification with strengthening effects infatigue[J]. Journal of

Testing & Evaluation,2014,42(3):614-620.

[82] 卢曦,郑松林,李萍萍,等.轿车变速箱齿轮磨合规范的初步研究[J].中国机械工程,2007,
　　　18(22):2741-2744.

[83] Zheng S L,Lu X. Lightweight design of vehicle components based on strengthening effects
　　　of low-amplitude loads below fatigue limit[J]. Fatigue & Fracture of Engineering Materials
　　　& Structures,2012,35(3):269-277.

[84] 郑松林,王彦生,卢曦,等.基于强度变化特征的汽车结构件轻量化设计方法[J].机械工程
　　　学报,2008,44(2):129-133.

第6章　内在质量退化的最佳表征参数

第5章给出了内在质量评价的理论基础,在载荷历程已知的情况下,可以直接根据零件在服役过程中载荷的强化和损伤,运用基于强度特征的疲劳累计损伤模型来预测回收零件的剩余强度和剩余寿命。如果载荷历程不能确定,则需要通过回收零件的机械特性变化进行回收零件的剩余强度和剩余寿命评价。本章将根据零件在使用过程中机械特性的具体变化,确定不同回收零件的最佳机械特性表征参数。

6.1　概　　述

可回收性评价是以报废机械的零件为对象,预测回收零件的剩余强度和剩余寿命,如果回收零件的剩余强度和剩余寿命满足再制造设计目标,则可以进行回收再制造,否则作为材料回收。由于实际零件的(剩余)强度和(剩余)寿命的不可获取性(零件的真实强度和寿命只有通过破坏性试验或寿命终止才能够获取),工程中零件的(剩余)强度和(剩余)寿命都是预测结果。

机械零件在服役过程中,强度和寿命等内在质量和性能呈下降或退化的趋势。零件的强度和寿命下降的实质是机械零件产生损伤,损伤后零件的某些机械特性和性能参数会产生变化,通过损伤后机械特性和性能参数的变化可以进行损伤程度、剩余强度和剩余寿命等预测和评价。疲劳过程中,零件典型机械特性和性能的变化参数主要包括以下几种[1,2]。

1. 能量耗散

能量耗散指结构与外界能量和物质的交流。从显微结构稳定性的角度分析,金属疲劳过程中显微结构的变化过程可以概括为:应变能使得显微结构的自由能升高,原始稳定结构失稳,材料进入亚稳定状态,显微结构重新组合与排列,达到新的相对稳定阶段,在宏观上表现为循环硬化、软化。随着疲劳过程的深入,当能量累积到一定状态时,显微结构发生失稳,疲劳宏观裂纹产生,材料进入不稳定阶段。

能量耗散法通过循环加载初始阶段疲劳试件的温度上升率进行高周疲劳寿命的快速预测,在疲劳过程中,适用于对温度变化比较敏感的材料,如混凝土、岩石和复合材料等。该方法的缺点是要防止大应变试验中试样出现失稳,因此在试验中应自制防失稳夹具,同时对测量热敏电阻计的精度要求较高。

2. 弹性模量

弹性模量是工程材料重要的性能参数。从宏观角度来说,弹性模量是衡量物体抵抗弹性变形能力大小的尺度;从微观角度来说,则是原子、离子或分子之间键合强度的反映。根据弹性模量的变化可以预测损伤情况。这一测量技术可用于测量多种类型的损伤,要求具有准确的应变测量,且损伤在所测应变的体积内均匀分布。如果损伤太局部化,例如,对于金属的高周疲劳,该方法不可用。

3. 质量密度

通过质量密度测量零件的损伤,前提是零件发生完全延性损伤,其缺陷为孔洞。孔洞体积随着损伤的增大而增大,从而根据损伤前后的体积变化可求出零件的质量密度变化。但延性损伤伴随着塑性大变形,而金属零件在绝大部分疲劳寿命区内基本无塑性变形或变形非常小,只在即将断裂时才发生较大的塑性变形,因此该参量不适合用于金属件。

4. 电阻变化

电阻表示导体对电流阻碍作用的大小。在零件损伤过程中电阻会发生改变,可测量其电阻的变化来表征损伤程度。但是零件受损时的电阻率只与体积变化有关,因此其与质量密度测量方法具有同样的特点,在零件即将断裂的阶段才会有显著的变化,不适合作为金属件的衡量参量。

5. 漏磁率

漏磁是磁源通过特定磁路泄露到空气(空间)中的磁场能量。当铁磁性零件在受到外部载荷作用而产生应力集中时,铁磁材料本身受地球微弱磁场的激励,材料内部应力和变形集中区域在地球磁场激励作用下,在应力与变形集中的地方形成最大漏磁场。该技术的最大特点是快速、准确、方便,既可检测宏观缺陷,又可检测微观疲劳缺陷。缺点是对于零件表面和近表面的损伤,无法对损伤的程度和类型进行定量诊断,实际应用中需结合其他检测方法进行诊断。

6. 弹性波

弹性介质中质点间存在着相互作用的弹性力,当某处物质粒子离开平衡位置,即发生应变时,该粒子在弹性力的作用下发生振动,同时又引起周围粒子的应变和振动,这样形成的振动在弹性介质中的传播过程称为弹性波。对于不同的损伤机制,产生的声发射信号完全不同,因此可以根据声发射信号进行损伤判断。由于受到许多条件的限制,人们通常不能全面了解声发射信号的产生机制,以及所有的损伤类型及损伤程度产生的声发射信号。因此,难以准确地根据声发射信号对结构的损伤类型及损伤程度进行判断。

7. 磁导率

磁导率是表征磁介质磁性的物理量,表示在空间或磁芯空间中的线圈流过电流后产生磁通的阻力或者是其在磁场中导通磁力线的能力。通过零件的磁导率的变化可预测零件的损伤情况。该方法不适用于几何外形复杂的零件,检测精度容易受到外界因素的影响。目前的涡流检测技术仍无法对损伤作出定量、准确的判断,需要进行进一步的发展和研究。

8. 声发射

声发射指构件材料的某一局部受到外力或者内力作用发生形变,快速释放量时随之发出瞬态应力波的现象。与其他常规无损测量技术相比,声发射检测方法具有检测动态缺陷和连续监测的特点,因此可用于压力容器的在线监测。声发射能够用于监测钢与合金的疲劳裂纹萌生-裂纹扩展-裂纹闭合等疲劳过程,但疲劳裂纹的闭合及裂纹面间的摩擦会产生声发射信号,导致计数和能量值的增加,特别是在裂纹快速扩展阶段,这一现象更加明显。由此可见,用声发射参数计算的疲劳裂纹长度不准确。

虽然以上参数可以适用于部分损伤检测,但是对于金属应力损伤的检测一般都不适用。金属的应力疲劳在弹性范围内,损伤在开始阶段表现不明显,后期会突然产生变化,难以预测且不能对损伤作出定量的判断。6.2 节将从剩余强度及剩余寿命的变化特征具体描述金属应力损伤难以预测的原因。

6.2　剩余强度和剩余寿命的变化特征

6.2.1　剩余强度和剩余寿命

剩余强度是零件在使用一段时间后还具有的抵抗外载荷的能力。在疲劳载荷作用下,材料和零件内部的损伤不断增加,性能不断恶化,导致材料抵抗外载荷的能力下降,材料和零件的强度下降。剩余强度模型由于其天然的破坏准则,而受到广泛的重视,在疲劳过程中,剩余强度不断下降。根据应力-强度干涉模型,剩余强度必须大于最大应力,否则会发生强度失效[3]。

剩余强度的安全余量方程可以写为

$$M_R = R(n) - S(n) \qquad (6.1)$$

式中,M_R 为剩余强度安全余量;$R(n)$ 为剩余强度;$S(n)$ 为疲劳载荷。

在等幅载荷作用下,剩余强度不断下降,而载荷不变,零件的可靠性不断下降。如图 6.1 所示为剩余强度模型。

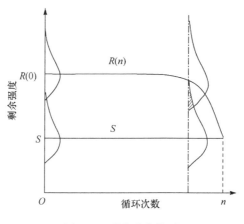

图 6.1　剩余强度模型

基于剩余强度的零件可靠性分析模型是建立在应力-强度干涉模型基础上的。应力-强度干涉模型是经典可靠性理论的基本分析方法:若零件强度 R 和零件所承受的载荷 S 相互统计独立,其概率密度函数分别为 $f_R(r)$ 和 $f_S(s)$,则零件的可靠度可写为[2]

$$R_e = \int_{-\infty}^{\infty} \left[\int_s^{\infty} f_R(r) dr \right] f_S(s) ds \tag{6.2}$$

或

$$R_e = \int_{-\infty}^{\infty} \left[\int_{-\infty}^{r} f_S(s) ds \right] f_R(r) dr \tag{6.3}$$

剩余强度不仅与载荷的循环数 n 有关,还与加载的应力水平有关,即

$$R(n) = f(n, S) \tag{6.4}$$

目前,许多研究人员已提出了大量的剩余强度模型,可分为微观机理模型和宏观模型。微观机理模型认为剩余强度在数值上精确地按照材料内部微观损伤的发展而变化,但目前这一模型离实用还有一段距离;而宏观模型主要按照试验结果和经验建立。这些模型有的需要大量的试验结果进行拟合得到参数,有的不能较好地拟合试验结果,有的没有给出具体的表达式,在实践中使用不理想。通过大量研究,目前应用较为广泛的是按照疲劳机制提出的剩余强度的经验表达式。

6.2.2　恒幅载荷下的剩余强度变化

对于金属材料,从疲劳机理上看,在疲劳加载初期,零件在疲劳载荷作用下产生的缺陷(如位错、滑移和空洞等)对零件强度的影响很小。但在后期,缺陷、裂纹等使零件强度迅速降低,从而发生破坏。因此对金属材料来说,其剩余强度退化规律是"突然死亡"式的,即剩余强度开始衰减得较慢,当循环比 n/N 接近于 1 时急剧减少,从而发生破坏。结合边界条件,剩余强度曲线应具有以下特性[3]。

(1) $R(0)=\sigma_b$,端点边界条件,剩余强度的初始值为静强度。

(2) $R(1)=S_p$,端点边界条件,在疲劳破坏时剩余强度为疲劳载荷峰值。

(3) $\dfrac{\mathrm{d}R(n)}{\mathrm{d}n}\bigg|_{n\to 0}\to 0$,即疲劳载荷刚开始作用时强度退化得很慢。

(4) 在 $n\to N$ 时,具有"突然死亡"特点。

从材料缺陷本身去定量研究剩余强度 $R(n)$,目前尚有极大的困难,因此一般以试验研究为主。满足特性(1)、(2)的一般性函数可写为

$$R(n)=R(0)-[R(0)-S_p]f(n/N) \tag{6.5}$$

特性(3)、(4)由函数 $f(n/N)$ 的特性确定,$f(n/N)$ 在 0 和 1 之间($0\leqslant f\leqslant 1$),Schaff 提出的剩余强度模型为

$$R(n)=R(0)-[R(0)-S_p]\left(\frac{n}{N}\right)^{c} \tag{6.6}$$

式中,$R(0)=\sigma_b$;S_p 为疲劳载荷峰值;n/N 为循环比;c 为指数。

当 c 取不同值时,剩余强度曲线也不同,如图 6.2 所示。当 $c=1$ 时,式(6.6)退化成线性规律形式;当 $c>1$ 时,$R(n)$ 具有"突然死亡"的特点;当 $c\to\infty$ 时,$R(n)$ 为折线,即"完全突然死亡"。

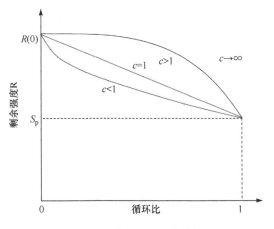

图 6.2　剩余强度退化曲线

从疲劳机制上看,指数 c 主要取决于材料内部损伤的发展规律。从小裂纹的起始到最终断裂,这一段的寿命通常占寿命较大的比例,因此指数 c 较多地取决于疲劳裂纹的发展。由断裂力学可知:

$$K_1 = S\sqrt{\pi a}F \tag{6.7}$$

式中，K_1 为含裂纹零件的应力强度因子；S 为载荷；a 为裂纹长度，是加载次数 n 的单调升函数；$a = a(n)$；F 为几何修正因子。

当含裂纹零件的应力强度因子 K_1 达到材料的断裂韧性 K_{IC} 时，零件断裂，此时的应力 S 即剩余强度 $R(n)$ 为

$$R(n) = \frac{K_{IC}}{\sqrt{\pi a(n)}F} \tag{6.8}$$

由于裂纹 $a(n)$ 是 n 的单调函数，金属材料的剩余强度 $R(n)$ 本质上是"突然死亡"式，即 $c > 1$。

6.2.3　变幅载荷下的剩余强度变化

在横幅载荷作用下，用剩余强度模型计算零件的疲劳可靠性可通过动态应力-强度干涉模型来进行。而在变幅载荷作用下，剩余强度 $R(n)$ 的退化难以由试验直接给出。可假设零件在载荷 S_1 下经历了 n_1 次循环，在载荷 S_2 下经历了 n_2 次循环，在 n_1 次循环后的剩余强度为[3]

$$R(n_1) = R(0) - [R(0) - S_1]\left(\frac{n_1}{N_1}\right)^{c_1} \tag{6.9}$$

式中，$R(n_1)$ 小于静强度 $R(0)$，材料的损伤可以用强度的下降量 $R(0) - R(n_1)$ 来描述。

假定在载荷 S_2 的作用下也造成了同样的损伤，这种损伤是由 n_{21} 次循环造成的，即有 $R(0) - R(n_{21}) = R(0) - R(n_1)$，因此在 n_{21} 次循环后的剩余强度为

$$R(n_{21}) = R(0) - [R(0) - S_2]\left(\frac{n_{21}}{N_2}\right)^{c_2} \tag{6.10}$$

由此可以得到

$$n_{21}^{c_2} = \frac{R(0) - S_1}{R(0) - S_2}\frac{N_2^{c_2}}{N_1^{c_1}}n_1^{c_1} \tag{6.11}$$

则在 n_1 和 n_2 次循环后，零件的剩余强度为

$$R(n_1 + n_2) = R(0) - [R(0) - S_2]\left(\frac{n_{21} + n_2}{N_2}\right)^{c_2} \tag{6.12}$$

其等效过程如图 6.3 所示，同理可求得在多级载荷作用或随机载荷作用下的剩余强度。

6.2.4　剩余强度的分布特征

对于某种给定的材料，假定不同寿命比 n/N 时的剩余强度 $R(n)$ 的分散性相似是合理的，也即对不同的 n/N，剩余强度 $R(n)$ 的分布函数相同，变异系数变化平

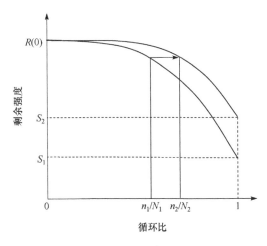

图 6.3　变幅载荷下剩余强度等效过程

缓。一般 Weibull 分布可用于剩余强度 $R(n)$ 在不同寿命分数 n/N 的分布函数[3]：

$$f_R(r \mid N) = \left(\frac{m}{b}\right)\left(\frac{r}{b}\right)^{m-1} \exp\left[-\left(\frac{r}{b}\right)^m\right] \tag{6.13}$$

显然在 $n/N=0$ 时，剩余强度 $R(n)$ 的分布就是静强度 σ_b 的分布：

$$f_R(r \mid 0) = \frac{m(0)}{b(0)}\left(\frac{r}{b(0)}\right)^{m(0)-1} \exp\left[-\left(\frac{r}{b(0)}\right)^{m(0)}\right] \tag{6.14}$$

$$\mu_R(0) = b(0)\Gamma\left[1 + \frac{1}{b(0)}\right] \tag{6.15}$$

$$\sigma_R^2(0) = b^2(0)\left\{\Gamma\left[1 + \frac{2}{b(0)}\right] - \Gamma^2\left[1 + \frac{1}{b(0)}\right]\right\} \tag{6.16}$$

$$V_R(0) = \frac{\sigma_R(0)}{\mu_R(0)} \tag{6.17}$$

式中，$\mu_R(0)$、$\sigma_R(0)$ 和 $V_R(0)$ 分别为静强度的均值、方差和变异系数。

在 $n/N=1$ 时，剩余强度 $R(n)$ 的分布就是疲劳强度的分布。通过疲劳试验区获得疲劳强度的分布是困难的，一般可由疲劳寿命的分布去分析得到疲劳强度的分布。在给定载荷 S 下，疲劳寿命大于 N 的条件概率和指定疲劳寿命 N 下的疲劳强度大于 S 的条件概率相等，即

$$\int_0^S f_S(s \mid N)\mathrm{d}s = \int_0^N g_N(n/S)\mathrm{d}n \tag{6.18}$$

式中，$g_N(n/S)$ 为在给定载荷 S 下疲劳寿命 n 大于 N 的条件概率密度函数；$f_S(s/N)$ 为指定疲劳寿命 N 下的疲劳强度大于 S 的条件概率密度函数。通常 $g_N(n/S)$ 可通过疲劳试验得到。

由式(6.18)可得

$$f_S(s \mid N) = \frac{\mathrm{d}}{\mathrm{d}S} \int_0^N g_N(n \mid S) \mathrm{d}n \tag{6.19}$$

由此可求出在 $n/N = 1$ 时剩余强度的分布：

$$f_R(r \mid 1) = \frac{m(1)}{b(1)} \left[\frac{r}{b(1)}\right]^{m(1)-1} \exp\left[-\left[\frac{r}{b(1)}\right]^{m(1)}\right] \tag{6.20}$$

$$\mu_R(1) = b(1)\Gamma\left[1 + \frac{1}{b(1)}\right] = \mu_s \tag{6.21}$$

$$\sigma_R^2(1) = b^2(1)\left\{\Gamma\left[1 + \frac{2}{b(1)}\right] - \Gamma^2\left[1 + \frac{1}{b(1)}\right]\right\} = \sigma_s^2 \tag{6.22}$$

$$V_R(1) = \frac{\sigma_R(1)}{\mu_R(1)} = \frac{\sigma_S}{\mu_S} \tag{6.23}$$

若 $f_R(r/x)$ 是在寿命分数 $x = n/N$ 时的剩余强度的概率密度函数,作为一种近似,可以假定不同寿命比时剩余强度的分散性是线性变化的,即

$$f_R(r \mid x) = \frac{m(x)}{b(x)} \left[\frac{r}{b(x)}\right]^{m(x)-1} \exp\left\{-\left[\frac{r}{b(x)}\right]^{m(x)}\right\} \tag{6.24}$$

$$\mu_R(x) = \mu_R(0) - [\mu_R(0) - \mu_R(1)]f(x) \tag{6.25}$$

$$V_R(x) = \frac{\sigma_R(x)}{\mu_R(x)} = V_R(0) - [V_R(0) - V_R(1)]x \tag{6.26}$$

6.2.5　剩余强度和剩余寿命的关系

　　零件的强度直接反映了零件抵抗外载的能力,零件的强度高,抵抗外载荷的能力强,零件的疲劳寿命就越长;零件的强度低,抵抗外载荷的能力弱,零件的疲劳寿命就越短。而零件的剩余强度反映了零件工作一段时间后仍然具备抵抗外载的能力,零件的剩余强度高,说明零件抵抗外载的能力强;零件的剩余强度低,说明零件抵抗外载的能力弱。在加载一定的情况下,零件的剩余强度高,意味着零件的剩余寿命长;零件的剩余强度低,意味着零件的剩余寿命短。在剩余寿命一定的情况下,零件的剩余强度高,说明零件可以抵抗更高的外载;零件的剩余强度低,说明零件可以抵抗的外载荷小[4,5]。

　　零件的剩余强度与零件的寿命比呈非线性关系,零件在疲劳过程中剩余强度呈现指数形式的退化规律。图 6.4 所示为剩余强度和剩余寿命的关系模型,零件的剩余强度与剩余寿命之间是正相关,随着剩余强度的降低,零件的剩余寿命变短。当零件的剩余强度降低至疲劳载荷的峰值时,零件的剩余强度不足以维持零件正常工作,零件发生疲劳破坏,不具有剩余寿命。

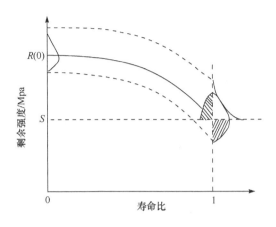

图 6.4　剩余强度和剩余寿命的关系

6.3　机械零件疲劳过程机械特性变化规律

6.3.1　简介

　　机械零件承受高于疲劳极限的交变应力时,每一应力循环都将使材料产生一定的损伤。由于这种损伤的特点是累积的,称为疲劳累积损伤,简称疲劳损伤。在这个过程中,材料的性能逐渐劣化,这往往是微损伤(如微裂纹、微孔洞等)的累积。特别地,一旦微损伤在某一部位集中累积演化,造成塑性、强度和韧性等一系列的力学性能的退化,就成了宏观破裂的先兆。这个过程很难用断裂力学来处理,它是一个演化的过程。众所周知,力学性能是表征金属材料的内在质量的常用指标,随着疲劳损伤的累积,材料的塑性、强度和韧性等机械特性也处在一个变化的状态。另外,从材料损伤的内在机理来看,由于材料内部的组织结构发生变化,而机械特性正是材料内部组织结构的客观反映,对于机械特性的研究一直受到广泛关注。

　　常见的金属机械特性参量包括静强度、屈服强度、疲劳强度、伸长率、断面收缩率、弹性模量、频率、硬度和刚度等,其中有些参数需要破坏试样才可以得到,如静强度、屈服强度、疲劳强度、伸长率和断面收缩率等,可以将它们归为破坏性参量;而对于频率、硬度和刚度等,无需破坏试样即可测量,此类机械特性称为非破坏性参量。对于回收报废零件,只能运用非破坏性参量测量。为了通过机械特性的变化预测回收零件的剩余强度和剩余寿命,需要研究材料和零件疲劳过程中机械特性的变化规律。

6.3.2　疲劳过程中的频率变化

固有频率是结构的固有特性,与结构质量、形状和材质等相关。结构疲劳损伤时,其固有频率会发生变化。基于固有频率变化特征的回收零件的剩余强度和剩余寿命评价模型的建立,需要研究、建立和积累不同材料、不同零件及不同热处理强化等情况下零件和结构的固有频率变化规律,进而推出零件和结构的剩余强度和剩余寿命。疲劳过程中固有频率变化的典型研究结果如下。

1990 年,Matuszyk 等研究了铝合金在不同环境下疲劳过程中的频率下降。在温度为 800℃、应力比为 0.1 的条件下,分别在真空和空气环境中进行试验。结果表明,在真空中频率下降 2Hz,在空气中频率下降 0.02Hz[6]。

1993 年,Makhlouf 等研究了不同温度(500℃和 600℃)、应力比 $R=0.1$ 条件下,含有 18%Cr 的铁素体不锈钢频率随疲劳裂纹增长的变化。从 0.01~50Hz 一共分为两个阶段。第一个阶段裂纹长度和循环次数的比值随着频率的增加而单调增加,第二阶段裂纹长度和循环次数的比值随着频率的减少而呈非线性增加。在此过程中,500℃时频率变化约 0.05Hz,600℃时变化约 0.1Hz[7]。

2008 年,Morassi 和 Vestroni 研究了不同应力在相同循环比下裂纹和频率的关系,得出频率随疲劳裂纹的变化情况。在疲劳裂纹刚刚萌生阶段频率变化很小,当裂纹达到一定程度时,频率下降非常明显[8]。

2003 年,Moon 等研究了复合材料疲劳过程中的固有频率下降模型。通过不同应力比进行试验,用预测的模型和试验结果进行对比,发现试验和理论值相差不大[9]。

2015 年,Lorenzino 等运用共振频率变化表征疲劳裂纹萌生和裂纹扩展,试验条件为应力比 0.1、常温。结果表明,频率变化分为三个阶段:第一阶段相当于裂纹萌生阶段,材料的硬化导致共振频率的上升;第二阶段为裂纹扩展阶段,试样的横截面积减少,导致共振频率下降;第三阶段维持时间很长,大于 500 万次,频率一直下降[10]。

2015 年,Sarkar 等研究了焊接件在疲劳过程中频率随循环次数的变化。在不同的应力比(0.2、0.4、0.6)和载荷下进行拉伸疲劳试验。结果表明,不同的加载力和应力比的频率变化不同。在试验的最后阶段,频率下降非常大,这与焊接件在疲劳过程中的裂纹相一致。当应力比和加载力越大时,频率剧烈下降时的循环次数越少[11]。

2016 年,Rocha 等研究了钢筋在淬火和调质情况下高周疲劳的频率。疲劳过程中试样频率变化分为三个阶段:第一个阶段频率持续下降小于 0.1%;第二个阶段频率降低变化小于 0.1%；第三个阶段变化剧烈。对于应力较小、不失效的试样，破坏的试样在第一阶段频率变化趋势是相同的，后期频率趋于稳定直至试验停止[12]。

在国内，2004 年，Wang 等在频率 5Hz、不同应力比下进行冲击加速疲劳试验。结果表明在疲劳过程中，随着循环次数的增加，焊缝固有频率呈现非线性的变化。不同的加载方式和加载位置，对疲劳破坏过程中的固有频率的影响也不同[13]。

2007 年，Wang 等[14]、Shang[15] 和 Han 等[16]通过理论、有限元和试验等方法研究了基于动态响应的点焊接头在疲劳过程中的固有频率变化，并用固有频率的变化来表征疲劳过程中的损伤情况，对电焊接头的疲劳寿命进行预测。

2008 年，卢曦等以某汽车变速箱齿轮单齿弯曲为例，试验研究了齿轮单齿弯曲强化和损伤过程中系统固有频率的变化特性。结果表明，系统的固有频率随着单齿弯曲疲劳损伤过程的发展而持续减小，单齿断裂时系统的固有频率减小约 3Hz；系统的固有频率随着小载荷的强化而略有增加，在强化小载荷下，随着强化次数的增加，系统的固有频率增加不超过 2Hz；当强化次数超过 20 万后，系统的固有频率不再增加[17]。

2012 年，湛兰利用有限元方法研究了激光焊和电阻点焊接头试件在疲劳过程中试件各阶固有频率的变化，其中第 11 阶固有频率下降幅度最大、规律性最为显著。激光搭接焊裂纹体模型的固有频率随疲劳裂纹的扩展近似呈匀速高幅值下降特征，即激光焊试样在裂纹萌生后，疲劳损伤程度均匀地大幅增加，裂纹快速扩展。电阻点焊模型在裂纹扩展初期，固有频率缓慢下降，此时损伤程度较小；随着裂纹的继续扩展，固有频率呈大幅度下降特征，表明接头的损伤程度加剧直至疲劳破坏[18]。

2013 年，王瑞杰等研究了点焊结构疲劳损伤中固有频率的非线性演化。对于所研究的单点试样，试验测得一阶固有频率下降率 λ 在疲劳寿命初期增加很小；随着试样的疲劳寿命的增加，固有频率下降率 λ 呈现加速增加的趋势；在疲劳寿命临近结束时，固有频率下降率 λ 急剧增加。不管是单点还是两点试样，不同载荷下的试样其损伤在同一寿命阶段时并不相同[19]。

李承山等以汽车车身材料镀锌低碳钢 BJXH50 为母材的点焊接头为对象，对单点点焊接头的疲劳损伤及寿命预测问题进行研究。材料的屈服极限为 373MPa，抗拉强度为 485MPa，在恒幅和变幅加载下对点焊试件进行疲劳试验，并结合动态响应测量，提取点焊试样在疲劳过程中的固有频率变化数据，不同阶的固有频率在不同寿命比下的变化如图 6.5 和图 6.6 所示[20]。

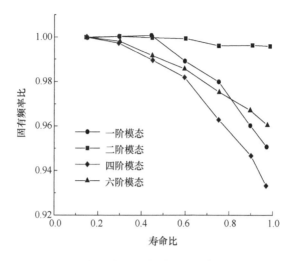

图 6.5　恒幅加载下各阶固有频率的变化

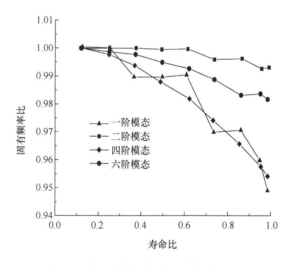

图 6.6　变幅加载下各阶固有频率的变化

　　王瑞杰和尚德广以汽车车身材料镀锌低碳钢 BJXH50 为母材的点焊接头试样为研究对象,材料的屈服极限为 373MPa,抗拉强度为 485MPa。对试样进行了多级变幅疲劳加载,载荷块分别为低-高、高-低和低-高-低形式,测量疲劳破坏过程中试样的一阶固有频率随疲劳寿命增加的变化,测量结果如图 6.7 所示[21]。

　　尚德广以母材是镀锌低碳钢 BJXH50 的不同直径点焊接头试样为对象进行疲劳试验,研究其固有频率的变化。焊点直径分别为 5.4mm 和 8.0mm,两种试件材料的屈服极限为 373MPa,抗拉强度为 485MPa。不同直径的试样在疲劳过程中

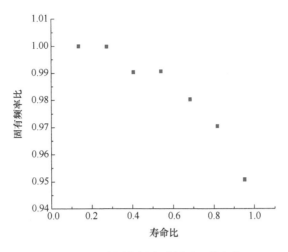

图 6.7　一阶固有频率随循环比的变化

频率随循环比的变化关系如图 6.8 所示。试验结果表明,尺寸大小对疲劳过程中的频率变化几乎没有影响,在疲劳寿命的 50% 以后点焊试件的固有频率明显降低,在疲劳寿命的 90% 以后,固有频率发生剧烈下降[22]。

尚德广和王瑞杰将点焊疲劳过程分为三个阶段,描述以镀锌低碳钢 BJXH50 为母材的点焊接头疲劳过程。点焊疲劳裂纹扩展的三个阶段如图 6.9 所示[23]。

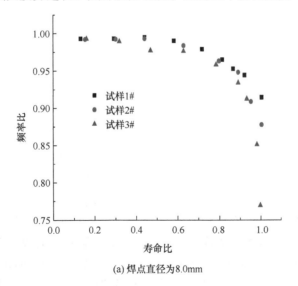

(a) 焊点直径为8.0mm

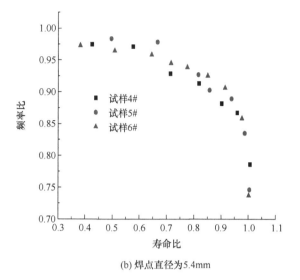

(b) 焊点直径为5.4mm

图 6.8　点焊试样疲劳过程中固有频率比的变化

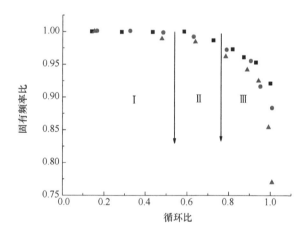

图 6.9　动态响应频率与循环比的变化

　　在第一阶段中,频率基本不变,寿命占总寿命的 50% 左右;在第二阶段中,寿命占总寿命的 20% 左右;在第三阶段中,寿命占总寿命的 30% 左右。第一阶段为裂纹的萌生阶段,包括微裂纹形核和短裂纹扩展过程;第二阶段为表面裂纹扩展成为穿透裂纹的阶段,点焊试件的固有频率随裂纹深度的增加有明显的降低;第三阶段为穿透裂纹沿试件宽度方向扩展直至为最终的疲劳破坏阶段,试件的固有频率有显著的降低现象发生。

　　本节以 20MnCr5 材料的圆柱齿轮为研究对象,通过试验研究得出疲劳损伤过程中系统的固有频率随疲劳损伤(循环比)的变化,不同应力幅下的频率随循环比的变化趋势如图 6.10 和图 6.11 所示。随着循环数的增加,固有频率逐步减小,断裂时频率减小约为 3Hz,变化不到 5%。经过工艺强化后的高强度齿轮,在疲劳损伤过程中固有频率的变化和现有的研究结果类似,随着疲劳损伤的发展其频率下降,只是减小幅度与焊接结构相比不明显。

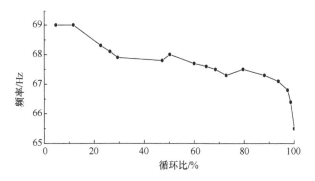

图 6.10　疲劳损伤固有频率的变化(应力幅为 413MPa)

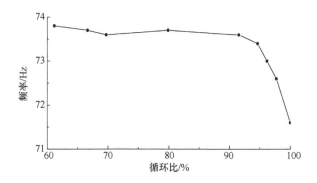

图 6.11　疲劳损伤固有频率的变化(应力幅为 425MPa)

在最佳强化应力下,即 $85\%\sigma_{-1}$(306MPa),20MnCr5 材料试样随着循环次数的增加其固有频率的变化趋势如图 6.12 所示。

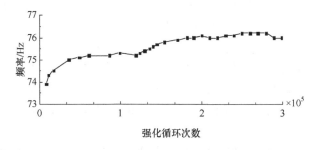

图 6.12　最佳强化载荷下系统固有频率的变化

在强化载荷下随着强化参数的增加,系统的固有频率稳步上升。当强化次数超过 20 万后,系统的固有频率变化很小,基本达到稳定,强化后系统的固有频率约增加 2Hz,增加幅度约为 3%。强化次数超过 20 万后,随着强化次数的继续增加,系统的固有频率基本不变[24]。

本书以 Q345 为对象研究其在疲劳过程中频率的变化。Q345 材料试样的表面硬度为 220～230HB,抗拉强度为 530MPa,屈服极限为 380MPa,疲劳试验应力循环比为 0.1。疲劳过程中记录频率值,其中试样频率和初始频率的比值与寿命比的关系如图 6.13 所示。在疲劳损伤过程中,前 90% 寿命区间内试样的频率随循环比的增加缓慢下降,在最后 10% 寿命区间内频率急剧下降。其中寿命比为 0.2 时频率与初始频率相比下降 0.20%,寿命比为 0.4 时频率下降 0.27%,寿命比为 0.6 时频率下降 0.39%,寿命比为 0.8 时频率下降 0.49%,寿命比为 0.9 时频率下降 0.71%,寿命比为 0.95 时频率下降 1.4%,寿命比为 0.99 时频率下降 7.18%。

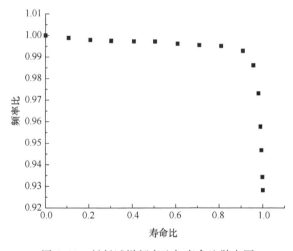

图 6.13　材料试样频率比与寿命比散点图

将活塞杆 45♯钢淬火材料试样在共振疲劳试验机上进行三点弯曲疲劳试验。活塞杆 45♯钢经淬火处理,试样的表面硬度为 50～55HRC,抗拉强度为 853MPa,屈服极限为 596MPa,疲劳试验应力比为 0.1。疲劳过程中记录频率值,其中试样频率和初始频率的比值与寿命比的关系如图 6.14 所示。45♯钢淬火材料试样在前 90% 寿命区域内,试样的疲劳加载后的频率较初始频率变化幅度最大值为 0.02%,试样的频率随寿命比的增加基本保持不变,当试样寿命比达到 90% 以后,试样的频率随寿命比的增加而快速下降,最终破坏时的频率较初始频率下降 6.17%。

将液压缸缸体 45♯钢材料试样在共振疲劳试验机上进行三点弯曲疲劳试验。缸体 45♯钢为冷拔处理,试样的表面硬度为 33～34HRC,抗拉强度为 624MPa,屈

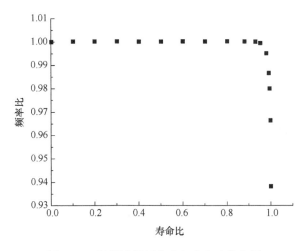

图 6.14　材料试样频率比与寿命比散点图

服极限为 596MPa,疲劳试验循环比为 0.1。疲劳过程中记录频率值,其中试样频率和初始频率的比值与寿命比的关系如图 6.15 所示。45♯钢材料试样在前 90％寿命区域内,试样的疲劳加载后的频率较初始频率变化幅度最大约为 0.30％。寿命比在 0.9 以内时,试样的频率随寿命比的增加基本保持不变,当试样寿命比达到 0.9 以后,试样的频率随寿命比的增加而快速下降,最终破坏时的频率较初始频率下降 5.72％。

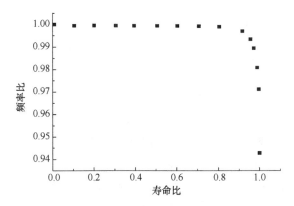

图 6.15　材料试样频率比与寿命比散点图

6.3.3　疲劳过程中的硬度变化

材料局部抵抗硬物压入其表面的能力称为硬度。在疲劳过程中,材料和零件的硬度也会有一定规律性的改变。关于疲劳中硬度变化的研究如下。

　　1982 年,Geminov 等通过热疲劳试验,以 1％的温度变化幅值进行试验,测定 12Kh1MF 钢的强度/硬度和伸长率的变化。通过试验发现,强度和硬度在疲劳过程中的变化趋势是先上升再下降最后又上升,而伸长率则先保持不变后迅速下降[25]。

　　Xiong 等在高频疲劳试验机上研究了三种不同厚度的 316L 奥氏体不锈钢在疲劳过程中的硬度和剩余强度变化。通过试验发现,不同试样的硬度变化是不一样的,其中 SA(固熔退火试样)是先不变,再急剧上升,10％CW(冷加工试样)和 20％CW 是先下降再上升,也就是先软化再硬化[26]。

　　杨浩泉等在对高周疲劳过程中正火态的 45♯钢棒材表面显微硬度的变化规律研究中,采用旋转弯曲疲劳试验,试验机转速为 5000r/min,$R=-1$,试验环境为室温。在三级应力水平下,随循环周数的不同,试样表面显微硬度统计均值的变化规律基本相同,表现出明显的阶段性,先是呈现明显的上升趋势,然后再下降,随后又上升,并且随着应力水平的提高,试样表面显微硬度有明显降低,如图 6.16 所示[27]。

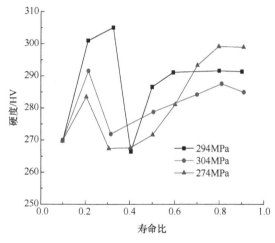

图 6.16　疲劳过程中显微硬度统计均值的变化

　　叶笃毅等用 45♯圆钢进行弯曲疲劳试验,加载方式为 $R=-1$,试验频率为 5000 次/min,得出随循环加载次数的增加材料的显微硬度先减小,然后逐渐增大。载荷值越大,硬度值下降越快,变化过程如图 6.17 所示[28]。

　　叶笃毅等进行拉压疲劳试验,研究得出不同应力幅下 45♯钢表面维氏显微硬度统计均值和标准离差随循环周次的变化规律,试验结果如图 6.18 所示。从图中可以看出,疲劳过程中正火态材料表面发生了初始软化和随后硬化,以及疲劳后期的再次软化现象[29]。

　　叶笃毅等在高周疲劳钢表面微观塑变形行为及循环特性的研究中发现,在不同应力水平下,退火 45♯钢光滑试样表面的显微硬度随循环周次 N 不断变化,变

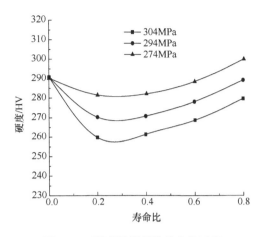

图 6.17 硬度随循环数的变化过程

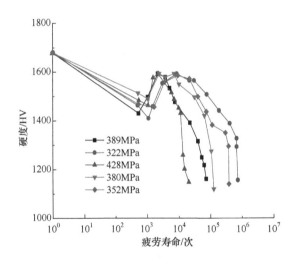

图 6.18 正火 45♯钢表面显微硬度统计值的变化规律

化曲线如图 6.19 所示。从图中可以看出,试样的硬度均值曲线表现为初始硬度上升、硬度达到稳定及硬度下降三个阶段。表面硬度达到稳定点所需的循环数较少,占断裂寿命的 0.5%~1.0%,疲劳寿命大部分消耗在循环后期的硬度下降阶段,且整个过程中硬度的下降率很低[30]。

本节以 Q345 材料试样为对象进行三点弯曲疲劳试验,循环比为 0.1。试样的表面硬度为 220~230HB,抗拉强度为 530MPa,屈服极限为 380MPa。在 HRSS-150 型数显洛氏表面硬度计上进行硬度试验,分别测量寿命比为 0.1、0.2、0.3、0.4、0.5、0.6、0.7、0.8、0.9、1 下的材料试样的硬度,不同寿命比下 Q345 材料试样的表面硬度与初始硬度比如图 6.20 所示。随着寿命比的增加,Q345 材料试样的

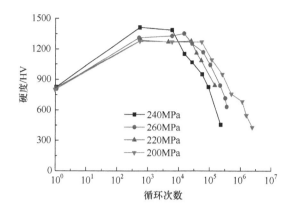

图 6.19　退火 45♯钢循环过程中的显微硬度变化

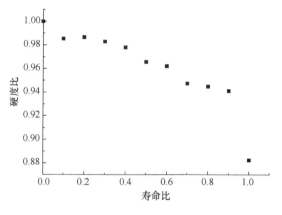

图 6.20　硬度比散点图

表面硬度基本呈平稳下降趋势,当寿命比为 0.1 时,硬度比下降至 0.985,比原始硬度下降 1.5%;当寿命比为 0.2 时,硬度比上升至 0.987,较新件的硬度比下降 1.3%;当寿命比为 0.5 时,对应的硬度比下降率为 3.4%;当寿命比为 0.8 时,对应的下降率为 5.5%;当寿命比为 0.9 时,硬度比下降率为 5.9%。当寿命比从 0.9 增加到 1 时,硬度比下降至 0.882,相比于新件的硬度下降 11.8%。可见,Q345 材料试样在材料疲劳过程中硬度比的下降比较明显。

对活塞杆 45♯钢淬火材料试样在共振疲劳试验机上进行三点弯曲疲劳试验,试验循环比为 0.1。试样的表面硬度为 50～55HRC,抗拉强度为 853MPa,屈服极限为 596MPa,疲劳试验应力比为 0.1。在疲劳试验过程中分别测量寿命比为 0.1、0.2、0.3、0.4、0.5、0.6、0.7、0.8、0.9、1 下材料试样的硬度,材料试样的不同寿命比对应的硬度比如图 6.21 所示。随着寿命比的增加,试样的表面硬度比先上升后下降,随后稳定在某一值,最后下降。当寿命比为 0.1 时,硬度比不变;当寿命比为 0.2 时,硬度比上升至最高,上升幅度达到 0.89%;当寿命比为 0.3、0.4、0.5、0.6、0.7 时,硬度比上升幅度约为 0.44%;当寿命比为 0.8 时,硬度比恢复为初始值;当寿命比为 0.9 时,硬度比下降 0.44%,在断裂即寿命比为 1 时硬度比下降 3.1%。因此,对于 45♯ 钢淬火材料试样,在寿命比为 0.9 之前频率比基本保持不变,最大降幅为 0.44%,可以认为在整个疲劳过程中,活塞杆试样的频率基本保持不变,当频率比发生较大变化(本例中为 3.1%)时,试样断裂。

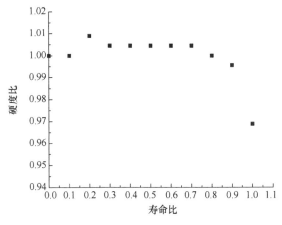

图 6.21　硬度比散点图

　　对液压缸缸体 45♯ 钢材料试样进行三点弯曲疲劳试验,循环比为 0.1。缸体 45♯ 钢经冷拔处理,抗拉强度为 624MPa,屈服极限为 596MPa,初始硬度为 33～34HRC。在疲劳试验过程中测量试样的表面硬度,分别测量寿命比为 0.1、0.2、0.3、0.4、0.5、0.6、0.7、0.8、0.9、1 下的硬度值。材料试样的不同寿命比下硬度与原始硬度的关系如图 6.22 所示。缸体 45♯ 钢材料试样的表面硬度比在寿命比为 0.1 时下降至 0.973,下降 2.7%;当寿命比为 0.2 时,硬度比上升至 0.982,较新件的硬度比下降 1.8%;当寿命比为 0.5 时,硬度比下降率为 4.8%;当寿命比为 0.8 时,硬度比下降率为 6.3%;当寿命比从 0.8 增加到 0.9 时,硬度比下降至 0.877,与新件的硬度相比下降 12.3%;当试样断裂后硬度比下降至 0.777 时,相比于新件硬度下降 22.3%。因此,试样的表面硬度在疲劳过程中的变化比较明显。

　　以国产 40Cr 正火材料为对象进行疲劳试验,其抗拉强度大于 650MPa,试样按照产品要求强化,即中频淬火加回火,表面硬度为 52～58HRC,心部硬度≤30HRC,硬化层深度最小为 1.9mm。测量其不同疲劳寿命下的硬度值,随着循环次数的增加,材料试样的硬度变化如图 6.23 所示。随着循环次数的增加,40Cr 正火材料的硬度不断下降。当循环次数约为 250000 时,硬度值下降约为 0.97%;当循环次数约为 370000 时,硬度值下降约为 1.7%。

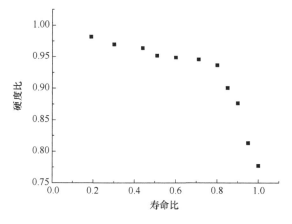

图 6.22　不同寿命比对应硬度比散点图

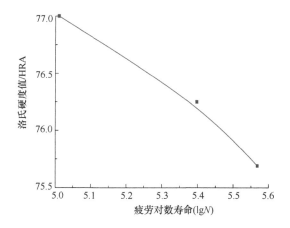

图 6.23　疲劳寿命和硬度的关系

6.3.4　疲劳过程中的刚度变化

刚度是材料或结构在受力时抵抗弹性变形的能力,是材料或结构弹性变形难易程度的表征。在疲劳过程中,材料或零件的刚度也呈现一定的变化,很多学者对其进行了研究,具体如下。

1994 年,Xiao 和 Bathias 对不同复合材料结构的疲劳损伤进行研究。在室温下,不同的三种交层试样在频率为 20Hz、应力比为 0.1 的条件下进行拉伸疲劳试验。通过试验得出缺口和非缺口试样在不同寿命循环比下的刚度和原始刚度比的变化分为三个阶段:第一个阶段在较短的循环次数之内,刚度剧烈下降;第二个阶段循环次数占的比例较长,刚度下降较为平缓;第三个阶段刚度开始剧烈下降,但是循环次数所占的比例较大[31]。

1995 年，Wang 等在室温、应力比为 0.1、加载频率为 10Hz 条件下进行拉-拉疲劳试验。通过试验得出刚度下降归结为三个阶段，第一、第二阶段发生在循环次数 10000 到 100000 之间，剩余刚度为 98%。应力幅大的转折变化比应力幅小的发生得更早，到达转折点之后，便开始剧烈下降[32]。此外，在温度高的试验条件下更早到达转折点，且不会出现第三个阶段的平缓趋势。

2004 年，Tang 等通过试验和仿真研究复合材料在疲劳过程中的扭转刚度。其中，层合板试样的拉伸刚度对隔层不敏感，不能单独地作为预测疲劳寿命或剩余强度的指标，但是，扭转刚度的下降可以作为试样最终失效的征兆[33]。

2005 年，Tani 等研究了金属材料疲劳损伤对刚度的影响，用均值为 0 的激振加载方式进行试验，得出不同循环次数下的频率变化，通过频率的变化推导出损伤程度和刚度变化曲线[34]。

2008 年，Adden 等通过声波来研究复合材料在疲劳损伤过程中刚度下降的现象[35]。

2010 年，Keindorf 等运用磁共振试验机对焊的高频疲劳进行研究。采用应力比为 0.1 的拉伸疲劳试验，分析疲劳试验下的共振频率变化。高周循环下，平均应力没有明显的变化，但是频率一直持续下降。由于频率是系统的固有频率，是由试验机身和夹持的试样组成的，可以认为裂纹扩展是刚度的下降导致频率下降[36]。

2012 年，Dagon 和 Roberts 研究了钢筋水泥连接件疲劳过程中的刚度变化，通过不同的应力比和应力幅的疲劳试验，得出连接件的刚度在不同加载条件下下降的趋势是不一样的。材料的强度越低，刚度的下降速度越快[37]。

2014 年，Langlois 等研究了疲劳过程中抗弯刚度的变化及抗弯刚度模型在有限元中的应用。通过应力幅为 80MPa、应力比为 0.1、频率为 10Hz 的四点弯曲疲劳试验，得出在 1～10 万次循环中，抗弯模量下降，试样的刚度下降，接着抗弯模量会有小幅度的增加，刚度增加[38]。

魏宗平等研究梁在疲劳过程中刚度的变化规律。选取的梁直径 $d=60$mm，梁的跨距 $L=440$mm，梁的外伸端长度 $a=90$mm，恒幅载荷幅值 $F=12750～7250$N，外伸端许用挠度为 0.3～0.5mm，梁材料的静强度为 374MPa，材料常数 $c=4.092$，梁的疲劳寿命 $N=5×10^4$ 次，梁的剩余抗弯刚度与循环次数的关系如图 6.24 所示[39]。

通过分析得到如图 6.24 所示的梁的剩余刚度变化曲线，可以看出随着载荷循环次数的增加，梁的疲劳累积损伤逐渐增加，梁的剩余抗弯刚度都是逐渐递减的。

本节运用 Q345 材料试样进行三点弯曲疲劳试验，Q345 材料试样的表面硬度

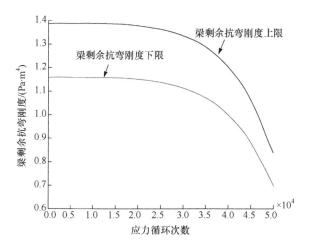

图 6.24　梁的剩余抗弯刚度的变化曲线

为 220～230HB,抗拉强度为 530MPa,屈服极限为 380MPa,疲劳试验应力循环比为 0.1。疲劳过程中测量试样的刚度值,因为零件试样在疲劳过程后期有可能产生内部裂纹,此时的刚度不再是真实的刚度值,所以试验只对前 60% 寿命进行刚度测量。疲劳过程中刚度和原始刚度的比值与寿命比的变化关系如图 6.25 所示。在疲劳过程中,Q345 材料试样的刚度基本维持在稳定水平,变化不超过 1%。当寿命循环比为 0.1 时,刚度较原始刚度增加 0.25%;当寿命循环比为 0.2 时,刚度较原始刚度增加 0.25%;当寿命循环比为 0.3 时,刚度较原始刚度减小 0.99%;当寿命循环比为 0.4 时,刚度较原始刚度减小 0.99%;当寿命循环比为 0.5 时,刚度较原始刚度减小 0.25%。

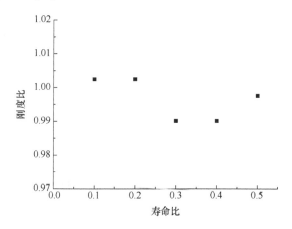

图 6.25　Q345 不同寿命比下的刚度比变化

对缸体 45# 钢材料试样进行三点弯曲疲劳试验,试样的表面硬度为 33～

34HRC,抗拉强度为 624MPa,屈服极限为 596MPa,疲劳试验应力比为 0.1。疲劳过程中测量试样的刚度值,同样只对前 60% 寿命进行刚度测量。疲劳过程中刚度和原始刚度的比值与寿命比的变化关系如图 6.26 所示。冷拔 45♯ 钢疲劳过程中刚度随寿命比的增加整体呈现下降趋势。当寿命循环比为 0.1 时,数据偏差较大而舍去;当寿命循环比为 0.2 时,刚度较原始刚度减小 0.5%;当寿命循环比为 0.3 时,刚度较原始刚度减小 0.9%;当寿命循环比为 0.4 时,刚度较原始刚度减小 1.2%;当寿命循环比为 0.5 时,刚度较原始刚度减小 1.0%;当寿命循环比为 0.6 时,刚度较原始刚度减小 1.8%。

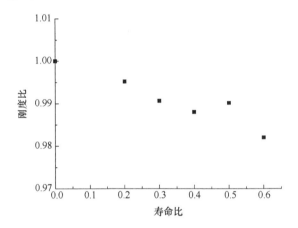

图 6.26　45♯ 钢活塞缸体不同寿命比下的刚度比变化

对 45♯ 钢淬火材料试样在共振疲劳试验机上进行三点弯曲疲劳试验,试样的表面硬度为 50~55HRC,抗拉强度为 853MPa,屈服极限为 596MPa,疲劳试验应力比为 0.1。疲劳过程中测量试样的刚度值,同样只对前 60% 寿命进行刚度测量。疲劳过程中刚度和原始刚度的比值与寿命比的变化关系如图 6.27 所示。

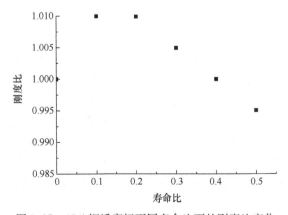

图 6.27　45♯ 钢活塞杆不同寿命比下的刚度比变化

　　淬火 45♯钢在疲劳过程中刚度先上升后平稳下降。当寿命循环比为 0.1、0.2 时,刚度较原始刚度增加 0.99%;当寿命循环比为 0.3 时,刚度较原始刚度增加 0.49%;当寿命循环比为 0.4 时,保持在原始刚度值不变;当寿命循环比为 0.5 时,刚度较原始刚度减小 0.5%。

　　以国产 40Cr 正火材料为对象进行疲劳试验,其抗拉强度大于 650MPa,试样按照产品要求强化,即中频淬火加回火,表面硬度为 52~58HRC,心部硬度 ≤ 30HRC,硬化层深度最小为 1.9mm。测量其不同疲劳寿命下的刚度值,随着循环次数的增加,材料试样的刚度变化如图 6.28 所示。疲劳过程中刚度随循环次数的增加先下降后上升。通过研究发现在强化过程中材料试样的剩余刚度有所增强,损伤过程中剩余刚度不断下降,因此剩余刚度的变化能反映材料试样的强化和损伤程度。损伤载荷的大小对刚度变化也会产生一定影响,大损伤载荷下剩余刚度的下降更快[4]。

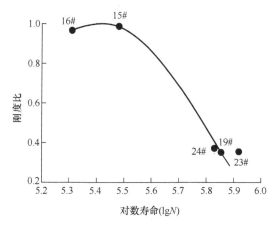

图 6.28　刚度比与循环数的关系

6.3.5　内在质量退化的最佳表征参数

　　机械零件在疲劳过程中的机械特性变化可以间接反映机械零件的剩余强度、剩余寿命。但对于不同的材料,疲劳过程中不同机械特性变化的灵敏度不同,因此对应的最佳表征参数组的先后顺序也不同,疲劳损伤评价时需要选择灵敏度高的参数作为优先评价变量。根据疲劳过程中机械特性参数的变化灵敏度分析发现,不同的材料、结构和热处理等,其机械特性参数变化的灵敏度不同,具体可以分为焊接件、经过热处理强化的零件和未经过热处理强化的零件三大类。不同类型的零件,疲劳损伤、剩余强度和剩余寿命评价的优先程度不同,即内在质量退化的最佳表征参数不同。

（1）焊接件。根据机械零件疲劳过程中机械特性变化的研究表明，焊接件存在比较明显的三个阶段，第一阶段为裂纹的萌生阶段，包括微裂纹形核和短裂纹扩展过程；第二阶段为表面裂纹扩展成为穿透裂纹阶段，该阶段中点焊试件的固有频率随裂纹深度的增加有明显的降低；第三阶段为穿透裂纹沿试件宽度方向扩展直至为最终的疲劳破坏阶段，在这个阶段中，试件的固有频率有显著的降低现象发生，最大下降约 5%。在疲劳过程中，频率的灵敏度最高。评价焊接件的剩余强度、剩余寿命最重要的表征参数为频率，同时辅以硬度、刚度。

（2）经过热处理强化的零件。经过热处理强化后的零件，在疲劳过程中所有的机械特性变化均不明显。以淬火 45♯ 钢为例，其在前 90% 寿命区域内，频率较初始频率变化幅度最大约为 0.02%，硬度比下降幅度最大约为 0.44%；在前 50% 寿命区域内，刚度比下降幅度最大约为 0.5%。对于经过热处理强化的零件，需根据具体情况以频率、硬度和刚度同时进行评价。

（3）未经过热处理强化的零件。对于未经过热处理强化的零件，在疲劳过程中的硬度变化灵敏度较高，以 Q345 及冷拔 45♯ 钢为例，在疲劳过程中硬度随循环比的增加逐渐降低，呈现明显的变化过程，其在前 90% 寿命区域内，硬度下降幅度为 5%~8%。对于未经过热处理强化的零件，评价其剩余强度、剩余寿命最重要的表征参数为硬度，同时辅以频率、刚度。

根据上述内容可知，对于最佳表征参数的获得，不同的结构、不同材料的零件都要经过硬度、频率和刚度的测试。测试后对其进行具体分析，获得不同机械特征的灵敏度，根据灵敏度的不同获得最佳表征参数。具体流程如图 6.29 所示。

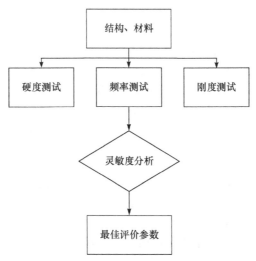

图 6.29　最佳表征参数获得流程图

参 考 文 献

[1] Lemaitre J. 损伤力学教程[M]. 倪金刚, 陶春虎, 译. 北京: 科学出版社, 1996.

[2] Lemaitre J. 固体材料力学[M]. 余天庆, 吴玉树, 译. 北京: 国防工业出版社, 1997.

[3] 姚卫星. 结构疲劳寿命分析[M]. 北京: 国防工业出版社, 2003.

[4] 牛勇彦, 卢曦. 剩余刚度在强化和损伤过程中的变化特性研究[J]. 机械强度, 2013, 35(5): 704-708.

[5] 卢曦, 焦玉强. 疲劳强化和损伤过程中材料的剩余静强度研究[J]. 中国机械工程, 2013, 24(8): 1117-1121.

[6] Matuszyk W, Camus G, Duquette D J, et al. Effects of temperature and environment on the tensile and fatigue crack growth behavior of a Ni3Al-basealloy[J]. Metallurgical Transactions A, 1990, 21(11): 2967-2976.

[7] Makhlouf K, Jones J W. Effects of temperature and frequency on fatigue crack growth in 18% Cr ferritic stainlesssteel[J]. International Journal of Fatigue, 1993, 15(3): 163-171.

[8] Morassi A, Vestroni F. Characteristics and Detection of Damage and Fatigue Cracks[M]. Testa R B. Dynamic Methods for Damage Detection in Structures. New York: Springer, 2008.

[9] Moon T C, Kim H Y, Hwang W. Natural-frequency reduction model for matrix-dominated fatigue damage of composite laminates[J]. Composite Structures, 2003, 62(1): 19-26.

[10] Lorenzino P, Navarro A. The variation of resonance frequency in fatigue tests as a tool for in-situ, identification of crack initiation and propagation, and for the determination of cracked areas[J]. International Journal of Fatigue, 2015, 70(1): 374-382.

[11] Sarkar R, Sengupta S, Pal T K, et al. Microstructure and mechanical properties of friction stir spot-welded IF/DP dissimilar steel joints[J]. Metallurgical & Materials Transactions A, 2015, 46(11): 5182-5200.

[12] Rocha M, Michel S, Brühwiler E, et al. Very high cycle fatigue tests of quenched and self-tempered steel reinforcement bars[J]. Materials & Structures, 2016, 49(5): 1723-1732.

[13] Wang G, Barkey M E. Fatigue cracking and its influence on dynamic response characteristics of spot welded specimens[J]. Experimental Mechanics, 2004, 44(5): 512-521.

[14] Wang R J, Shang D G, Li L S, et al. Fatigue damage model based on the natural frequency changes for spot-welded joints[J]. International Journal of Fatigue, 2008, 30(6): 1047-1055.

[15] Shang D G. Measurement of fatigue damage based on the natural frequency for spot-welded joints[J]. Materials & Design, 2009, 30(4): 1008-1013.

[16] Han S H, An D G, Kwak S J, et al. Vibration fatigue analysis for multi-point spot-welded joints based on frequency response changes due to fatigue damage accumulation[J]. International Journal of Fatigue, 2013, 48(1): 170-177.

[17] 卢曦, 郑松林, 李萍萍. 强化和损伤过程中齿轮固有频率的变化[J]. 中国机械工程, 2008, 19(9): 1087-1090.

[18] 湛兰. 不锈钢激光焊接头疲劳损伤过程中的固有频率变化特性[D]. 大连: 大连交通大

学,2012.

[19] 王瑞杰,徐晓东,刘泓滨.基于固有频率的两级加载下拉剪点焊结构疲劳损伤分析[J].机械科学与技术,2010,29(9):1193-1197.

[20] 李承山,尚德广,王瑞杰,等.变幅加载下基于动态响应特性的点焊接头疲劳寿命预测[J].机械工程学报,2009,45(4):70-75.

[21] 王瑞杰,尚德广.变幅载荷作用下点焊焊接接头的疲劳损伤[J].焊接学报,2007,28(9):1-4.

[22] 尚德广.基于动态响应特性的点焊疲劳损伤参量[J].北京工业大学学报,2004,30(2):144-147.

[23] 尚德广,王瑞杰.基于动态响应有限元模拟的点焊接头疲劳寿命预测[J].机械工程学报,2005,41(5):49-53.

[24] Lu X,Zheng S L. Change in mechanical properties of vehicle components after strengthening under low-amplitude loads below the fatigue limit[J]. Fatigue & Fracture of Engineering Materials & Structures,2009,32(10):847-855.

[25] Geminov V N,Ivanov A I,Beresnev Y M,et al. Changes in the mechanical properties and structure of 12Kh1MF steel caused by thermomechanical fatigue[J]. Strength of Materials,1981,13(11):1333-1337.

[26] Xiong Z,Naoe T,Wan T,et al. Mechanical property change in the region of very high-cycle fatigue[J]. Procedia Engineering,2015,101(2):552-560.

[27] 杨浩泉,周平.高周疲劳过程中45钢表面显微硬度变化规律的研究[J].理化检验-物理分册,2006,42(7):328-331.

[28] 叶笃毅,王德俊,平安.高周疲劳钢表面微观塑性变形行为双循环特性[J].东北大学学报(自然科学版),1995,16(4):420-423.

[29] 叶笃毅,王德俊,平安.低周疲劳中结构钢的宏观与细观变形行为[J].钢铁研究学报,1996,8(3):21-24.

[30] 叶笃毅,王德俊,平安.中碳钢高周疲劳损伤过程中表面显微硬度变化特征的实验研究[J].机械强度,1996,18(2):63-65.

[31] Xiao J,Bathias C. Fatigue damage and fracture mechanism of notched woven laminates[J]. Journal of Composite Materials,1994,28(12):1127-1139.

[32] Wang P C,Jeng S M,Yang J M. Characterization and modeling of stiffness reduction in SCS-6-Ti composites under low cycle fatigue loading[J]. Materials Science & Engineering A,1995,200(1/2):173-180.

[33] Tang R,Guo Y J,Weitsman Y J. An appropriate stiffness degradation parameter to monitor fatigue damage evolution in composites[J]. International Journal of Fatigue,2004,26(4):421-427.

[34] Tani I,Lenoir D,Jezequel L. Effect of junction stiffness degradation due to fatigue damage of metallic structures[J]. Engineering Structures,2005,27(11):1677-1688.

[35] Adden S,Pfleiderer K,Solodov I,et al. Characterization of stiffness degradation caused by

fatigue damage in textile composites using circumferential plate acoustic waves[J]. Composites Science & Technology,2008,68(7/8):1616-1623.

[36] Keindorf C,Schaumann P,Ahmed H,et al. High frequency fatigue testing of butt welds with a new magnet resonance machine[C]. Proceedings of the 63rd Annual assembly and international conference of the International Institute of Welding,Istanbul,2010.

[37] Dogan O,Roberts T M. Fatigue performance and stiffness variation of stud connectors in steel-concrete-steel sandwich systems[J]. Journal of Constructional Steel Research,2012, 70(2):86-92.

[38] Langlois S,Legeron F,Levesque F. Time history modeling of vibrations on overhead conductors with variable bending stiffness[J]. IEEE Transactions on Power Delivery,2014, 29(2):607-614.

[39] 魏宗平,梁磊. 梁结构刚度动态非概率可靠性分析[J]. 工程设计学报,2012,19(2):86-90.

第7章 内在质量的评价方法和流程

第5章和第6章中给出了回收零件内在质量评价所涉及的理论基础,对于不同的机械零件,由于零件的失效形式不同,内在质量的退化和评价也不完全相同,但是回收零件的内在质量评价技术和评价流程基本相同。回收零件的具体服役载荷的不确定性,会导致回收零件内在质量评价的不确定性,回收零件的内在质量评价是一个不断积累数据和经验的过程,本章将给出回收零件内在质量的评价方法和评价流程。

7.1 评 价 方 法

报废机械零件的可回收性评价在整个产品循环周期中的位置如图 7.1 所示。

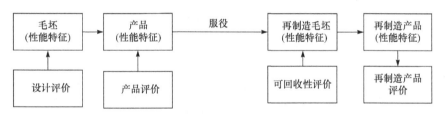

图 7.1 产品制造过程及产品再制造过程

从图 7.1 中可以看出,新产品在设计和制造过程中首先需要对毛坯进行综合性能的设计和评价,只有毛坯的综合性能满足产品的制造要求才能将其用于产品制造,制造出来的新产品还需要进行产品性能评价,判断其性能和功能是否满足使用要求等。新产品在整机服役周期结束后,作为回收产品——再制造毛坯,服役载荷使回收产品的性能和功能出现下降。再制造过程和新产品制造都需要对毛坯进行性能评价,了解再制造毛坯是否能够满足再制造产品的性能和功能。回收产品的内在质量评价主要是进行再制造毛坯的剩余强度和剩余寿命评价,判断其是否能够满足再制造产品的性能。回收零件的具体服役载荷的不确定性,导致回收零件内在质量评价的不确定性,因此,再制造毛坯的质量评价的难度远远高于原始毛坯的质量评价。作为产品制造,再制造产品的性能、功能评价方法、评价流程与新产品相同,但是评价指标存在不同[1,2]。

疲劳过程中机械零件的质量和性能都会随载荷历程的变化而发生变化,零件的质量和性能是动态变化的。在疲劳过程中,不同的服役载荷、同样载荷不同的作用时间等对零件的作用效果不同,零件在服役过程中既有强化又有损伤,零件的强度是一个复杂变化的过程。特别是当回收零件的载荷历程无法确定和估算时,回收零件的内在质量的评价难度大大增加,很难建立比较精确的评价理论和技术[3-8]。卢曦等在长期的疲劳强度理论研究和疲劳试验的基础上,提出以下三种内在质量的评价方法。

方法一:在回收零件的载荷谱历程可以或容易进行评价和估算的情况下,通过零件或与零件热处理相同的材料试样的疲劳特性变化规律及基于强度特征的疲劳累积损伤模型[3],对回收零件的剩余强度、剩余寿命进行评价和估算,利用回收零件的疲劳试验、耐久试验对评价和估算模型进行验证、修改,如图 7.2 所示。该方法主要用于零件的载荷谱历程比较简单而且容易估算的回收零件的内在质量评价,考虑到载荷谱和疲劳强度的离散性,该方法仍然需要不断积累数据。

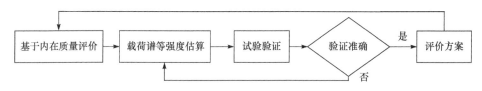

图 7.2　内在质量评价方法一

方法二:在回收零件的载荷谱历程很难甚至无法进行评价和估算的情况下,通过建立原始零件或与零件热处理相同的材料试样的疲劳特性及机械特性的变化规律,对回收机械零件的剩余强度和剩余寿命进行评价和估算,同样需要大量的回收零件的疲劳试验、耐久试验对评价和估算模型进行验证、修改,如图 7.3 所示。该方法的重点是积累疲劳过程中零件的固有频率、刚度和硬度等机械特性的变化规律及强度退化的最佳表征参数,强度退化的最佳表征参数还需要满足无损检测的条件。

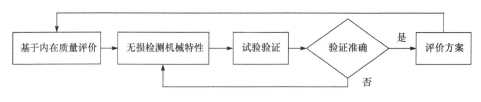

图 7.3　内在质量评价方法二

方法三:将方法一和方法二相互耦合进行回收零件的剩余强度和剩余寿命评价,如图 7.4 所示。

例如,对于服役环境简单的机械零件,如高铁齿轮等,其服役过程中的载荷历程比较稳定,而对于服役环境复杂的机械零件,如汽车、工程机械等,其载荷历程随

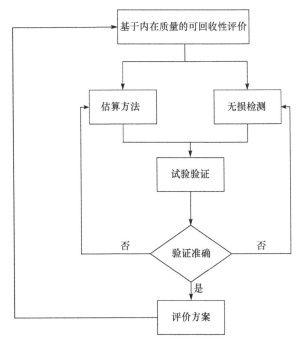

图 7.4　内在质量评价方法三

机性大,常常伴有不可预测的载荷,机械零件服役过程的载荷历程比较复杂。实际在回收零件内在质量的评价过程中,都利用方法三,既要通过载荷谱估算进行内在质量的评价,又要通过机械特性的变化进行内在质量评价,内在质量的评价结果取两者剩余强度和剩余寿命的最小值。工程中无论利用哪种内在质量评价方法,其评价过程都是一个不断积累数据、完善评价方法的长期过程。

7.2　评 价 流 程

零件的回收再制造过程复杂且烦琐,要准确评价零件的剩余强度和剩余寿命,必须清楚零件的设计方法、设计目标、零件的服役状况、零件及材料的相关机械特性等。因此,再制造内在质量评价环节需要再制造部门、试验部门和产品设计部门等紧密合作,其目的就是要了解回收零件的"前世今生",只有清楚了零件的所有状况,才能更加准确地评价回收零件的剩余强度和剩余寿命。

产品回收再制造评价流程如图 7.5 所示。可以看出,回收零件的内在质量评价需要试验部门的零件基本机械特性参数、零件或材料的 S-N 曲线、P-S-N 曲线、强化规律、损伤规律及疲劳过程中零件或材料的机械特性变化规律等试验数据,这些同样是产品轻量化设计、强度可靠性设计和抗疲劳设计的基础数据。产品设计

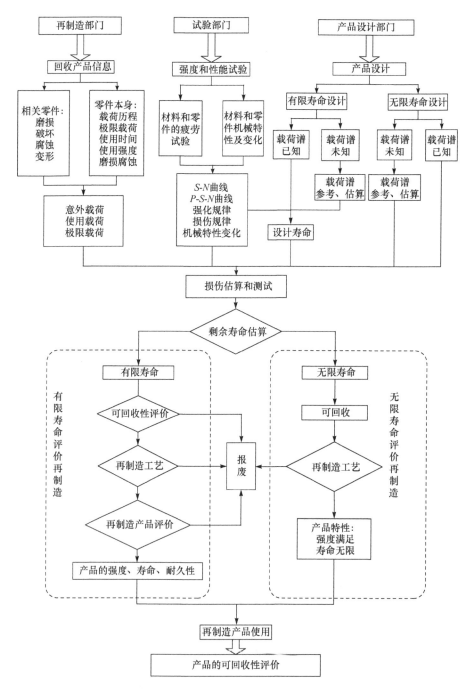

图 7.5 零件回收再制造评价流程

部门提供设计依据、设计过程和设计目标等信息。根据这些信息才可以判断零件的设计目标是无限寿命还是有限寿命。根据设计原则,再结合试验部门提供的材料数据,估算零件的设计寿命。

零件在实际使用过程中的状况往往与零件设计时考虑的状况不一致,这是造成可回收性评价相当困难的一个主要原因。因此,再制造部门必须先详细调研回收零件的使用过程(主要包括载荷历程、极限载荷、使用时间、使用强度和磨损腐蚀等信息),然后调研要回收零件的连接或相邻零件的磨损、破坏、腐蚀和变形等情况,最后综合所有获取的信息计算零件的损伤,估算零件的剩余寿命,根据不同的评价模型进行回收再制造评价。

7.2.1　根据载荷历程评价

通过基于强度特征的疲劳累积损伤理论进行回收零件的剩余强度和剩余寿命评价和估算的主要前提是零件的载荷服役历程。在回收零件的载荷谱历程可以或容易进行评价和估算的情况下,基于载荷历程的回收零件的可回收性评价模型如图 7.6 所示。

在进行内在质量评价的同时给出了回收零件的环境和经济等非质量评价,以及回收零件的表面质量评价、内在质量评价在可回收性评价中的位置和顺序。根据回收零件的评价难易程度、重要性及评价成本,回收产品首先进行环境和经济等非质量评价,只有产品满足回收再制造的环境和经济要求才能进行下一步的表面质量评价,否则进行材料回收或填埋等处理。当回收零件满足表面质量评价时,再进行回收零件的内在质量评价,否则进行材料回收或填埋等处理。按照图 7.6,对载荷历程已知或易估算的零件进行内在质量评价的技术流程如下。

(1)对其载荷历程分析和估算的同时进行回收零件的强度富余量估算;根据得到的载荷历程进行载荷分析和处理,确定具有强化作用的小载荷、可以删除的无效载荷,判断回收零件的损伤形式,根据载荷分布的不均匀性判断回收零件的强化效果。

(2)在回收零件的载荷历程分析和估算的同时,还需要进行回收零件、相关或相连零件的损伤和失效调研,以确定回收零件是否承受过事故等造成的过大冲击载荷,如果有,则不建议对该回收零件进行再制造。

(3)回收零件的损伤形式可以根据回收零件的载荷估算分析分为不易检测损伤(即小损伤)和易检测损伤(即大损伤),两种损伤形式属于并列关系,在评价过程中根据损伤形式运用相对应的损伤理论进行损伤估算及预测。

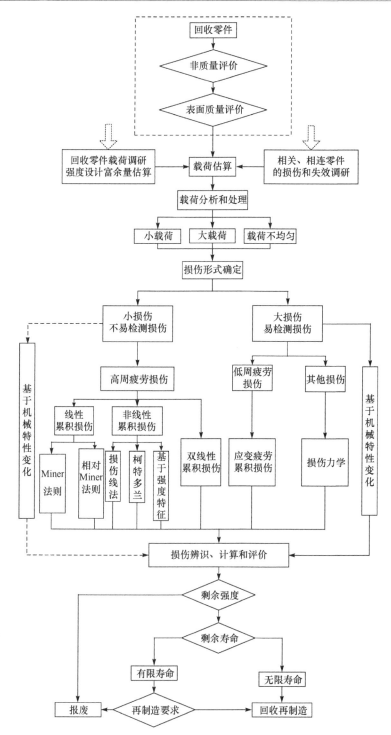

图 7.6　可回收性评价模型 I（载荷历程已知或易估算）

如果损伤形式为不易检测的小损伤,其为应力损伤,也称为高周疲劳损伤。对于高周疲劳损伤,应力水平较低且处于弹性状态,循环次数较高,一般在 10^5 以上。工程中对于高周疲劳损伤的计算主要有线性累计损伤理论、非线性累积损伤理论和双线性累积损伤理论,其中线性累积损伤理论包括 Miner 法则、相对 Miner 法则;非线性累积损伤理论包括损伤线法、柯特多兰法则和基于强度特征的计算法则。典型的拖拉机零件疲劳试验结果表明:变幅载荷下,工程中现有理论和模型的预测结果与试验结果的差异随载荷谱的强化倍数增加而减少,特别是在原始和弱强化载荷谱下,预测结果都和试验结果存在较大的差异。因此,高周疲劳损伤理论形式虽然简单,但是其影响因素较多,不易监测且离散性较大,较难获得准确的估算结果。

如果损伤形式为容易检测的大损伤,其分为低周疲劳损伤和其他损伤。低周疲劳也称为应变疲劳,其应力水平较高且高于屈服状态,循环次数较低,一般在 10^5 以下。材料屈服后应变的变化大,应力的变化小,因此应变更适合作为疲劳性能的控制参数,此时,材料的应变-寿命可以用 Manson-Coffin 关系式来描述,再利用疲劳累积损伤模型进行损伤预测和估算,所应用的疲劳累积损伤模型包括 Miner 法则和相对 Miner 法则。应变疲劳的估算方法已经考虑了加载顺序的影响,且应变疲劳分析只需少量的试验数据便可获得比较可靠的估算结果,因此对于应变疲劳,应力水平高,离散比较小,容易获得准确的评价结果。大损伤中机械产品常见的其他损伤形式一般包括韧性损伤、脆性损伤、蠕变损伤和剥落损伤等,该类损伤离散性较小,容易监测,因此比较容易解决。对于其他形式的损伤,可以根据各自的损伤特点,运用损伤力学建立严格的损伤本构方程和损伤演化方程,对损伤进行相对准确的预测估算。

(4) 确定回收零件的损伤形式后,根据回收零件的损伤形式和相应的疲劳累积损伤计算法则对总损伤进行估算分析、辨识。在通过疲劳累积损伤进行估算的同时,也可以根据回收零件的机械特性变化规律对总损伤量进行估算。如果零件损伤形式为不易检测的小损伤,则其机械特性变化不明显,在生命周期大部分时间机械特性不变,在生命后期急剧下降,呈现突然死亡的状态,因此损伤结果不容易估算准确;如果零件损伤形式为大损伤,则零件的机械特性变化规律明显,与小损伤相比对损伤量的估算结果更准确。

(5) 总损伤量估算完成后,根据损伤估算结果进行回收零件的剩余强度预测。如果回收零件剩余强度估算结果满足回收再制造要求,则进行下一步的剩余寿命评估预测,否则进行材料回收或填埋等处理。

（6）根据回收零件的剩余强度计算结果与零件的剩余寿命的对应关系估算零件的剩余寿命。剩余寿命的估算结果分为有限寿命和无限寿命，当回收零件剩余寿命评价结果为无限寿命时，直接进行回收再制造；当回收零件的剩余寿命估算结果为有限寿命时，则根据再制造产品的要求具体判断其是否可以进行回收再制造，如果剩余寿命满足再制造产品新的生命周期要求则进行回收再制造，否则进行材料回收或填埋等处理。

（7）应用模型 I 根据载荷历程进行评价时，不可控因素较多，尤其是小损伤估算，不易估算准确，因此需要进行回收零件的机械特性变化测试和评价，积累疲劳损伤过程中的机械特性变化规律，两种评价结果相互累积和补充，不断完善零件的可回收性评价技术和方法。对于不易检测的小损伤，根据第 6 章的研究结构可知，零件的机械特性在损伤过程中特性变化不明显，其机械特性在大部分生命周期基本不变，在最后一段生命周期急剧变化，呈现突然死亡状态，因此在小损伤情况下运用机械特性变化规律对回收零件进行评价是不准确的。对于大损伤，此时零件的机械特性变化明显，在整个损伤历程中机械特性一般呈现逐渐下降的趋势，因此，对于大损伤，根据机械特性的变化规律进行评价比小损伤更加准确。

7.2.2　根据机械特性评价

在回收零件的载荷谱历程很难甚至无法进行评价和估算的情况下，很难通过损伤方程进行评价和计算。此时，可以通过原始零件或与零件热处理相同的材料试样的疲劳特性及机械特性的变化规律，建立回收零件基于机械特性变化的可回收性评价模型进行评价，如图 7.7 所示。

前面的研究表明，在零件损伤的过程中，其机械特性呈现一定规律的变化，因此，当运用可回收性评价模型 I 已经无法完成对回收零件的评价时，对于回收零件的内在质量评价还可以基于回收零件在损伤过程中的机械特性变化规律。图 7.7 在给出通过机械特性进行内在质量评价流程的同时，也给出了环境和经济等非质量评价、表面质量评价和内在质量评价在可回收性评价中的位置和顺序。根据回收零件的评价难易程度、重要性及评价成本，回收产品先进行环境和经济等非质量评价，只有产品满足回收再制造的环境和经济要求才能进行下一步的表面质量评价，否则进行材料回收或填埋等处理。只有当回收零件满足表面质量评价时，才能再进行回收零件的内在质量评价，否则进行材料回收或填埋等处理。载荷历程未知情况下内在质量评价的技术流程如下。

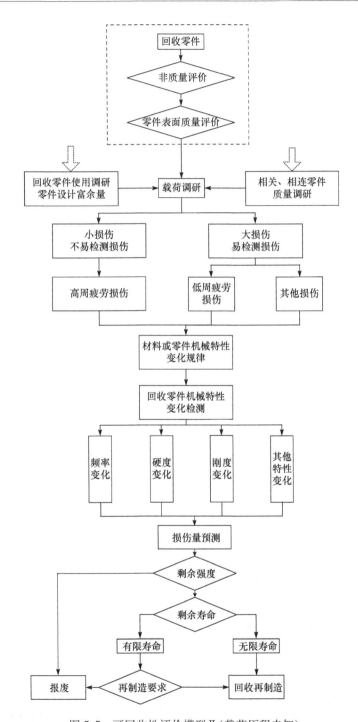

图 7.7　可回收性评价模型 II（载荷历程未知）

（1）精确的零件载荷历程虽然未知或很难获得，但是可以对回收零件所在的整机产品进行调研，了解整机使用过程、使用习惯和使用年限等，以及相关或相连零件的损伤和失效情况。调研结束后，对所获得的信息结果进行梳理、分析和辨识，可以定性地判断零件的损伤形式，包括容易测量的小损伤和不易测量的大损伤。与此同时，还可以根据调研结果确定回收零件是否承受过事故等造成的过大冲击载荷。如果有，则不建议对该回收零件进行再制造。

（2）对于不易检测的小损伤，其为高周疲劳损伤，应力水平较低且处于弹性状态，循环次数较高，一般在 10^5 以上。小损伤的零件机械特性在损伤过程中变化不明显，其机械特性在大部分生命周期基本不变，在最后一段生命周期急剧变化，呈现突然死亡状态，因此在小损伤情况下运用机械特性变化规律对回收零件进行评价是不准确的。

（3）对于较易检测的大损伤，其属于低周疲劳损伤或其他损伤。低周疲劳，其应力水平较高且高于屈服状态，循环次数较低，一般在 10^5 以下。材料屈服后应变的变化大，应力的变化小，因此应变更适合作为疲劳性能的控制参量。其他损伤一般包括韧性损伤、脆性损伤、蠕变损伤和剥落损伤等。无论是大损伤所对应的低周疲劳损伤还是其他形式的损伤，其所对应的机械特性变化均比较明显，在整个损伤历程中机械特性一般呈现逐渐下降的趋势，因此对于大损伤形式，运用机械特性对其进行预测评价，结果比较准确。

（4）确定损伤形式后，对于大损伤及小损伤同样都需要对零件或材料进行疲劳试验以获得相应零件或材料的机械特性变化规律，主要机械特性包括频率、硬度和刚度等。对于某些在评价过程中已经积累的数据则可以直接查找利用，例如，部分零件或材料机械特性在损伤过程中的变化规律在第 6 章已经给出，且不同的零件或材料，其机械特性变化的灵敏度不同，对于焊接件，在疲劳损伤过程中频率变化最灵敏；对于经过热处理强化的零件，在疲劳损伤过程中频率、硬度和刚度变化灵敏性相差不大；对于未经过热处理强化的零件，硬度变化灵敏度较高。

（5）获得零件或材料机械特性的变化规律后，对回收零件进行机械特性变化的检测，机械特性测试需要结合零件的失效形式和受力分析结果，其中回收零件的硬度测试位置是危险部位的硬度，频率是通过自由或工作模态试验测试的，刚度是沿着容易产生裂纹的方向进行测试。检测完成后，与新零件的机械特性对比获得零件的机械特性变化量。

（6）综合零件或材料在损伤过程中的机械特性变化规律及回收零件的机械特性变化检测结果，根据机械特性变化规律曲线或相应的拟合方程估算确定回收零件的损伤量。如果回收零件的硬度、频率和刚度等机械特性的测试结果有变化并与零件在损伤过程中的机械特性变化规律不相符（根据具体的回收零件确定），则可能是由回收零件的其他缺陷所致，需要对其进行详细检测评价。

（7）根据损伤量对零件的剩余强度进行评估预测，如果剩余强度满足回收再制造要求，则进行剩余寿命评估预测，否则进行材料回收或填埋等处理。

（8）回收零件剩余强度满足再制造要求，则对回收零件剩余寿命进行估算预测。剩余寿命估算结果同样包括有限寿命和无限寿命两种，当零件剩余寿命为无限寿命时，直接进行回收再制造；当估算结果为有限寿命时，根据再制造产品的要求具体判断其是否可以进行回收再制造。如果剩余寿命满足再制造产品新的生命周期，则进行回收再制造，否则报废处理，进行材料回收。

7.2.3　综合评价模型

考虑到回收零件内在质量的评价和估算的复杂性及疲劳强度的离散性，目前，无论是根据载荷历程的可回收性评价技术，还是根据机械特性评价的可回收性评价技术，都不能精确地评价出回收零件的剩余强度和剩余寿命。综合这两种评价方法，在不断地积累不同材料、不同热处理、不同零件等疲劳特性数据、疲劳过程中的机械特性退化数据等基础上，本书又提出了耦合载荷历程和机械特性的综合评价流程，如图 7.8 所示。

在现实零件的回收过程中，回收零件的复杂性导致回收零件的相关情况很难甚至无法追溯，很难全面地了解回收零件的信息，例如，从报废车厂回收的零件，根本没有办法获得其详细使用信息。一般报废车辆可以从发动机、里程表等获得一定的使用信息；对于某些直接报废的车辆，可以通过调研访问获得车辆记录信息，包括车辆事故、维修和保养等，以便确定车辆所经历的是大事故还是小事故、维修过程是大修还是更换、保养次数和保养里程等详细信息。虽然可以通过调研获得一系列信息，但是一般情况下调研所获得的信息不具有典型性且通用性较差，因此会给回收评价带来一定的难度。回收零件相比于新产品的一致性较差，导致回收零件评价过程中误差会比较大，因此在回收零件评价时既要通过估算载荷，又要结合机械特性变化规律。评价过程中将两种评价结果不断积累，相互补充，最终获得内在质量评价的综合评价模型，该模型对载荷历程已知和载荷历程未知的零件都能比较准确地预测其剩余寿命。在实际评价过程中，通常选取评价结果中剩余强度和剩余寿命较小者作为最终的评价结果。

7.2.4　无限寿命设计下的回收评价流程

考虑到我国大部分零件设计都属于经验和粗放的性质，零件的设计是无限寿命设计，零件的强度富余量很大。本节根据这类零件的疲劳试验和回收零件的剩余强度、剩余寿命评价和估算经验，提出一种针对零件无限寿命设计情况下回收剩

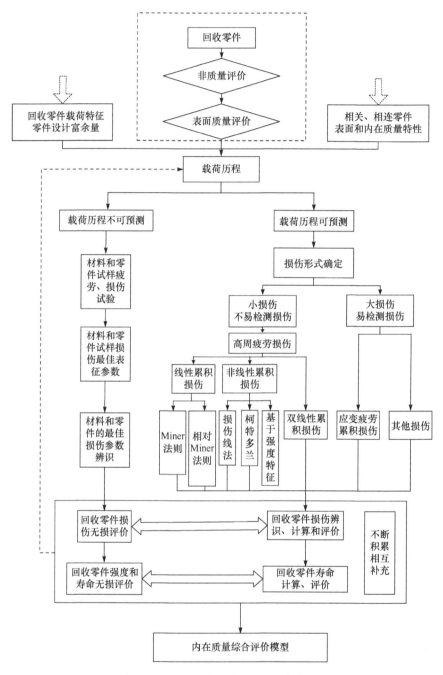

图 7.8 可回收性评价模型Ⅲ(综合模型)

余强度和剩余寿命的评价模型,如图 7.9 所示。

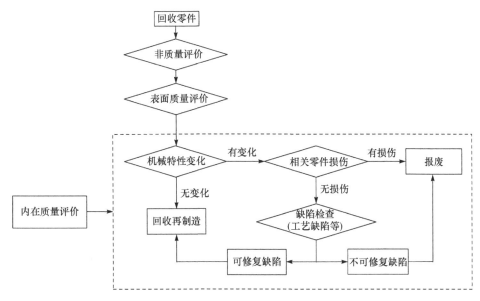

图 7.9　无限寿命设计评价模型

　　无限寿命设计下的回收评价是一种特殊的评价模型,只针对零件强度设计富余量很大的无限寿命零件。在进行内在质量评价之前,根据回收零件的评价难易程度、重要性及评价成本,先进行环境和经济等非质量评价,只有产品满足回收再制造的环境和经济要求才进行下一步的表面质量评价,否则进行材料回收或填埋等处理。只有当回收零件满足表面质量评价时,才进行回收零件的内在质量评价,否则进行材料回收或填埋等处理。用该方法进行内在质量评价的具体实施步骤如下。

　　(1) 对零件进行强度富余估算,根据材料的静强度、疲劳强度和工艺强化影响系数或零件的强度试验,获取零件的静强度、疲劳强度等。如果强度富余非常大,则继续通过此方法进行评估,否则根据具体情况选用前面三种模型进行具体评价。

　　(2) 对回收零件进行机械特性测试,确定其变化。机械特性测试包括原始零件和回收零件的硬度、频率和刚度等。机械特性测试需要结合零件的失效形式和受力分析结果,其中回收零件的硬度测试位置是危险部位的硬度,频率是通过自由或工作模态试验测试的,刚度是沿着容易产生裂纹的方向进行测试。

　　(3) 如果回收零件的硬度、频率和刚度等机械特性没有变化(或变化在传感器测试精度范围内),说明回收零件无疲劳损伤,满足可回收性要求;如果回收零件的机械特性测试结果有变化且为某一阈值(根据具体的回收零件确定),则表示回收零件受到了疲劳损伤,回收零件可能进入有限寿命,偏安全的情况下不建议进行回收再制造;如果机械特性测试结果有变化且大于某一阈值(根据具体的回收零件确定),则进行相关零件的损伤检测。

（4）检测相关零件的损伤情况,如果相关零件有损伤,那么认为回收零件承受过大载荷,有大损伤,安全起见进行报废处理。如果相关零件没有损伤,则回收零件的机械特性变化不是由损伤所致,可进一步对回收零件进行工艺意外缺陷检查。回收零件的工艺缺陷检查主要是检测相关零件在无损伤的情况下,原始零件由各种意外原因造成的失误,如未淬火、装配失误等。工艺缺陷可通过修复工艺进行评价,如果评价结果为难以修复,那么进行材料回收;如果容易修复,则进行再制造修复,满足可回收性要求。

参 考 文 献

[1] 徐滨士. 装备再制造工程的理论与技术[M]. 北京:国防工业出版社,2010.

[2] 李南. 面向报废汽车回收再利用的评价研究[D]. 西安:长安大学,2014.

[3] 马凤祥. 普桑轿车等速万向节传动轴可回收性技术评价试验研究[D]. 上海:上海理工大学,2015.

[4] 牛勇彦. 强化和损伤过程中传动轴材料的典型机械性能变化规律研究[D]. 上海:上海理工大学,2013.

[5] 左力,卢曦. 桑塔纳轿车等速万向传动中间轴典型机械特性研究[J]. 机械强度,2015,37(4):613-617.

[6] 牛勇彦,卢曦. 剩余刚度在强化和损伤过程中的变化特性研究[J]. 机械强度,2013,35(5):704-708.

[7] 卢曦,焦玉强. 疲劳强化和损伤过程中材料的剩余静强度研究[J]. 中国机械工程,2013,24(8):1117-1121.

[8] Lu X, Zheng S L. Change in mechanical properties of vehicle components after strengthening under low-amplitude loads below the fatigue limit[J]. Fatigue & Fracture of Engineering Materials & Structures,2009,32(10):847-855.

第8章 缸体和活塞杆可回收性评价

前面给出了回收机械零件可回收性质量评价的基本理论、具体方法和步骤。本章将以某工程机械转向液压缸的缸体及活塞杆体为例,利用本书提出的可回收性评价理论和技术,进行回收缸体和活塞杆体的表面质量和内在质量评价,判断回收的液压缸缸体和活塞杆体是否具有足够的剩余强度和剩余寿命,即是否能够进行再制造。

8.1 概　　述

液压缸是液压系统中将液压能转换为机械能的执行元件,广泛用于工程机械的转向、举升等结构中。由于工程机械的工作条件恶劣、负载变化较大,很容易造成液压缸的损坏。在工程机械报废或废旧的液压缸回收再制造研究和应用方面,国内外的研究和典型案例如下。

周敏教授课题组以法兰式液压缸为对象,分析液压缸再制造的工艺流程,运用专家判定法、层次分析法和 BP 神经网络等方法分析废旧液压缸再制造的可行性,并通过型号为 HSF180/120E-1000 的液压缸验证所构建的液压缸再制造可行性评价模型的可行性[1]。

山东大学刘延俊教授课题组以工程机械液压缸为对象,通过企业统计油缸故障、损坏形式的数据,详细分析油缸损坏的主要形式及原因;分析油缸拆解的工艺及具体拆解过程,并通过油缸活塞杆再制造的实例进行一系列的检测,证明缸再制造的可行性[2]。

徐工集团王灿等以工程机械液压缸为对象,对其进行再制造及效益分析。他们研究了液压缸的失效形式,包括焊缝、漏油、内泄和外泄等;分析再制造液压缸的工艺流程;并对再制造液压缸的经济效益、资源效益和环境效益进行分析评价,确定了液压缸回收再制造的可行性[3]。

柳工机械股份有限公司王国安等进行了液压缸再制造技术可行性分析。利用珩磨技术对油缸进行再制造加工,通过珩磨工艺过程的制定和珩磨参数的设置得到再制造后的缸筒,运用 ANSYS 对新件和再制造件进行分析对比计算,得出珩磨后缸筒壁厚方向的应力和位移变化都符合要求,刚度和强度满足要求[4]。

浙江大学谢海波教授课题组以非对称液压缸为对象,研究再制造性能检测技术;推导出阀控非对称液压缸和泵控非对称液压缸的数学模型,采用阀-泵串联的试验方案,针对再制造液压缸完成试验系统机械结构、液压油路和电控系统的设计;在 AMESim 中进行启动压力特性试验、最低稳定速度试验、内泄露试验的仿真分析;提出一套再制造液压缸性能检测试验方法[5]。

　　液压缸一般包含活塞杆、缸筒、端盖和活塞等。液压缸再制造的一般要求:性能检测与评估-总体方案的制定-拆解、分类-清洗、检测-液压缸再制造设计-机械零件再制造工艺方案制定-装配与调试-检验与验收等[6]。

　　在国外,卡特公司针对自身产品进行回收再制造,其产品和再制造寿命循环如图 8.1 所示。产品寿命循环将会经历新产品开始服役-正常运行-常规维护-平稳运行-失效前替换,此后可再制造产品进入再制造产品寿命循环,经历零件收回-清洗-回收利用-再制造-测试-重新进入供应链。他们对液压缸和活塞杆已经拥有成熟的再制造技术[7]。

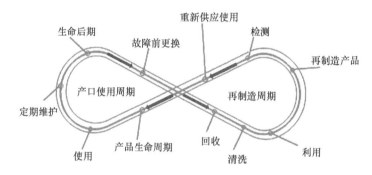

图 8.1　产品和再制造产品寿命循环图

　　Hydraulex Global Group 公司进行液压件的再制造,在液压缸的再制造标准方面已经积累了超过 150 年的经验,图 8.2 所示为再制造活塞杆的检测试验。在完成修复或再制造后承诺再制造的液压缸的质保期为 12 个月[8]。

图 8.2　再制造活塞杆测试

Swanson Industries 公司再制造的液压缸直径达到 42 英尺（1 英尺＝0.3048 米），最大行程可达 60 英尺，活塞杆长度可达 120 英尺，工作压力可达 69MPa。图 8.3 所示为再制造前后的活塞杆对比[9]。

图 8.3　再制造前后的活塞杆

Wheco 公司从事液压缸再制造工作多年，对液压缸和活塞杆拥有丰富的回收再制造经验。图 8.4 所示为 Wheco 公司的再制造现场[10]。

图 8.4　再制造现场图

Hydraulic Service & Manufacturing 公司针对液压缸再制造，其再制造前后的油缸对比如图 8.5 所示[11]。

图 8.5　油缸缸体再制造前后对比

　　Hannon Hydraulics 公司拥有 40 年的液压件维修技术,包括零件的拆卸、检测、制造、焊接、组装和测试等。图 8.6 所示为再制造活塞杆检测图[12]。

图 8.6　活塞杆检测图

　　Western Hydrostatics 公司按照 OEM 规范测试修复或再制造的液压缸,测试标准为 5000PSI,达到测试标准的液压缸质保期为 1 年。图 8.7 所示为 Western Hydrostatics 公司的再制造检测图[13]。

　　　　　(a)　　　　　　　　　　　(b)　　　　　　　　　　　(c)

图 8.7　再制造检测图

Jami Hydraulics Private Limited 公司大力开展液压缸的再制造工作,其再制造前后的液压缸对比如图 8.8 所示[14]。

(a) 制造前　　　　　　　　　　　　　　　(b) 制造后

(c) 制造前　　　　　　　　　　　　　　　(d) 制造后

图 8.8　再制造前后的油缸对比

Autohidraulic 公司对液压缸进行回收再制造,承诺回收再制造的产品质保期为 12 个月。图 8.9 所示为油缸维修再制造图[15]。

(a)　　　　　　　　　　　　　　　　　　(b)

图 8.9　油缸维修再制造

目前,国内在工程机械液压缸再制造的研究和应用等刚刚起步,无论是理论研究还是实际应用都没有涉及质量评价,也没有涉及疲劳领域中的剩余强度和剩余寿命问题,许多基础研究工作还需要不断积累。在国外,液压缸回收工作虽然已经进行了很多年,积累了大量经验,许多公司都在从事回收再制造业务,但是至今没有查到介绍如何评价回收的液压缸剩余强度和剩余寿命的技术文件或文献报道。在本书中,估计油缸缸体和活塞杆设计时的强度富裕很大,可以直接回收再制造;缸体和活塞杆的剩余强度和剩余寿命评价是各个企业的核心保密技术。国外相关公司对液压缸回收和再制造产品的 12 个月质保期,也估计针对密封等附件,而不是质保液压缸缸体和缸体的剩余强度和剩余寿命。

8.2 研 究 对 象

本章以回收的某装载机转向油缸的缸体和活塞杆体为对象,利用提出的可回收性评价流程,对缸体和活塞杆体表面质量和内在质量进行详细评价。回收的转向油缸的缸体和活塞杆体如图 8.10 和图 8.11 所示。

 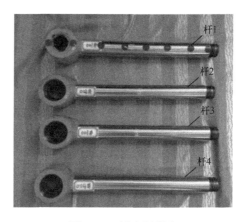

图 8.10 缸体样本图　　　　　　　　图 8.11 活塞杆样本

缸体信息:缸体 1——新油缸;缸体 2——服役时间为 2 个月;缸体 3——服役时间为六个月。

活塞杆体回收对象的具体信息:杆 1——新活塞杆;杆 2——一处磕碰,一处拉伤;杆 3——一处磕碰;杆 4——一处磕碰。

缸筒材料为 45♯钢,冷拔处理;活塞杆材料为 45♯钢,表面淬火硬度为 50～55HRC,淬火深度为 2～3mm,表面镀硬铬,镀层厚 0.05～0.06mm。液压缸正常工作压力为 20MPa,极限压力为 25MPa。缸体和活塞杆的主要尺寸如图 8.12 和图 8.13 所示。

根据缸体和活塞杆尺寸图,可知钢体内径为 100mm,外径为 121mm,长为500mm。活塞杆直径为 55mm,长为 515mm。

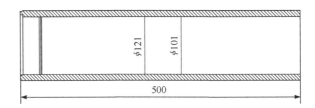

图 8.12　缸体的主要尺寸

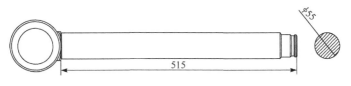

图 8.13　活塞杆的主要尺寸

　　定义缸筒厚度与内径比小于 0.1 或者外径与内径比值小于 1.2,为薄壁容器,否则为厚壁容器[16]。本例中缸筒厚度为 10.5mm,厚度与内径比值为 0.105,外径与内径之比为 1.21。油缸介于薄壁容器与厚壁容器之间,为安全起见,这里采用薄壁容器和厚壁容器两种情况分别进行计算,选择危险情况进行预测和估算。

8.3　强度富余估算

8.3.1　缸体极限应力计算

1. 按照厚壁容器计算

　　液压缸的承受极限压力为 25MPa,缸体在承受内压的情况下还承受轴向应力、径向应力和周向应力。厚壁圆筒的径向、周向、轴向应力的计算公式如下[17]:

$$\sigma_r = -P_i \tag{8.1}$$

$$\sigma_\theta = P_i \left(\frac{k^2+1}{k^2-1} \right) \tag{8.2}$$

$$\sigma_z = P_i \left(\frac{1}{k^2-1} \right) \tag{8.3}$$

$$k = \frac{D_0}{D_i} \tag{8.4}$$

式中,σ_r 为径向应力,MPa;σ_θ 为周向应力,MPa;σ_z 为轴向应力,MPa;P_i 为内压力,MPa;D_i 为内径,m;D_0 为外径,m。

　　按照 $P_i=25$MPa 极限压力计算周向、轴向和径向应力,结果为

$$\sigma_\theta = 133\text{MPa}, \quad \sigma_z = 54\text{MPa}, \quad \sigma_r = -25\text{MPa} \tag{8.5}$$

以第三强度理论计算其等效应力为

$$\sigma = \sigma_\theta - \sigma_r = 158\text{MPa} \tag{8.6}$$

以第四强度理论计算其等效应力为

$$\sigma = \frac{1}{2}\sqrt{(\sigma_\theta - \sigma_z)^2 + (\sigma_z - \sigma_r)^2 + (\sigma_r - \sigma_\theta)^2}$$
$$= 132\text{MPa} \tag{8.7}$$

2. 按薄壁容器计算

对于薄壁内压容器,不考虑径向应力,其计算公式为

$$\sigma_z = \frac{pD_i}{4\delta} \tag{8.8}$$

$$\sigma_\theta = \frac{pD_i}{2\delta} \tag{8.9}$$

式中,σ_z 为轴向应力,MPa;σ_θ 为周向应力,MPa;p 为工作压力,MPa;D_i 为缸筒直径,m;δ 为缸筒壁厚,m。

按照 25MPa 极限压力进行计算,结果为

$$\sigma_\theta = 119\text{MPa}, \quad \sigma_z = 54\text{MPa}, \quad \sigma_r = 0 \tag{8.10}$$

以第三强度理论计算其等效应力为

$$\sigma = \sigma_\theta = 119\text{MPa} \tag{8.11}$$

以第四强度理论计算其等效应力为

$$\sigma = \frac{1}{2}\sqrt{(\sigma_\theta - \sigma_z)^2 + (\sigma_z - \sigma_r)^2 + (\sigma_r - \sigma_\theta)^2}$$
$$= 103\text{MPa} \tag{8.12}$$

出于安全考虑,缸体应力取所有计算结果的最大值,按照厚壁容器,运用第三强度理论计算其应力最大为 158MPa。

8.3.2 活塞杆极限应力计算

在液压缸工作时,活塞杆分为受拉和受压两种工况。下面分别计算在极限压力下活塞杆受压和受拉时的极限应力。

1. 活塞杆受压

油液作用于活塞上的力为

$$F = P\frac{\pi D_i^2}{4} \tag{8.13}$$

式中,D_i 为缸筒内径,m;P 为极限压力,MPa。

按极限载荷 25MPa 计算,根据式(8.13)可以计算活塞杆的受力 $F=169\text{kN}$,活塞杆极限压应力计算公式为

$$\sigma=\frac{4F}{\pi d^2} \tag{8.14}$$

式中,σ 为活塞杆所受极限应力,MPa;F 为活塞杆所受拉力,kN;d 为活塞杆直径,m。

根据式(8.14)计算得到活塞杆的极限压应力为 83MPa。

2. 活塞杆受拉

油液作用于活塞上的力为

$$F=P\frac{\pi(D_i^2-d^2)}{4} \tag{8.15}$$

式中,d 为活塞杆直径,m;D_i 为缸筒内径,m;P 为极限压力,MPa。

按照极限压力 25MPa 计算,根据式(8.15)计算活塞杆受力 $F=137\text{kN}$,根据式(8.14)计算处活塞杆极限拉应力为 58MPa。

8.3.3　活塞杆失稳计算

若回收油缸的安装长度与活塞杆直径之比大于 10,则当活塞杆受压时,就已经不再属于单纯的压缩状态,容易引起弯曲或屈曲破坏。对于受压细长杆,当压力逐渐增加到某一极限值时,压杆会出现失稳状态。压力的极限值称为临界压力,计算临界压力的方法包括等截面法和非等截面法[18]。

临界载荷等截面法的计算公式为

$$P_k=\frac{f_c A}{1+\dfrac{a}{n}\left(\dfrac{l}{K}\right)^2} \tag{8.16}$$

式中,P_k 为活塞杆纵向弯曲破坏的临界载荷,N;f_c 为由材料决定的试验常数,45♯钢为中碳钢,取值为 490MPa;A 为活塞杆横截面积,m^2;a 为试验常数,45♯钢为中碳钢,取 1/5000;n 为末端系数,此处取值为 1;l 为活塞杆的计算长度,m;K 为活塞杆的断面回转半径,m。

由以上计算可知 $P_k=551\text{kN}$,以极限压力 25MPa 计算,活塞杆所受压力最大为 169kN,小于 551kN,活塞杆不会失稳。

临界载荷非等截面法的计算公式为

$$P_k=k\frac{\pi^2 EJ_1}{l^2} \tag{8.17}$$

式中,P_k 为活塞杆纵向弯曲破坏的临界载荷,N;k 为形状系数,本例取 0.22;E 为弹性模量;J_1 为活塞杆的截面惯性矩,m^4;l 为液压缸的安装长度,m。

由以上计算可知，$P_k = 195\text{kN}$，以极限压力 25MPa 计算，活塞杆所受压力最大为 169kN，也小于 195kN，活塞杆不会失稳，但此时活塞杆所受最大压力已经接近临界载荷。

8.3.4 缸体材料强度试验

1. 试验概况

缸体材料强度试验的目的是预测和估算缸体零件的静强度和疲劳强度。试验试样从现有的缸体零件直接截取，截取方式采用线切割加工，试样截取位置如图 8.14 所示。

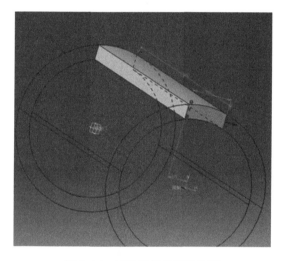

图 8.14　试验试样的截取位置

从缸筒中直接切割下来的试样图形如图 8.15 所示。试样尺寸：长度为 230mm，厚度为 10.5mm，试样宽度按照切割宽度为 14mm。

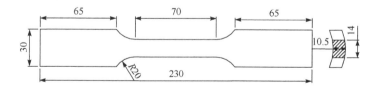

图 8.15　试样尺寸图

运用瑞玛高频疲劳试验机对试样进行三点弯曲疲劳试验，如图 8.16 所示。试验机的最大交变载荷为 ±50kN，最大平均负荷为 ±100kN，工作频率范围为 40～300Hz。静强度试验运用 MTS 公司的静拉伸试验机，试验过程如图 8.17 所示。

图 8.16　疲劳试验机夹持图

图 8.17　静强度试验夹持图

2. 试验过程及结果

1) 静强度试验

试验采用横梁移动控制加载速度,加载速度控制为 300mm/min,试样静强度试验后的状态如图 8.18 所示。在试验前后测量试样的标距及截面尺寸(计算截面面积),在测量过程中,尽量使断裂缺口的位置紧密对齐来减小测量误差,测量及计算结果如图 8.19 和表 8.1 所示。

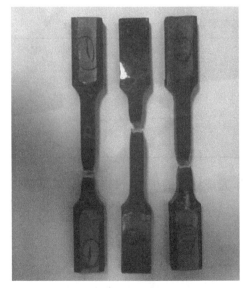

图 8.18　静强度试验断裂图

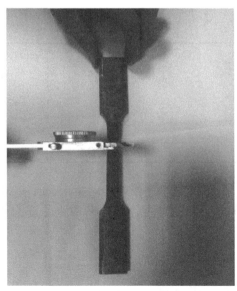

图 8.19　尺寸测量

表 8.1　拉伸断裂前后的尺寸

试样	原始标距/mm	断后标距/mm	原始最小截面积/mm²	断后最小截面积/mm²
1#	230	237.5	144.44	77.24
2#	230	236.3	143.38	82.63
3#	230	236.2	144.97	80.46

试验得到各试样的应力应变曲线,如图 8.20 所示。根据图 8.20 和表 8.1 可得到相关的机械特性,如表 8.2 所示。

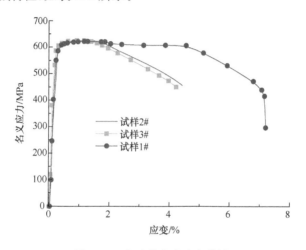

图 8.20　各试样应力应变曲线

表 8.2　45# 钢缸体材料机械特性

试样	伸长率/%	断面收缩率/%	屈服强度/MPa	抗拉强度/MPa
1#	3.26	46.52	592	622
2#	2.74	42.37	600	626
3#	2.70	44.50	597	625
平均值	2.90	44.46	625	624

为了减小误差,取三个试样的平均值作为该材料的机械特性的值。根据结果可知,伸长率为 2.90%,断面收缩率为 44.46%,屈服强度为 596MPa,抗拉强度为 624MPa。

2) 疲劳试验

三点弯曲疲劳试验在瑞玛高频疲劳试验机上进行,应力比为 0.1,室温下进行。初始选择 300MPa 应力水平,根据试验结果,以 5～15MPa 的变化量增加或减小应力级。疲劳试验选择的跨距为 45mm。试样的失效图如图 8.21 所示。删除不符合规律的疲劳试验结果后,整理的数据如表 8.3 所示。

图 8.21　所有试样失效图

表 8.3　疲劳试验结果

试样	应力/MPa	寿命/次	对数寿命
G101	302	1364780	6.14
G104	325	445392	5.65
G201	335	169020	5.23
G202	335	262015	5.42
G401	325	601358	5.78
G105	325	443075	5.65
G501	325	434743	5.64
G601	325	517212	5.71
G701	325	391180	5.59
G502	335	192451	5.28
G503	335	272608	5.43
G504	295	10000000	7
G702	335	194362	5.29
G602	300	10000000	7
G603	295	10000000	7
G106	325	374623	5.57
G107	302	992225	6.0
G801	325	510291	5.70

试样	应力/MPa	寿命/次	对数寿命
G802	325	419465	5.62
G108	325	501400	5.70
G803	325	578443	5.76
G110	325	522424	5.72

应用表 8.3 中的试验结果，通过 Origin 软件中的最小二乘法拟合出缸体 45♯钢的 S-N 曲线，如图 8.22 所示。

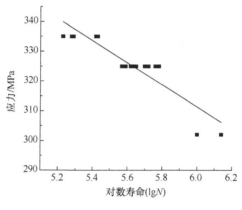

图 8.22　S-N 曲线

拟合出的半对数 S-N 曲线方程为

$$534.06 - 37.13 \lg N = \sigma$$

根据疲劳试验结果估算的疲劳强度约为 295MPa。

加载方式对其疲劳寿命的影响用加载系数 C_l 表示，它是不同加载方式下的疲劳极限与弯曲疲劳试验疲劳极限的比值，根据文献可知对称拉-压加载方式时 C_l 的估算值为 0.8[19]。因此，在拉压情况下，估算疲劳强度约为 236MPa。

8.3.5　活塞杆材料强度试验

1. 试验概况

活塞杆材料强度试验的目的是预测和估算活塞杆零件的静强度和疲劳强度。试验试样从现有的活塞杆零件直接截取，截取方式采用线切割加工。试验试样分为大尺寸试样和小尺寸试样两种，如图 8.23 和图 8.24 所示；其中静强度试验使用两种尺寸的试样，疲劳试验只使用一种大尺寸的试样。大试样的尺寸：长度为 240mm，宽度为 11mm，厚度为 11mm；小试样的尺寸：长度为 240mm，宽度为

8mm,厚度为 11mm。

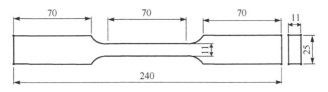

图 8.23　45♯钢活塞杆试样大尺寸

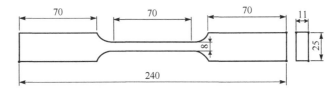

图 8.24　45♯钢活塞杆试样小尺寸

与缸体强度试验相同,疲劳试验在瑞玛 100kN 高频疲劳试验机上进行,其最大交变载荷为±50kN,最大平均负荷为±100kN,工作频率范围为 40~300Hz。静强度试验在 MTS 公司的静拉伸试验机上进行。

2. 试验过程及结果

1) 静强度试验

静强度试验的加载速度为 300mm/min。试样静强度试验后的断裂状态如图 8.25 所示,M101、M102 为小试样,M103、M104 为大试样。测量断面和拉伸长度,测量过程如图 8.26 所示,计算结果如表 8.4 所示。

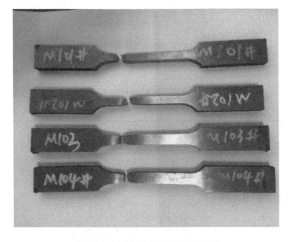

图 8.25　静强度试验断裂图

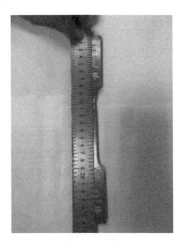

图 8.26　尺寸测量

表 8.4　拉伸断裂前后的尺寸

试样	原始标距/mm	断后标距/mm	原始最小截面积/mm²	断后最小截面积/mm²
M101	240	251.2	80.57	41.46
M102	240	249.6	87.44	39.69
M103	240	251.6	121.54	58.94
M104	240	251.5	119.79	60.84

　　试验得到各试样的应力应变曲线如图 8.27 所示,结合表 8.4 可得到相关的机械特性,如表 8.5 所示。

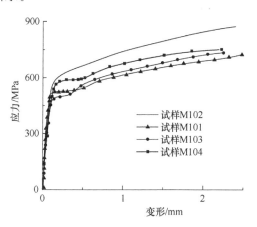

图 8.27　应力应变曲线

表 8.5　活塞杆 45♯钢材料的机械特性

试样	伸长率/%	断面收缩率/%	屈服强度/MPa	抗拉强度/MPa
M101	4.67	48.54	571	809
M102	4.00	54.61	655	912
M103	4.83	51.51	565	831
M104	4.79	49.21	593	858
平均值	4.57	50.97	596	852

　　为了减小误差,使试验试样材料的机械特性值具有代表性,这里取四个试样的平均值作为材料的机械特性的值。得到伸长率为 4.57%,收缩率为 50.97%,屈服强度为 596MPa,抗拉强度为 852.5MPa。

　　2) 疲劳试验

　　三点弯曲疲劳试验在瑞玛高频疲劳试验机上进行,应力比为 0.1,跨距为45mm,室温下进行。先选择 0.4~0.6 的抗拉强度值作为初始值的应力水平进行试验,然后以 5～15MPa 的变化量施加不同的应力水平[19]。剔除不符合规律的试验数据,试验的加载和疲劳试验结果如表 8.6 所示,不同应力级下试样的失效情况如图 8.28 所示。

表 8.6　疲劳试验结果

试样	应力/MPa	寿命/次	对数寿命
100	360	10000000	7
101	500	82346	4.9
102	490	70891	4.850
104	440	176886	5.25
105	390	270562	5.43
106	370	10000000	7
106♯	400	1403581	6.15
107	390	269285	5.43
108	380	374419	5.57
110	380	544506	5.74

注:106♯为 106 样加载循环次数达到 1000 万后继续换应力加载的。

图 8.28　所有试样失效图

应用表 8.6 中的试验结果,通过 Origin 软件中的最小二乘法拟合出活塞杆 45♯钢的 S-N 曲线,如图 8.29 所示。

拟合出的半对数 S-N 曲线方程为

$$1231.25 - 151.97 \lg N = \sigma$$

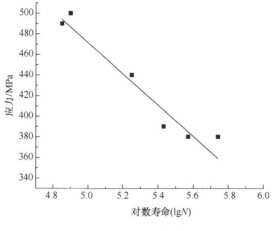

图 8.29　*S-N* 曲线

　　根据疲劳试验结果估算疲劳强度约为 360MPa。加载方式对其疲劳寿命的影响用加载系数 C_l 表示,根据文献可知在对称拉-压加载方式下 C_l 的估算值为 0.8[19]。因此,在拉压情况下,疲劳强度的估算值约为 288MPa。

8.3.6　强度富余量估算

　　根据缸体极限应力计算可知,在极限载荷下缸体的极限应力为 158MPa。根据静强度试验结果可知,缸体材料的抗拉强度为 624MPa,其安全系数为 3.95,故具有足够的静强度富余量。本例假设缸体承受脉动循环应力,其应力最大值取极限应力,将极限应力转换为幅值约为 79MPa。根据疲劳试验结果可知疲劳强度约为 236MPa,其安全系数为 2.99,因此具有足够的疲劳强度富余量,为无限寿命设计。

　　根据活塞杆极限应力计算可知,在极限载荷下活塞杆的最大应力为 83MPa。根据静强度试验结果可知,缸体材料的抗拉强度为 852MPa,其安全系数为 10.2,因此其具有足够的静强度富余量。活塞杆受压时的最大应力为 83MPa,受拉时的最大应力为 58MPa。活塞杆有受压和受拉两种工况,本例按活塞杆承受对称循环应力计算,应力幅选取最大极限应力为 83MPa。根据疲劳试验结果可知疲劳强度约为 288MPa,其安全系数为 3.47,因此具有足够的疲劳强度富余量,为无限寿命设计。

8.3.7　仿真校对

　　由于理论估算强度富余量只能对常规部位进行,应力集中的部位不能准确估算出强度富余量。下面运用有限元仿真来计算缸体及活塞杆在极限压力下各个部位的应力。

1. 缸体仿真

运用静力学仿真可以估算出应力集中部位的等效应力,进而判断其是否具有足够的剩余强度和剩余寿命。运用液压缸三维模型进行应力仿真,定义材料为45♯钢,其密度为 7890kg/m^3,弹性模量为 209000MPa,泊松比为 0.3。设置初始网格尺寸为 5mm,对缸筒油口部位进行三级细化,划分结果如图 8.30 所示。

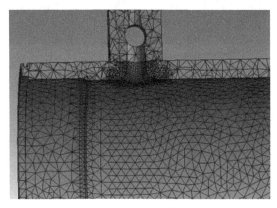

图 8.30　网格划分结果

在液压缸两端耳环处运用自由度约束模拟铰接,在液压缸内腔施加 25MPa 的极限压力。添加等效应力选项(Mises 等效应力,它遵循材料力学中的第四强度理论)后进行应力分析,得到应力仿真结果如图 8.31 所示。将油口部位局部放大观察,结果如图 8.32 所示。

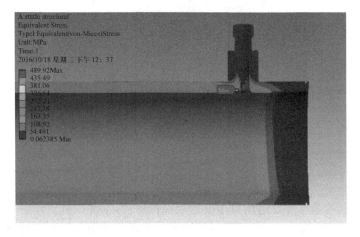

图 8.31　油口应力

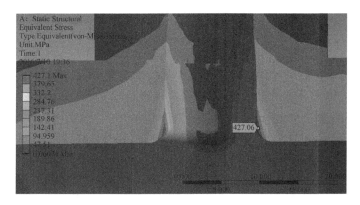

图 8.32 油口应力集中

在极限压力 25MPa 状态下,液压缸油口部位为最危险区域,最大应力值约为 427MPa;在脉动循环应力状态下,转换成幅值约为 213MPa。缸体 45♯钢疲劳极限约为 236MPa,因为应力集中部位的设计仍为无限寿命,缸筒具有足够的剩余强度和剩余寿命。

2. 活塞杆体仿真

这里运用液压缸三维模型进行应力仿真,定义材料为 45♯钢,其密度为 7890kg/m³,弹性模量为 209000MPa,泊松比为 0.3。设置初始网格尺寸为 5mm,对活塞杆耳环根部位进行三级细化,划分结果如图 8.33 所示。

图 8.33 活塞杆网格划分

在液压缸两端耳环处运用自由度约束模拟铰接,在液压缸工作时,活塞杆分为受压和受拉两种工况,分别对缸筒的无杆腔和有杆腔施加 25MPa 的极限压力。添加等效应力选项(Mises 等效应力,它遵循材料力学当中的第四强度理论)后进行应力分析得到应力仿真结果,将活塞杆耳环根部局部放大观察,结果如图 8.34 和图 8.35 所示。

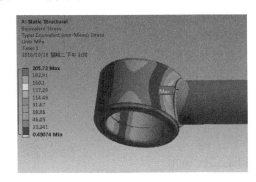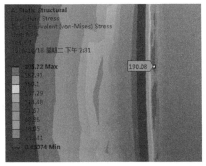

图 8.34　受压耳环根部应力云图

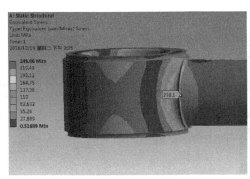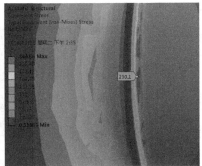

图 8.35　受拉耳环根部应力云图

在极限压力 25MPa 状态下,活塞杆受压时,由于应力集中,活塞杆的耳环根部等效应力为 190MPa;活塞杆受拉时,活塞杆的耳环根部等效应力为 230MPa,按对称循环计算,最大应力幅取 230MPa。根据疲劳强度试验可知活塞杆 45♯钢的疲劳极限为 288MPa,活塞杆的设计为无限寿命。因此,活塞杆具有足够的剩余强度和剩余寿命。

8.4　回收评价过程

本例中,经过强度富裕估算可知活塞杆和缸体均为无限寿命设计,因此运用无限寿命设计下的回收评价流程对其进行评价。这里主要研究质量评价,对于非质量评价涉及的经济和环境等问题不进行判定。下面对缸体、活塞杆进行表面质量和内在质量评价。

8.4.1　表面质量评价

1. 液压缸体

按照回收评价流程,对液压缸体进行表面质量评价,具体流程如下。

1)外观检查

(1)通过检查没有发现缸体出现腐蚀情况。

(2)通过检查,没有发现油缸缸体出现破损和尺寸变化,没有裂纹,没有明显的磨损和变形。

(3)观察缸体内部没有划伤情况,如图 8.36 所示。

(4)经检查,油口没有裂纹,如图 8.37 所示。

(5)对缸体油口及焊接部位进行探伤检测,没有发现畸变,说明油口及焊缝处无损伤。

图 8.36　缸体内壁　　　　　　　　　图 8.37　缸体油口

2)磨损检测

根据产品技术要求,油缸工作一段时间后的磨损量应控制在 0.07mm 以内。用百分表分别测量缸筒内部上中下三处截面的内径,测量结果分别为 100.01mm、100.04mm、100.03mm,均在允许范围内。

经测量耳环的磨损情况均在允许范围内,即耳环没有明显磨损,如图 8.38 所示。

图 8.38   缸体耳环

2. 活塞杆体

按照检查评价流程对活塞杆进行表面质量评价,进行外观检查,其包括腐蚀、裂纹(探伤)、变形等。

(1)通过外观和尺寸检查,没有发现活塞杆破损和尺寸变化,没有腐蚀情况,没有裂纹、磨损和变形。

(2)观察活塞杆表面,回收活塞杆 002♯ 表面有一处磕碰,一处划伤,回收活塞杆 003♯ 和 004♯ 表面各有一处磕碰。

(3)通过尺寸测试活塞杆耳环,没有发现明显的磨损,如图 8.39 所示。

(4)检查耳环台阶,没有发现裂纹,如图 8.40 所示。

图 8.39   活塞杆耳环

图 8.40   活塞缸耳环台阶

（5）活塞杆螺纹尺寸都满足设计要求，杆体螺纹无裂纹、无磨损，如图 8.41 所示。

图 8.41　活塞杆螺纹处

8.4.2　内在质量评价

1. 液压缸体

液压缸体为无限寿命设计，根据无限寿命设计下的零件回收评价流程，下一步需判断其机械特性的变化情况。

首先对缸体进行模态试验，获得回收缸和新缸的频率数据，最终结果如表 8.7 所示。

表 8.7　各缸体的固有频率

阶数	新缸 1 频率/Hz	回收缸 2 频率/Hz	回收缸 3 频率/Hz
1	1511.73	1511.57	1511.25
2	1526.16	1523.45	1522.16
3*	2339.64	2331.27	2329.64
4*	2342.82	2331.57	2331.21
5*	2875.87	2906.30	2905.31
6*	2962.69	2907.39	2908.39

*频率超过了传感器线性范围，作为参考。

从表 8.7 中可以看出,回收缸 2 的一阶固有频率与新缸 1 的一阶固有频率相差 0.16Hz,频率变化为 0.16/1511.73＝0.0001,回收缸 3 的一阶固有频率与新缸 1 的一阶固有频率相差 0.48Hz,频率变化为 0.48/1511.73＝0.0003。其变化值均在传感器误差允许范围之内,因此可以认为回收缸 2 和回收缸 3 的一阶固有频率与新缸 1 的固有频率相比没有发生变化。

然后进行硬度测试,对液压缸回收试样进行硬度测试,其结果和新钢的表面硬度值如表 8.8 所示。

表 8.8　缸体测量硬度值　　　　　　　　　　(单位:HRA)

试样	测点 1	测点 2	均值
新缸	33.2	33.4	33.3
回收缸 2	33.5	33.3	33.4
回收缸 3	33	33.2	33.1

根据测试结果可知,回收缸 2、回收缸 3 的硬度值与新缸相比分别增长 0.3%、下降 0.6%,在测量误差范围内,因此认为缸体硬度值不变。

2. 活塞杆体

活塞杆为无限寿命设计,根据无限寿命设计下的零件回收评价流程,下一步需判断其机械特性的变化情况。

对活塞杆体进行模态试验,获得回收活塞杆和新杆的固有频率,最终结果如表 8.9 所示。

表 8.9　各活塞杆的固有频率

阶数	新杆 1 频率/Hz	回收杆 2 频率/Hz	回收杆 3 频率/Hz	回收杆 4 频率/Hz
1	592.29	593.28	590.87	593.36
2	605.63	607.09	604.97	607.03
3*	1553.03	1533.47	1530.14	1531.64
4*	1611.99	1612.24	1606.79	1608.98
5*	2896.36	2839.19	2831.51	2830.47
6*	2911.94	2905.29	2898.46	2892.18

*频率超过传感器线性范围,作为参考。

回收的活塞杆与全新活塞杆相比,频率变化率如表 8.10 所示。

表 8.10　回收活塞杆的频率变化率

阶数	回收杆 2	回收杆 3	回收杆 4
1	+0.167%	-0.239%	+0.181%
2	+0.241%	-0.109%	+0.231%
3*	-3.222%	-1.474%	-1.377%
4*	+0.016%	-0.323%	-0.187%
5*	-1.974%	-2.239%	-2.274%
6*	-0.228%	-0.463%	-0.679%

*频率超过传感器线性范围,作为参考。

　　根据上述结果可知,与新杆相比,回收活塞杆的前二阶固有频率的变化率均在 0.25% 以内,在传感器误差允许范围内,可认为回收活塞杆的固有频率没有变化。

　　对活塞杆试样进行硬度测试,测点沿轴向布置且测点间距为 120mm,共布置四个,在测点截面沿圆周方向每 60° 选取一个点进行测量,每个测点取六次有效测量值,得到其平均值即为最终的硬度值。测点的位置如图 8.42 所示。

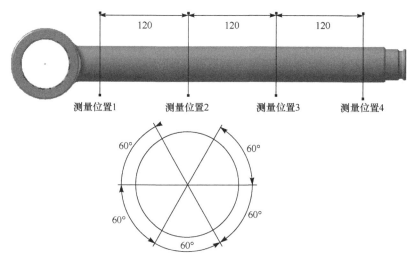

图 8.42　测点截取位置

　　疲劳过程中的表面硬度测试试验在 HRSS-150 型数显洛氏表面洛氏硬度计上进行,保荷时间为 5s,压头为金刚石。在洛氏硬度计显示屏上直接读出硬度值,最终测试结果如表 8.11 所示。

表 8.11　试验测量的硬度值　　　　　　　（单位：HRA）

试样	测量截面位置	测点 1	测点 2	测点 3	测点 4	测点 5	测点 6	平均值
001#	位置 1	79.8	77.8	78.9	80.0	77.3	78.5	
	位置 2	80.8	78.3	80.1	79.1	80.3	78.6	
	位置 3	80.4	79.3	78.6	80.0	78.6	79.1	79.2
	位置 4	77.6	79.3	78.6	79.8	80.0	79.6	
002#	位置 1	63.2	62.4	61.8	64.4	64.8	64.3	
	位置 2	61.1	62.3	60.0	59.5	59.6	60.4	
	位置 3	62.1	63.4	63.2	63.1	62.8	64.0	61.9
	位置 4	62.2	60.3	62.3	60.4	59.7	59.3	
003#	位置 1	61.6	61.7	61.2	61.7	62.6	61.8	
	位置 2	62.4	60.7	61.8	62.1	61.5	62.6	
	位置 3	62.9	62.5	61.9	60.6	61.9	62.2	61.8
	位置 4	62.1	61.8	62.3	61.9	60.9	60.5	
004#	位置 1	62.2	60.0	60.8	62.9	63.2	63.0	
	位置 2	61.5	61.0	61.1	61.4	61.1	60.1	
	位置 3	61.4	63.1	60.1	61.3	63.3	63.5	61.9
	位置 4	63.3	63.5	61.5	62.2	61.4	62.9	

　　从表 8.11 中可以看出，测得的回收活塞杆 2、活塞杆 3、活塞杆 4 的表面硬度分别为 61.9、61.8、61.9，与新件的表面硬度 79.2 相比，分别降低了 21.7%、21.9%、21.7%，而疲劳过程中的硬度下降幅度不超过 5%～8%，因此回收活塞杆的硬度下降并非由疲劳损伤所致。

　　根据无限寿命设计下的零件回收评价流程可知，活塞杆的硬度发生变化，下一步需判断其相关零件的损伤情况。与杆体相关的零件为液压缸，检查液压缸缸体，没有发现裂纹，也没有发现变形和破损；检查液压缸体耳环，没有发现磨损。经过测量，缸体的机械特性没有改变，表明缸体并无损伤。

　　由于活塞杆的相关零件无损伤，下一步主要仔细检查造成其硬度下降的缺陷。根据对比可知，其硬度值与未经淬火活塞杆的硬度值相近，因此判断回收活塞杆的硬度低于新杆是未经过淬火工艺所致，同时与活塞杆 2、活塞杆 3、活塞杆 4 存在软拉伤的情况正好对应。该缺陷为可修复缺陷，进行淬火处理即可。

8.5　回收评价结论

　　对于回收缸体 2、缸体 3，经检查均没有发现变形、破损，缸体耳环处也没有明显的磨损,缸体内部没有划伤、油口没有裂纹,磨损量在允许范围之内。经分析,缸体通过表面质量检查。在内在质量评价方面,首先确定回收缸体强度的富裕量很大,其次其一阶固有频率与新缸相比分别变化 0.01% 和 0.03%,在测量误差范围内,说明其频率基本不变,因此缸体无损伤可以进行回收再制造。

　　对于回收活塞杆 2、活塞杆 3、活塞杆 4,经检查,没有发现杆体变形,杆体没有裂纹,活塞杆耳环内轴承没有发现明显磨损或磨损不均匀,耳环台阶处没有裂纹和损伤,杆体螺纹没有裂纹和损伤,杆体有磕碰及划伤,但均可以进行修复。经分析,回收活塞杆通过表面质量评价。在内在质量方面,首先确定回收活塞杆强度的富余量很大,其次其前两阶固有频率与新杆相比分别变化 0.25% 以内,在测量误差范围内,说明其频率基本不变。但是回收活塞杆 2、活塞杆 3、活塞杆 4 的表面硬度与新件的表面硬度相比分别降低了 21.7%、21.9%、21.7%,下降率超过疲劳损伤硬度下降阈值(一般情况下金属疲劳损伤硬度下降阈值为 5%～8%)。经检测,其相关零件无损伤情况,证明活塞杆的频率下降不是损伤所致,对比发现回收活塞杆的硬度值与未进行淬火活塞杆的硬度值相接近,判断回收活塞杆硬度低是由未经淬火工艺缺陷所致,且该缺陷可以进行修复,只需淬火即可。因此,通过无限寿命设计下零件回收评价流程可知活塞杆 2、活塞杆 3、活塞杆 4 可以进行回收再制造。

参 考 文 献

[1] 高挺. 液压缸再制造可行性分析[D]. 武汉:武汉科技大学,2013.

[2] 刘佳. 油缸再制造技术分析及应用研究[D]. 济南:山东大学,2012.

[3] 王灿,蹤雪梅,何冰. 工程机械液压缸再制造及其效益分析[J]. 工程机械,2013,44(6):45-48.

[4] 王国安,高岭,朱坤鹏,等. 液压油缸再制造技术可行性分析[J]. 广西科技大学学报,2015,26(1):33-37.

[5] 宋晨. 再制造液压缸性能检测技术的研究[D]. 杭州:浙江大学,2016.

[6] 姚爱民. 工程机械液压缸再制造技术[J]. 工程机械与维修,2015,(12):45.

[7] Policyconnect. Remanufacturing towards a resource efficient economy[EB/OL]. http://www.policyconnect. org. uk/apsrg/sites/site_apsrg/files/apsrg_-_remanufacturing_report. pdf[2016-12-01].

[8] Hydraulex Global Group. Hydraulex Global Group [EB/OL]. http://www. hydraulicrepair.net/hydraulic-repair-design-warranty-policy. php[2016-12-01].

[9] Swanson Industries. Cylinder remanufacturing to OEM specs[EB/OL]. http://www. swansonindustries. com/industrial/industrial-remanufacturing. php[2016-12-01].

[10] Wheco. Hydraulic cylinder repair & remanufacturing[EB/OL]. http://wheco. com/services/hydraulic-cylinder-repair-remanufcturing/[2016-12-01].

[11] Hydraulic-cylinder. Re-Manufacturing[EB/OL]. http://hydraulic-cylinder. com/re-manufacturing/[2016-12-01].

[12] Hannon Hydraulics. We bring hydraulics back to life[EB/OL]. http://www. hannon-hydraulics. com/services/repair-remanufacturing/[2016-12-01].

[13] Western Hydrostatics. Hydraulic Cylinder Parts & Seals[EB/OL]. https://www. weshyd. com/hydraulic-cylinders/hydraulic-cylinder-parts/[2016-12-01].

[14] Jami Hydraulics. Services[EB/OL]. http://www. jamihydraulic. com/services. html[2016-12-01].

[15] Autohidraulika. Hydraulics and pneumatics cylinders remanufacturing[EB/OL]. http://www. at-hidraulic. eu/hydraulics_and_pneumatics_cylinders_remanufacturing/[2016-12-01].

[16] 许贤良,韦文术. 液压缸及其设计[M]. 北京. 国防工业出版社,2011.

[17] 成大先. 机械设计手册[M]. 北京:化学工业出版社,2008.

[18] 贾培起. 液压缸[M]. 北京:北京科学技术出版社,1987.

[19] 赵少汴. 抗疲劳设计手册[M]. 北京:机械工业出版社,2015.

第9章 等速万向传动轴的回收评价

传动轴是汽车传动系中传递动力的主要部件,它的作用是与变速箱、驱动桥一起将发动机的动力传递给车轮,使汽车产生驱动力。按照传动轴的性能,分为等速万向传动轴和非等速万向传动轴。等速万向传动轴一般用于轿车前置前驱或独立悬挂驱动中,由固定式等速万向节、中间轴和滑移式等速万向节组成,等速万向传动轴可以实现等角速度的驱动转向、补偿车轮跳动等。

2015我国传动轴的需求量达6352万根,随着汽车的产量和保有量的增加,传动轴的需求还会稳步增加。因此,研究汽车传动轴回收评价具有重要的社会和市场价值。本章以报废的桑塔纳轿车等速万向传动轴为例,对回收的等速万向传动轴零件的可回收性进行系统的评价[1-11],为汽车传动轴可回收性体系的建立及其他机械零件的可回收评价提供数据和技术参考。

9.1 研 究 对 象

本章采用回收的桑塔纳轿车等速万向传动轴总成,试样如表9.1所示。在回收评价中还准备了一件未经使用的桑塔纳等速万向传动中间轴以便于比较[1]。

表9.1 试验样本编码及检查

试样	使用年限	来源	外观情况
201♯	10年	三友汽修厂	固定端橡胶衬套破损,其余外观良好
202♯	10年	三友汽修厂	固定端橡胶衬套破损,其余外观良好
301♯	15年	宝钢报废车拆装厂	滑移端橡胶衬套磨损,钟形壳锈蚀,其余外观良好
302♯	15年	宝钢报废车拆装厂	固定端橡胶衬套破损,钟形壳花键锈蚀,其余外观良好
303♯	15年	宝钢报废车拆装厂	滑移端丢失,钟形壳花键锈蚀,其余外观良好
401♯	20年	宝钢报废车拆装厂	固定端橡胶衬套破损,其余外观良好
402♯	20年	宝钢报废车拆装厂	固定端钟形壳锈蚀,其余外观良好

续表

试样	使用年限	来源	外观情况
403♯	20 年	宝钢报废车拆装厂	固定端橡胶衬套破损,其余外观良好
404♯	20 年	宝钢报废车拆装厂	固定端橡胶衬套破损,钟形壳花键锈蚀,其余外观良好
405♯	20 年	宝钢报废车拆装厂	滑移端橡胶衬套破损,钟形壳花键锈蚀,其余外观良好
406♯	20 年	宝钢报废车拆装厂	钟形壳花键锈蚀,其余外观良好

　　表 9.1 中,201♯、202♯试样为同一辆车左右等速万向传动轴,均没有达到报废年限。据调查,车辆没受到碰撞等事故,传动轴总成也没有维修过,使用 10 年;301♯、302♯是在报废汽车厂拆卸的,发动机铭牌显示该车使用达到 15 年,汽车行驶里程超过 30 万千米,但传动轴总成都没有维修过;303♯、401♯～406♯试样均为拆车厂拆下的桑塔纳等速万向传动轴,准备作为材料回收,无法判断其使用情况。典型的回收等速万向传动轴总成和中间轴如图 9.1 所示,其中的 101♯试样为未使用过的中间轴便于比较。

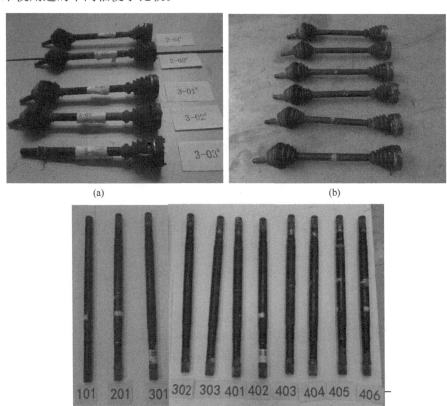

(a)　　　　　　　　　　　　　　　　(b)

(c)

图 9.1　回收的等速万向传动轴总成和中间轴

桑塔纳轿车的等速万向节传动轴总成包括固定式 AC 型等速万向节、中间轴和滑移式 VL 型等速万向节,其中,AC 型等速万向节由钟形壳、星形套、保持架和钢球组成;VL 型等速万向节由外壳、星形套、保持架和钢球组成,结构如图 9.2 所示。

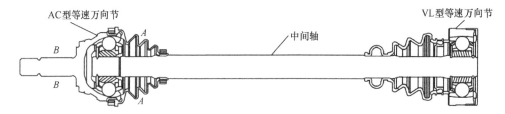

图 9.2　桑塔纳等速万向节结构图

本实例中主要研究等速万向传动轴总成中的中间轴,辅助研究强度较弱的固定式 AC 型等速万向节关键零件,如钟形壳、星形套、保持架等。其中,对中间轴详细进行表面质量和内在质量评价;对 AC 型等速万向节的钟形壳、星形套和保持架等,进行详细的表面质量评价,依据回收等速万向传动轴总成的强度试验进行辅助的内在质量评价。

桑塔纳轿车等速万向传动轴回收零件的材料和热处理分别如下:

钟形壳材料为 55♯钢,表面淬火,表面硬度为 55～62HRC,淬火深度为 1.1～1.3mm;星形套材料为 20CrMnTi,渗碳淬火,表面硬度为 58～62HRC,渗碳层深度为 0.9～1.3mm;保持架材料为 20CrMnTi,表面淬火,表面硬度为 55～61HRC,深度为 0.1～1.0mm;中间轴材料为 40Cr,中频淬火,淬火深度不小于 3mm,表面硬度为 52～58HRC。桑塔纳轿车的等速万向传动轴总成的设计承受最大极限扭矩为 2600Nm。

9.2　强度富余估算

9.2.1　关键零件的应力分析

本节以桑塔纳轿车的等速万向传动轴总成中的钟形壳和中间轴为例进行最大应力分析,根据轿车等速万向传动轴总成在传递扭矩过程中的扭矩矢量分析可知,等速万向节存在摆角时,等速万向传动轴总成会产生二次弯矩,二次弯矩随着等速万向节摆角的增加而增加。二次弯矩的大小为[11]:

$$M_w = M_q \tan \frac{\delta}{2} \tag{9.1}$$

式中,M_w 为二次弯矩;M_q 为传递扭矩;δ 为万向节弯曲角度。

等速万向传动轴总成的最大二次弯矩在固定式等速万向节段,对于桑塔纳轿车等速万向传动轴总成,按照设计转矩 2600Nm 计算,固定端万向节根据式(9.1)按照最大摆角 40°计算其二次弯矩为 946Nm。根据桑塔纳轿车等速万向传动轴总成中的中间轴和钟形壳的具体结构尺寸可以得到中间轴和钟形壳的尺寸最小处截面的应力最大,为危险截面,如图 9.2 中的 A-A 和 B-B 截面,中间轴最小直径为 24.6mm,钟形壳最小直径为 23.15mm。等速万向传动轴总成在 A-A 和 B-B 截面处的二次弯矩分别为 640MPa 和 768MPa。在极限扭矩 2600Nm 下,A-A 和 B-B 截面处的扭转应力分别为 890MPa 和 1068MPa。按照第三强度理论,中间轴和钟形壳的危险截面 A-A 和 B-B 处的弯扭组合等效应力分别为 1890MPa 和 2270MPa。

9.2.2 强度试验

以经过热处理强化的中间轴材料试样为例,原始材料为 40Cr 正火材料,抗拉强度大于 650MPa;热处理强化时试样按照产品要求并考虑尺寸影响,材料试样中频淬火加回火,表面硬度为 52～58HRC,心部硬度≤30HRC,硬化层深度最小为 1.9mm。其材料试样尺寸在图 5.7 已经给出[1-3]。

中间轴材料试样的扭转静强度取三个试样进行试验,在扭转试验机上采用静扭断的方法,获取试样的扭转静强度值,断裂样本如图 9.3 所示。扭转静断裂应力分别为 1534MPa、1534MPa、1543MPa,平均静断裂扭转应力为 1537MPa,按第三强度理论计算得其等效应力为 3074MPa。

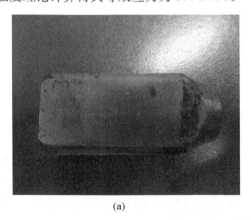

(a)　　　　　　　　　　　　　　　(b)

图 9.3　40Cr 试样断裂图

等速万向传动轴总成的最薄弱零件为钟形壳,而钟形壳轴段处的最小尺寸截面为危险截面,钟形壳轴段的静强度通过新等速万向传动轴总成在最大摆角下进行静强度试验获得。试验条件:摆角固定端为 40°,滑移端为 10°,以 180°/min 的恒定速率施加扭矩。等速万向传动轴总成在 NZ-10000 静扭转试验机(最大扭矩为

10000Nm)上进行静强度试验,得到新传动轴的钟形壳静强度试验结果如表 9.2 所示,静强度试验断裂照片如图 9.4 所示。

表 9.2　等速传动轴总成的静扭转测试结果

试样	破坏扭矩/(Nm)
1851♯	2860
1852♯	2948
1853♯	2982

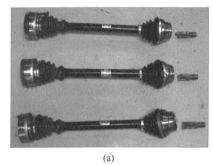

(a)　　　　　　　　　　　　　　　　(b)

图 9.4　新传动轴总成静扭转试验断裂照片

通过静强度试验结果可知,新传动轴的最先破坏位置为钟形壳轴端,破坏扭矩平均值约为 2930Nm。按照第三强度理论计算得到钟形壳轴段危险部位的试验静强度为 2560MPa。

9.2.3　强度富余量估算

根据等速万向传动轴总成零件的材料特性和热处理对强度的影响特性,以及材料和零件的试验结果[3-7],可以计算出中间轴在危险截面处的最大等效应力为 1890MPa,根据第三强度理论计算其等效应力约为 3074MPa,其安全系数为 1.63,因此中间轴具有足够的强度富余量,为无限寿命设计。

根据钟形壳轴段危险截面处的最大应力计算可知,钟形壳轴段危险截面处的最大等效应力为 2270MPa;由新传动轴总成试验可知,钟形壳轴段危险部位的强度为 2560MPa,其安全系数约为 1.13,因此钟形壳轴段也具有足够的富余量,为无限寿命设计。

9.3　回收评价过程

本例主要对等速万向传动轴中间轴进行比较详细的表面质量和内在质量评

价,其他零件根据具体情况进行部分表面磨损质量评价,内在质量则是根据回收等速万向传动轴总成的静强度试验进行试验评价[1,2]。由 9.3 节强度富余量的估算及分析可知等速万向中间轴为无限寿命设计,因此可以按照无限寿命设计的评价流程对等速万向传动轴进行可回收性评价。

9.3.1　拆解、清洗

按照行业拆解流程,对试验样本进行拆解(图 9.5),具体步骤如下。

(1)将等速传动轴固定在虎钳上。

(2)拆下防尘罩。

(3)拆卸 AC 型万向节。

(4)用卡簧钳取下滑移端卡簧,拆下 VL 型万向节。

(5)转动 VL 型万向节壳体和保持架,使其垂直,将保持架和星形套一起取出,再压出保持架内的钢球,取出星形套。

(6)旋转 AC 型万向节保持架和星形套,取下钢球,转动保持架以保持架窗口与钟形壳垂直,取出保持架和星形套。

图 9.5　等速万向传动轴的拆解

拆解后使用油污清洗剂清理油污,将相关零件清洗干净。

9.3.2　表面质量评价

1. 外观检查

回收研究试样包括原始试样、使用时间为 10 年的试样和达到报废年限自然报废的试样,传动轴总成外观检测的研究对象已经在表 9.1 中列出,外观检查发现所有试样都很好地保持了原有形态,没有受到较大的二次破坏。

在对上述对试样进行拆解和清洗之后,对中间轴进行磁粉探伤检查,检查中间轴表面没有出现裂纹。

回收的传动轴橡胶套基本都出现破损,在两端万向节沟道内有大量油污,但是除防尘套破损外,全部试样外观良好,既没有受到剧烈碰撞的迹象,也没有弯折现象。

2. 磨损检查

这里以固定端等速万向节和中间轴的磨损检查为主,包括内外花键、内外沟道、内外球面及窗口等进行研究。

1) 内外花键检测

中间轴两端的外花键分别与滑移端和固定端的星形套内花键相啮合,无论是外花键还是内花键,试样清理油污后可以直接观察到所有试样的花键齿面都有磨损情况,而且中间轴固定端外花键的磨损情况最严重。中间轴固定端外花键、滑移端固定端的磨损情况如图 9.6 和图 9.7 所示。

图 9.6　201♯移动端花键的磨损情况　　　图 9.7　201♯固定端花键的磨损情况

AC 型等速万向节钟形壳轴段外花键有明显的锈蚀,但是没有变暗、剥落的现象,如图 9.8 所示。

图 9.8　AC 型等速万向节钟形壳

图 9.9 和图 9.10 所示为典型固定端、滑移端星形套内花键的磨损情况。

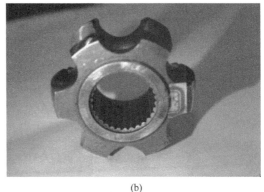

(a)   (b)

图 9.9 201♯固定端星形套内花键的磨损情况

(a)   (b)

图 9.10 302♯滑移端星形套内花键的磨损情况

花键啮合传动主要是渐开线花键的齿面接触传递扭矩,齿面的磨损会造成齿厚的减小和齿槽宽的增大。虽然齿厚和齿槽宽不容易直接测量,但是可以通过测量量棒距(外花键为跨棒距,内花键为棒间距)的方法间接地反映齿厚和齿槽宽的变化。首先研究外花键跨棒距偏差 ΔM_e 与齿厚磨损 ΔS 的关系[12,13],跨棒距是表示齿厚的一个间接参数,用两根小圆棒卡在相对的齿槽中,测量其外缘的尺寸,得到跨棒距 M,这个小圆棒称为量棒。由图 9.11 可知,当齿厚因磨损减小时,跨棒距会由 M_e 减小为 M_{e1}。

2)固定端等速万向节沟道磨损

对钟形壳及星形套的沟道进行定性检查,初步判断磨损情况。由图 9.12 和图 9.13 可以发现钟形壳沟道壁由于钢球的挤压出现明亮的压痕,但是手感没有

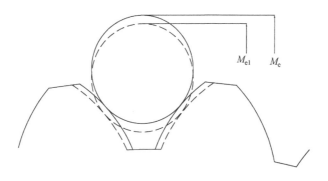

图 9.11　跨棒距偏差与弧齿厚偏差的关系

明显的起伏；同样与其相配套的星形套沟道也由于钢球的挤压出现压痕，没有明显起伏；内外沟道都没有出现锈蚀、变暗、剥落严重的磨损情况。

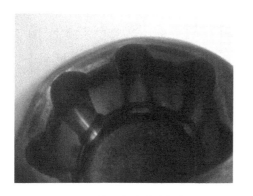

图 9.12　钟形壳沟道磨损情况

图 9.13　星形套沟道磨损情况

　　AC 型万向节钢球与内外滚道的接触是单点接触，在使用过程中，轴间角时刻发生变化，钢球与内滚道发生相对运动，钢球和内外沟道底部都会产生磨损。虽然内滚道的磨损不易直接测量，且磨损量最大，但是可以用直径为 17.462mm 的两个钢球放置在相对位置的沟道内，用保持架固定钢球，测量两相对位置的钢球顶端距离来间接反映星形套内沟道底部的磨损情况，如图 9.14 和图 9.15 所示[9,14]。

　　当出现磨损时，内滚道与钢球接触区域会因磨损由原始位置变为虚线位置，内滚道磨损量为

$$\Delta S = BC - BC_1 = (BC + r) - (BC_1 + r) = AB - A_1 B \tag{9.2}$$

式中，r 为钢球半径。

　　磨损参量的计算表达式为

$$\Delta S = \frac{AO - A_1 O}{\sin\alpha} = \frac{h - h_1}{2\sin\alpha} = \frac{\Delta h}{2\sin\alpha} \tag{9.3}$$

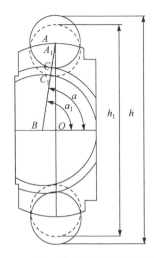 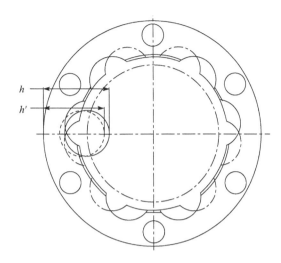

图 9.14　相对位置钢球的顶端距离 h　　　　图 9.15　钢球顶端与球笼外壁的距离 h

式中,h 为未磨损时相对位置钢球顶端距离;h_1 为磨损后相对位置钢球顶端距离。

3）VL 型球笼沟道

VL 伸缩型万向节不仅可以形成轴间角,而且轴向也可以运动。由结构特点可知,钢球在内外滚道内运动时,无论在任何位置,钢球回转中心是不变的。根据这个特点可以将外球笼平置,钢球由保持架固定,这样可以保证测量位置的一致性,用游标卡尺测量钢球顶端到球笼外壁的距离,当外滚道磨损时钢球由原始位置变为虚线位置,球笼外沟道磨损量 $\Delta S = h - h' = \Delta h$,因此可以测量钢球顶端到外壁的距离来反映沟道磨损。

4）AC 型固定端保持架

AC 型万向节的保持架与钟形壳内球面、星形套外球面,以及内、外球面间需要很小的配合间隙,以保证万向节具有高精度的等角接触,有利于减小振动,降低噪声。但过小的间隙又使这些球面的接触运动为 100％ 的滑动,表现为润滑脂被挤出接触区,造成干摩擦,可能造成保持架外球面的磨损[15]。另外保持架窗口起到限制钢球作用,使钢球连接起来的球心面始终垂直于保持架的中心线。当传递扭矩时,保证在任何负载和角度下使钢球保持在一个平面内[16]。因此,保持架窗口会受到钢球挤压,也会出现磨损。保持架的磨损包括外径磨损和窗口磨损,对于保持架磨损的测量比较简单,用游标卡尺直接测量外球面直径即可,如图 9.16 所示。

可以测量外球面直径 K_A,磨损量 ΔS 就等于外球面的直径变化量 ΔK_A。对于窗口磨损,可以按照表 9.3 所示的等速万向节零件磨损状况评定方法进行定性分析。

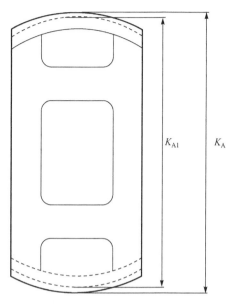

图 9.16　保持架外球面直径 K_A

表 9.3　等速万向节磨损状况评定方法

评价等级	零件的状况
10	无痕迹,同新的状况
9	有十分轻微的表面磨光
8	有明显的磨光区域
7	有很重的磨光区域,轻度磨损,变色
6	有十分重的磨光,中等磨损
5	出现局部重度磨损或变硬、变暗和剥落,但小于 2mm
4	有明显的剥落,大于 2mm
3	剥落和严重磨损,零件仍有功能,可能存在噪声、振动和啸声问题
2	出现大的剥落区域,零件接近损坏
1	零件损坏,局部咬死,热损坏

5）固定端星形套偏心距间接测量

虽然偏心距无法直接测量,但可以根据几何特征测量相关参数计算得到使用后星形套的偏心距[13]。星形套结构及简化的几何模型如图 9.17 所示,测量方法如图 9.18 所示。

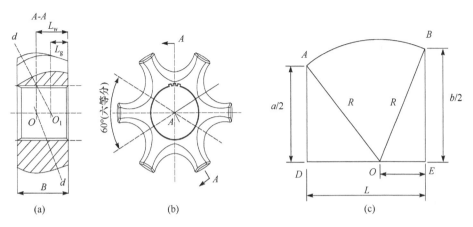

图 9.17　星形套结构及简化几何模型

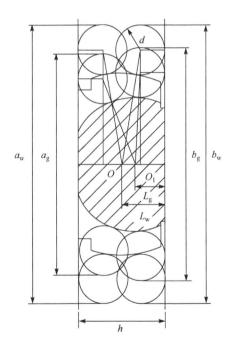

图 9.18　星形套钢球放置位置

最终得到偏心距的表达式为

$$h = L_w - L_g = \frac{B}{2} + \frac{(a_w - b_w)(a_w + b_w - 2d)}{8(B - d)} - \frac{B}{2} - \frac{(a_g - b_g)(a_g + b_g - 2d)}{8(B - d)}$$

$$= \frac{(a_w - b_w)(a_w + b_w - 2d) - (a_g - b_g)(a_g + b_g - 2d)}{8(B - d)} \tag{9.4}$$

3. 磨损测量结果

将测量得到的内外花键量棒距的数据转换为更加直观的趋势图的形式，如图 9.19～图 9.23 所示。

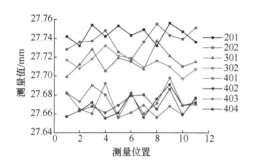

图 9.19　AC 型等速万向节钟形壳轴端跨棒距

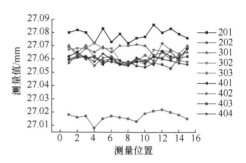

图 9.20　中间轴固定端外花键跨棒距

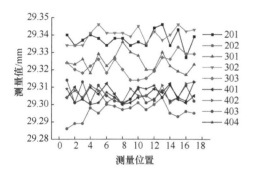

图 9.21　中间轴滑移端外花键跨棒距

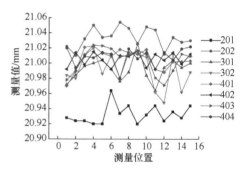

图 9.22　固定端星形套内花键量棒距

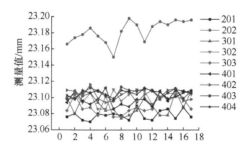

图 9.23　滑移端星形套内花键量棒距

保持架球面外径磨损测得的数据记录在表 9.4 中。

表 9.4　保持架外径测量值

保持架	测点 1			测点 2			测点 3		
201♯	66.66	66.65	66.67	66.65	66.65	66.65	66.65	66.65	66.67
202♯	66.65	66.66	66.66	66.67	66.65	66.67	66.66	66.67	66.66
301♯	66.64	66.64	66.66	66.64	66.64	66.64	66.65	66.64	66.65
302♯	66.64	66.64	66.64	66.64	66.64	66.64	66.64	66.65	66.64
401♯	66.64	66.64	66.64	66.64	66.64	66.64	66.64	66.65	66.64
402♯	66.63	66.63	66.64	66.64	66.63	66.64	66.64	66.63	66.63

通过保持架窗口定性分析发现窗口出现凹点,有轻微的磨光,磨损区域小于2mm,主要是因为钢球在刚度方面要大于保持架窗口的接触面,钢球的挤压造成凹点,但是没有出现变暗、剥落的现象。因此根据万向节零件磨损状况评定方法,可将其定性为 8 级磨损。保持架窗口的磨损情况如图 9.24 和图 9.25 所示。

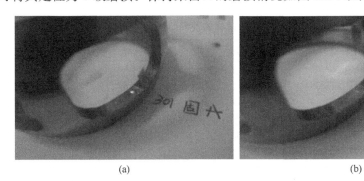

(a)　　　　　　　　　　　　　　　　(b)

图 9.24　AC 型保持架窗口磨损情况

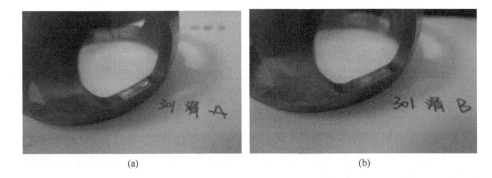

(a)　　　　　　　　　　　　　　　　(b)

图 9.25　VL 型保持架窗口磨损情况

得到不同使用年限的星形套偏心距的数值,如表 9.5 所示。

表 9.5　偏心距的计算值

试样	201#	202#	301#	302#	303#	401#	402#
偏心距/mm	4.474	4.472	4.517	4.502	4.516	4.509	4.51

9.3.3　内在质量评价

本节以中间轴为例,通过测量中间轴的机械特性变化,进而根据中间轴的机械特性变化进行中间轴内在质量的评价。对于中间轴的机械特性参量,主要测量频率和硬度。

1. 频率测量

对不同使用年限的中间轴进行固有频率测试。在固有频率测试中,采用锤击法分别得到不同年限的中间轴测试结果,如表 9.6 所示。

表 9.6　不同使用年限试样的前四阶固有频率　　　　　　（单位:Hz）

试样	一阶模态	平均值	二阶模态	平均值	三阶模态	平均值	四阶模态	平均值
101#	549.8	549.8	1380.6	1380.6	2542.5	2542.5	4028.2	4028.2
201#	546.3	546.3	1368.5	1368.4	2524.4	2524.4	4011.1	4011.1
301#	544.6		1366.2		2517.4		4001.9	
302#	545.8	545.9	1362.6	1366.8	2517.9	2520.3	4003.6	4005.6
303#	547.4		1371.6		2525.6		4011.3	
401#	545.6		1365.7		2518.9		3992.3	
402#	546.0		1367.3		2523.1		4008.7	
403#	545.6	545.4	1364.9	1366.0	2515.6	2516.917	3993.3	3995.7
404#	545.4		1366.8		2517.0		3993.8	
405#	542.5		1367.2		2517.6		4001.6	
406#	547.3		1364.1		2509.3		3984.7	

注:由于试验仪器的限制,高阶频率测试不准确,高阶频率测试仅作为参考。

零件在服役过程中的频率变化程度能够更真实地反映零件的内在质量变化,为了更加直观地研究试样固有频率随使用年限的变化情况,这里以回收零件的固有频率与新件的固有频率之比为纵坐标,以时间 10 年、15 年、20 年的传动轴服役年限作为横坐标,得到图 9.26。

从图 9.26 可以看出,四阶固有频率比与寿命比几乎呈直线关系,通过四阶固有频率比能较好地反映零件的剩余寿命。由于实际过程中受到试验仪器的限制,高阶频率测试结果不够准确,往往采用低阶频率进行评价。从图中可以看出一阶

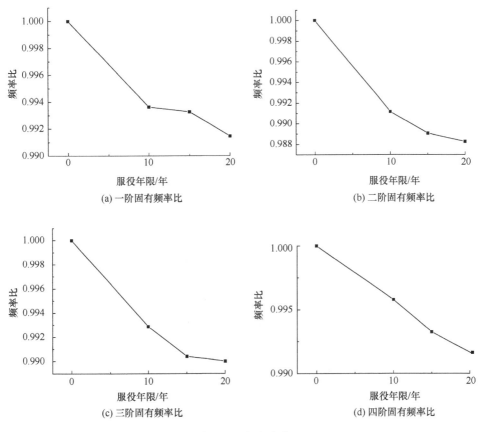

图 9.26　频率变化

频率随服役年限的增加也呈现下降趋势,在前 10 年中频率下降趋势比较明显,后 10 年中频率下降趋势比较平缓。频率下降幅度非常小,对于 10 年的中间轴频率下降 0.6%,对于 15 年的中间轴频率下降 0.7%,对于 20 年的中间轴频率下降 0.9%。回收中间轴的频率下降量都非常小,在传感器测量误差范围内,可以初步推断,回收的中间轴频率没有发生变化。

2. 硬度检测

按照 GB/T 230.1—2009 标准,在 HRS-150 数显洛式硬度计上进行测试,保荷时间为 5s,压头为金刚石。选取试样靠近两端外花键处的圆柱面和轴径最大圆轴面作为测量部位,每个测量部位沿轴向选择一个点,在该点截面沿圆周方向每 60°选取一个点进行测量,最终记录的硬度值取这六个测量值的平均值。试验所得的硬度值如表 9.7 所示。对不同年份的传动轴的硬度取算术平均值,得到不同年限的传动轴所对应的硬度值,结果如图 9.27 所示。

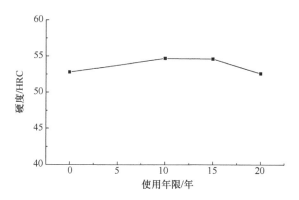

图 9.27　试样硬度值随使用年限的分布

　　由表 9.7 可知未使用的中间轴硬度值为 52.8HRC,服役 10 年、15 年及 20 年的中间轴的硬度值分别为 54.7HRC、54.6HRC 和 52.6HRC,服役 10 年、15 年及 20 年的需要回收的中间轴的硬度值相比未使用的中间轴上升 3.5%、上升 3.4% 及下降 0.38%。从表中可以看出,各中间轴的硬度值变化率很小(均小于 4%),考虑误差及其他干扰因素,认为需要回收的各中间轴硬度值基本没有发生变化。

表 9.7　不同使用年限试样的硬度值　　（单位:HRC）

试样	测量位置	测量值	硬度值	平均值
101#	测点 1	50.3、53.8、54.0、54.7	52.8	52.8
	测点 2	54.7、51.5、49.7、53.7		
201#	测点 1	56.0、53.6、55.3、54.6	54.7	54.7
	测点 2	52.3、55.6、53.6、56.4		
301#	测点 1	55、52.6、52.7、57.3	54.7	
	测点 2	54.4、55.6、55.6、52.2		
302#	测点 1	54.2、55.2、55.6、52.2	54.4	54.6
	测点 2	54.5、50.4、52.5、52.2		
303#	测点 1	54.2、55.2、55.6、53.2	54.7	
	测点 2	54.5、53.5、55.5、55.2		

续表

试样	测量位置	测量值	硬度值	平均值
401♯	测点 1	50.0、48.9、56.6、48.7	52.3	
	测点 2	56.4、55.3、49.5、52.8		
402♯	测点 1	52.7、52.6、52.0、54.9	53.2	
	测点 2	54.0、52.4、53.1、54.2		
403♯	测点 1	50.3、53.2、53.4、54.5	52.3	
	测点 2	50.7、53.1、51.8、51.4		52.6
404♯	测点 1	53.7、50、52.8、51.6	51.9	
	测点 2	53.3、50.6、50.7、52.3		
405♯	测点 1	53、55.4、49.3、51.1	51.4	
	测点 2	52.6、51.3、46.2、52.4		
406♯	测点 1	54.4、55.6、55.6、52.2	54.4	
	测点 2	55、52.6、52.7、57.3		

9.4 回收评价的试验验证

为进一步验证回收等速万向传动轴零件的可回收性评价结果，对回收的传动轴总成进行强度试验。回收的等速万向传动轴总成按照新产品总成试验规范进行验证，试验条件：摆角固定端为 40°，滑移端为 10°，试验样本 401♯；试验摆角固定端为 0°，滑移端为 10°，试验样本为 402♯；以 180°/min 的恒定速率施加扭矩。对回收零件进行零角度和最大角度下的静强度试验。

1. 回收传动轴总成试验

在最大角度的试验条件下，扭矩加载到 1865Nm，AC 型万向节钟形壳轴段首先断裂，断口形式如图 9.28 所示；在零角度试验条件下扭矩加载到 2630Nm，AC型万向节钟形壳轴段首先断裂，断口形式如图 9.29 所示。

图 9.28　有角度传动轴断裂图

图 9.29　零角度传动轴断裂图

试验结束得到传动轴总成的静强度数据,如表 9.8 所示。

表 9.8　钟形壳轴段静强度试验结果

试样	试验条件	剩余强度/(Nm)
401♯	有角度	1865
402♯	零角度	2630

有角度的试验与新产品试验条件一致,通过结果的对比分析发现,失效位置一致,回收中间轴在有角度的试验条件下强度下降很大,不满足新产品的试验要求(2600Nm),静强度相对于新产品的试验结果(2930Nm)下降了 36%。

在零角度的试验条件下,等速万向节总成的静强度试验结果为 2630Nm,表明强度仍然出现了下降,不满足静强度要求。

等速万向传动轴总成静扭转试验后,可知在中间轴还未达到断裂时,AC 型万向节钟形壳轴段就已经断裂,为进一步获得中间轴的静强度,需要先对 AC 型万向节钟形壳进行强度加强,然后对中间轴进行静强度试验。

2. 钟形壳加强后的静强度试验

加强等速万向传动轴产品的钟形壳轴段强度,更换夹具,用线切割的方式切除钟形壳的轴段,将其焊接在法兰盘上,法兰盘尺寸与试验机安装位置尺寸一致,如图 9.30 所示。

(a)　　　　　　　　　　　　　　　　　　(b)

图 9.30　AC 钟形壳改进的夹具

进行总成的零角度静强度试验,装夹 401♯ 试样,直至等速万向传动轴扭转断裂,记录试验数据,如图 9.31 所示。

进行总成的有角度静强度试验,装夹 403♯、404♯ 试样。运行试验机,直至等速万向传动轴扭转断裂,记录试验数据。

静强度试验后试样的整体情况如图 9.32 和图 9.33 所示。

图 9.31　试样装夹现场

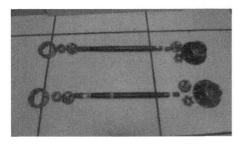

图 9.32　静强度试验结果(零角度)

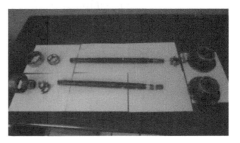

图 9.33　静强度试验结果(有角度)

　　试验表明中间轴靠近固定端外花键处断裂,有角度条件下 406♯ 中间轴未断,AC 型万向节保持架损坏未获得中间轴静强度,端口形式如图 9.34～图 9.37 所示。

图 9.34　403♯试样扭转断面(零角度)

图 9.35　404♯试样扭转断面(零角度)

图 9.36　405♯试样扭转断面(有角度)

图 9.37　406♯保持架破坏(有角度)

试验结束得到传动轴总成的静强度数据,如表9.9所示。

表 9.9 中间轴静强度试验结果

试样	试验条件	剩余强度/(Nm)
403♯	零角度	4061
404♯	零角度	3847
405♯	有角度	3911
406♯	有角度	4013

等速万向传动轴总成及中间轴的静强度试验结果表明,桑塔纳轿车等速万向传动中间轴的强度富余量很大,即便使用 20 年以上,中间轴的剩余静强度仍然能够传递约 4000Nm 的扭矩,远远超过传动轴总成设计传递极限扭矩 2600Nm 的要求。

9.5 评 价 结 果

9.5.1 AC 型等速万向节

1. 钟形壳

使用 10 年、15 年、20 年的钟形壳轴段的外花键已经不在设计值范围内,其中磨损量最大值为 0.104mm,且钟形壳轴段的剩余强度不能满足要求,不建议回收再制造。

2. 星形套

对星形套内花键的磨损研究发现,使用在 10 年以内的内花键的棒间距仍在设计值范围内,而使用 15 年和 20 年的星形套内花键部分齿槽棒间距已超过设计值,其中磨损量最大值为 0.023mm。星形套的剩余强度富裕仍然很大,满足再制造产品的强度要求,星形套的回收根据花键磨损而定。

3. 保持架

对保持架的磨损研究发现,使用 10 年的保持架外径都在设计值范围内;使用 15 年的保持架外径大部分已经超出设计值范围,磨损量最大值 0.01mm;使用 20 年的保持架外径则都不在设计值范围内,磨损量最大值 0.02mm,对窗口的磨损进行定性分析,发现可以定位为 8 级磨损。保持架的剩余强度富裕仍然很大,满足再制造产品的强度要求,但保持架的回收还需要根据球面磨损修复而定。